繁琐工作快上手

短视频学 Excel 制表与数据分析

文杰书院　编著

清华大学出版社
北　京

内容简介

本书基于对企业办公室人员的实际调查结果，以真正满足办公人员的工作需要为出发点，全面介绍了Excel工作表、单元格操作、数据输入、数据处理与查找替换、美化与修饰工作表、使用条件格式标识数据、数据筛选、数据排序和分类汇总、数据透视表与透视图、使用常见函数计算与统计数据等内容。这些基础知识和核心技能贯穿于精心挑选的行政、日常费用、人事管理、工资管理、产品销售与市场调研、生产管理、材料采购与库存管理、资产分析等实战案例中，可帮助读者尽快掌握Excel操作方法和技能，轻松将案例应用于新的工作环境，并最终成为办公高手。

本书面向需要提高Excel应用技能的各类读者，内容丰富、图文并茂、可操作性强且便于查阅，适合从事文秘、行政、人力资源、广告、市场、公关、营销、财务、生产管理及教学等相关人员阅读，还可以作为社会培训机构、高等院校相关专业的教学配套教材或者参考用书。

图书在版编目(CIP)数据

繁琐工作快上手：短视频学Excel制表与数据分析 / 文杰书院编著. —北京：清华大学出版社，2021.12(2023.3重印)

ISBN 978-7-302-59528-1

Ⅰ.①短… Ⅱ.①文… Ⅲ.①表处理软件 Ⅳ.①TP391.13

中国版本图书馆CIP数据核字(2021)第230603号

责任编辑：魏 莹
封面设计：李 坤
责任校对：李玉茹
责任印制：从怀宇
出版发行：清华大学出版社
网 址：http://www.tup.com.cn, http://www.wqbook.com
地 址：北京清华大学学研大厦A座 邮 编：100084
社 总 机：010-83470000 邮 购：010-62786544
投稿与读者服务：010-62776969, c-service@tup.tsinghua.edu.cn
质量反馈：010-62772015, zhiliang@tup.tsinghua.edu.cn
印 装 者：小森印刷（北京）有限公司
经 销：全国新华书店
开 本：187mm × 250mm **印 张：**13.25 **字 数：**286千字
版 次：2022年1月第1版 **印 次：**2023年3月第2次印刷
定 价：79.00元

产品编号：092638-01

前 言

大数据时代，工作要求更加快捷、高效、精细，所以选择合适的工具、形成正确的工作方式，掌握一定的操作技巧是非常必要的。Excel 是一款简单易学、功能强大的数据处理软件，广泛应用于各类企业日常办公中。Excel 不仅具有强大的制表和绘图功能，而且内置了数学、财务、统计和工程等多种函数，提供了强大的数据处理、统计分析与辅助决策的功能。作为职场人员，无论从事会计、审计、营销、统计、金融、管理等哪个职业，掌握 Excel 这个办公利器，必将让你的工作事半功倍！Excel 功能强大，每个人的精力又有限，不能对 Excel 的功能完全掌握，所以我们结合工作中经常用到的技巧、案例，编写了此书，方便读者遇到问题时随查随用。

一、购买本书能学到什么

本书根据初学者的学习习惯，在编写过程中采用由浅入深、由易到难的方式组织内容，为读者快速学习提供了一个全新的学习和实践操作平台，无论从基础知识安排还是实践应用能力的训练，都充分地考虑了用户的需求，以快速达到理论知识与应用能力的同步提高。全书结构清晰、内容丰富，主要包括以下 4 个方面的内容。

1. Excel 入门操作

第 1 章介绍了 Excel 的基础知识，包括建立工作表、妙用单元格以及工作表安全的相关知识。

2. 数据输入与美化表格

第 2~5 章介绍了高效便捷的数据输入方式、数据处理与查找替换、美化与修饰工作表以及使用条件格式标识数据等内容。

3. 排序、筛选与计算数据

第 6~9 章全面介绍了数据筛选、数据排序和分类汇总、数据透视表与透视图以及使用常见函数计算与统计数据等内容。

4. Excel 在实际工作中的应用

第 10 章介绍了创建办公用品领用管理表和创建工资核算表两个案例，帮助读者巩固前面几章所学的知识点。

二、如何获取本书的学习资源

为帮助读者高效、快捷地学习本书知识点，我们不但为读者准备了与本书知识点有关的配套素材文件，而且还设计并制作了短视频教学精品课程，同时还为教师准备了 PPT 课件资源。

读者在学习本书的过程中，使用微信的扫一扫功能，扫描本书各标题左下角的二维码，在打开的视频播放页面中可以在线观看视频课程，也可以下载并保存到手机中离线观看。此外，本书配套学习素材和 PPT 课件可扫描下图中的二维码获取。

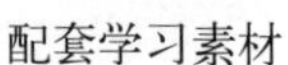

PPT 课件

本书由文杰书院组织编写，参与本书编写工作的有李军、袁帅、文雪、李强、高桂华等。我们真切希望读者在阅读本书之后，可以开阔视野，增长实践操作技能，并从中学习和总结操作的经验和规律，提高灵活运用的水平。鉴于编者水平有限，书中纰漏和考虑不周之处在所难免，热忱欢迎读者予以批评、指正，以便我们日后能为您编写更好的图书。

编　者

目录

第 1 章

Excel 制表极简入门

本章主要介绍了建立工作表、妙用单元格方面的知识与技巧，同时还讲解了工作表安全方面的技巧。通过本章的学习，读者可以掌握Excel制表方面的知识，为深入学习 Excel 知识奠定基础。

用手机扫描二维码
获取本章学习素材

1.1 建立工作表

Excel 是 Office 软件中的电子数据表程序，在应用 Excel 进行工作时，首先需要创建 Excel 文件。Excel 文件常常以工作簿的格式保存，文件扩展名为 .xls 或 .xlsx。

1.1.1 插入 / 删除工作表

一个工作簿由一张或多张工作表组成，本节的案例将介绍如何为“业绩表”插入新工作表，并删除不需要的工作表，需要使用插入 / 删除工作表的知识点。

<< 扫码获取配套视频课程，本节视频课程播放时长约为 14 秒。

操作步骤

第 1 步 打开“业绩表”工作表，在已经创建好的工作表标签右侧单击【新工作表】按钮，如图 1-1 所示。

图 1-1

第 2 步 可以看到已经创建了一张默认名为“Sheet1”的工作表，插入新工作表的操作完成，如图 1-2 所示。

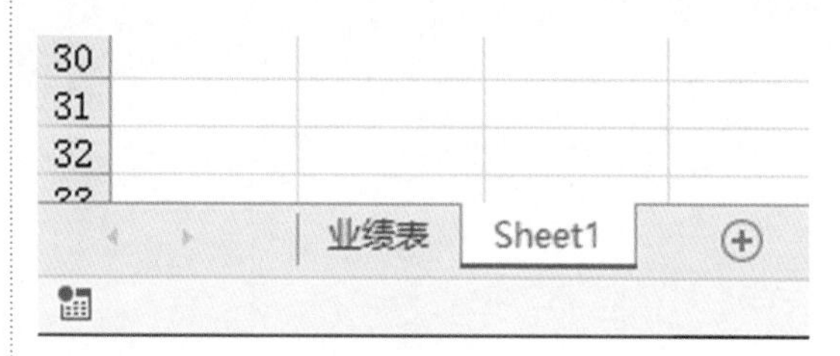

图 1-2

第 3 步 用鼠标右键单击准备删除的工作表标签，在弹出的快捷菜单中选择【删除】菜单项，如图 1-3 所示。

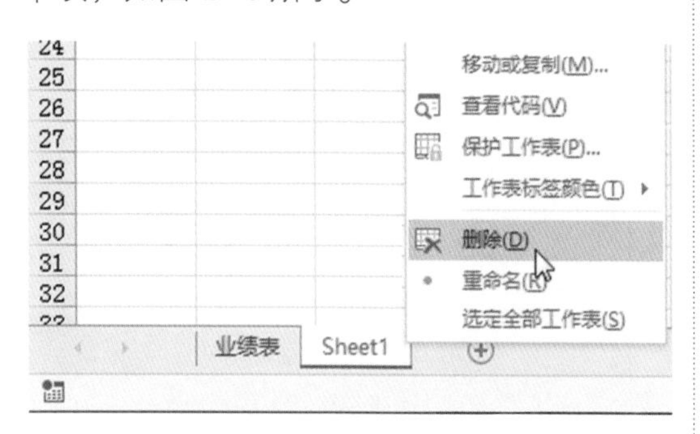

图 1-3

第 4 步 可以看到名为“Sheet1”的工作表已经被删除，删除工作表的操作完成，如图 1-4 所示。

图 1-4

知识拓展

连续单击【新工作表】按钮可以添加更多的新工作表，或者执行【文件】→【选项】命令，在【Excel选项】对话框的【常规】选项卡中，设置在新建工作簿时自动包含的工作表张数。

1.1.2 重命名工作表

Excel 默认的工作表名称为 Sheet1,Sheet2,Sheet3,…为了更好地管理工作表，可以将工作表重命名为与内容相关的名称。本节案例将介绍如何重命名工作表，需要使用重命名工作表的知识点。

<< 扫码获取配套视频课程，本节视频课程播放时长约为 19 秒。

操作步骤

第 1 步 用鼠标右键单击准备重命名的工作表标签，在弹出的快捷菜单中选择【重命名】菜单项，如图 1-5 所示。

图 1-5

第 2 步 进入文字编辑状态，使用输入法输入新名称，如图 1-6 所示。

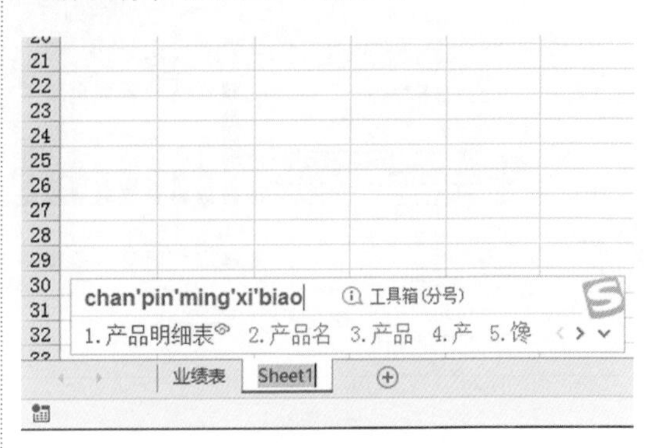

图 1-6

第 3 步 按 Enter 键，完成重命名工作表的操作，如图 1-7 所示。

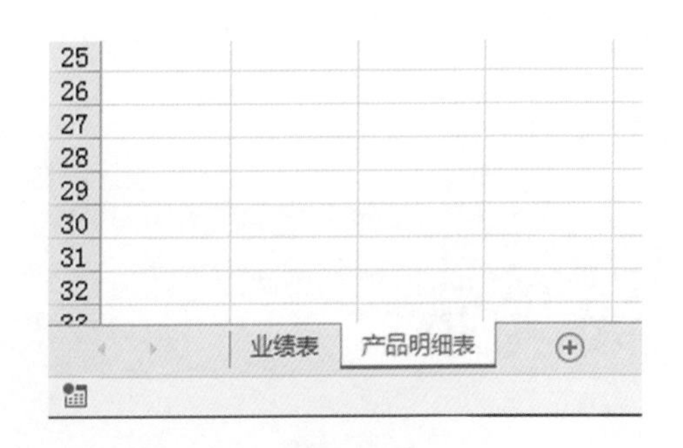

图 1-7

■ **经验之谈**

除了使用右键快捷菜单重命名工作表外，还可以双击工作表标签，进入文字编辑状态进行重命名。

1.1.3 改变工作表标签颜色

Excel 默认的工作表标签颜色为透明色，为了美化工作表标签或者方便区分不同类型的工作表，可以重新设置工作表标签的颜色。本节案例将介绍如何改变工作表标签颜色，需要使用设置工作表标签颜色的知识点。

<< 扫码获取配套视频课程，本节视频课程播放时长约为 14 秒。

操作步骤

第 1 步 用鼠标右键单击工作表标签，❶在弹出的快捷菜单中选择【工作表标签颜色】菜单项，❷在弹出的子菜单中选择一种主题颜色，如图 1-8 所示。

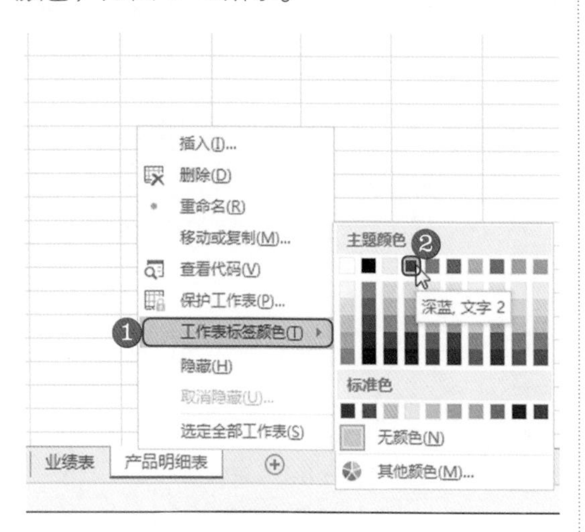

图 1-8

第 2 步 名为“产品明细表”的工作表标签颜色已经改变，如图 1-9 所示。

图 1-9

1.1.4 隐藏工作表

本节将介绍如何隐藏名为“业绩表”的工作表，本案例需要使用隐藏工作表的知识点，可以应用在工作表中包含重要数据而不希望被别人看到的工作场景。

<< 扫码获取配套视频课程，本节视频课程播放时长约为 12 秒。

第 1 步 用鼠标右键单击准备隐藏的工作表标签，在弹出的快捷菜单中选择【隐藏】菜单项，如图 1-10 所示。

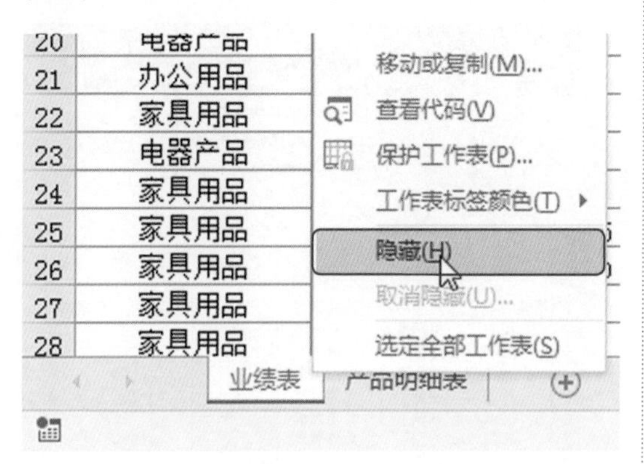

图 1-10

第 2 步 名为“业绩表”的工作表已经被隐藏，如图 1-11 所示。

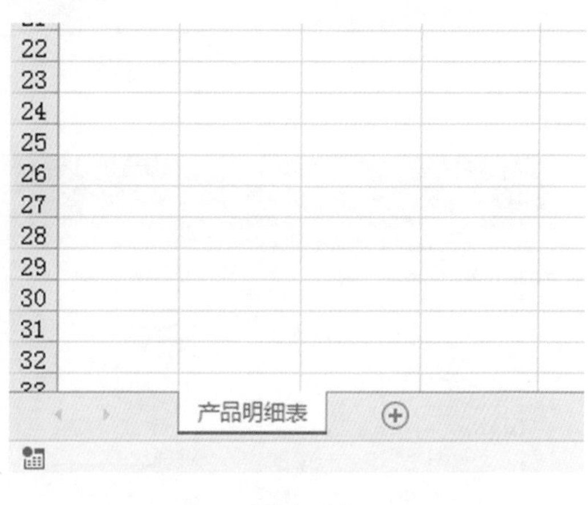

图 1-11

知识拓展

如果要取消某一工作表的隐藏，用鼠标右键单击没有隐藏的工作表标签，在弹出的快捷菜单中选择【取消隐藏】菜单项，在弹出的【取消隐藏】对话框中选择想要取消隐藏的工作表名称，单击【确定】按钮即可。

1.2　妙用单元格

单元格是使用工作表中的行线和列线将整个工作表划分出来的每一个小方格，它是 Excel 中存储数据的最小单位。一个工作表由若干个单元格构成，在每个单元格中可以输入符号、数值、公式及其他内容。

1.2.1　插入行或列

本节将为“产品销售表”插入行和列，本案例需要使用的知识点为插入行或列，可以应用在当用户少输入了一些内容时，需要插入行或列以保证表格中的其他内容不会发生改变的工作场景。

<< 扫码获取配套视频课程，本节视频课程播放时长约为 28 秒。

操作步骤

第 1 步 打开表格，选中 D 列，❶在【开始】选项卡中单击【单元格】下拉按钮，❷在弹出的菜单中单击【插入】下拉按钮，❸在弹出的菜单中选择【插入工作表列】菜单项，如图 1-12 所示。

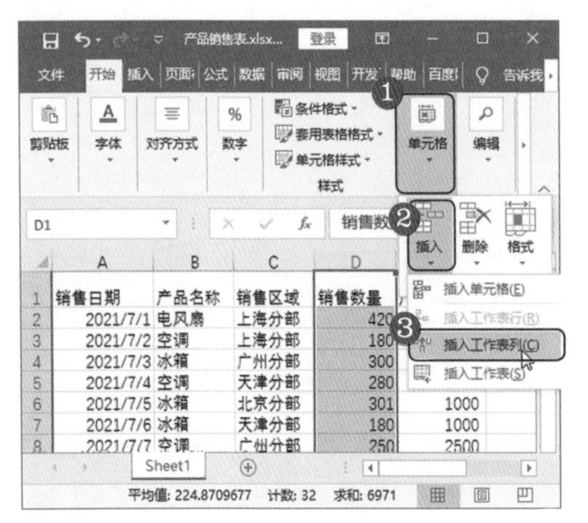

图 1-12

第 3 步 选中第 4 行，❶在【开始】选项卡中单击【单元格】下拉按钮，❷在弹出的菜单中单击【插入】下拉按钮，❸在弹出的菜单中选择【插入工作表行】菜单项，如图 1-14 所示。

图 1-14

第 2 步 可以看到在选中的一列单元格的左侧已经插入了一列空白单元格，如图 1-13 所示。

图 1-13

第 4 步 可以看到在选中的一行单元格的上方已经插入了一行空白单元格，如图 1-15 所示。

图 1-15

1.2.2 合并单元格

本节将为“产品销售表”标题合并单元格，本案例需要使用的知识点为合并单元格，可以应用在需要对多个单元格进行合并形成一个大单元格的工作场景。

<< 扫码获取配套视频课程，本节视频课程播放时长约为41秒。

操作步骤

第1步 打开表格，在第1行上方插入一行单元格，在A1单元格中输入标题，选中A1:F1区域，❶在【开始】选项卡中单击【对齐方式】下拉按钮，❷单击【合并后居中】按钮，如图1-16所示。

图1-16

第2步 可以看到A1～F1单元格合并为一个大单元格，表格标题“产品销售表”居中显示，如图1-17所示。

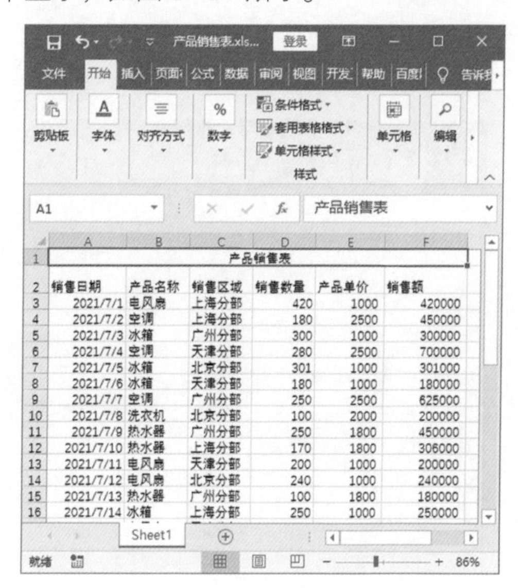

图1-17

知识拓展

在Excel中合并单元格有合并后居中、跨越合并、合并单元格3种合并方法。

- 合并后居中：对选中的区域进行合并，如果合并的区域有内容，执行合并后内容则会居中显示。选择的无论是行单元格还是列单元格，最终都会被合并为一个单元格。
- 跨越合并：跨越合并单元格主要适用于将多行单元格合并到同一行的情况。
- 合并单元格：选择该命令，对多个单元格合并后，内容还是显示在原位。

1.2.3 设置单元格大小

本节将为“产品销售表”的单元格调整大小，本案例需要使用的知识点为调整行高、列宽，可以应用在实际工作中的文本和数字与默认行高或列宽不适合的工作场景。

<< 扫码获取配套视频课程，本节视频课程播放时长约为 28 秒。

操作步骤

第 1 步 打开表格，选中 A4:F6 单元格区域，❶在【开始】选项卡中单击【单元格】下拉按钮，❷在弹出的菜单中单击【格式】下拉按钮，❸在弹出的菜单中选择【行高】菜单项，如图 1-18 所示。

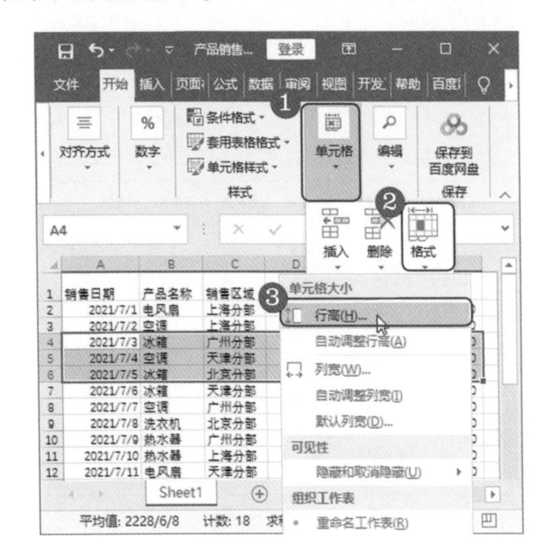

图 1-18

第 2 步 弹出【行高】对话框，❶在【行高】文本框中输入数值，❷单击【确定】按钮，如图 1-19 所示。

图 1-19

第 3 步 可以看到选中区域的行高已经改变，如图 1-20 所示。调整列宽的方法与调整行高相同，这里不再赘述。

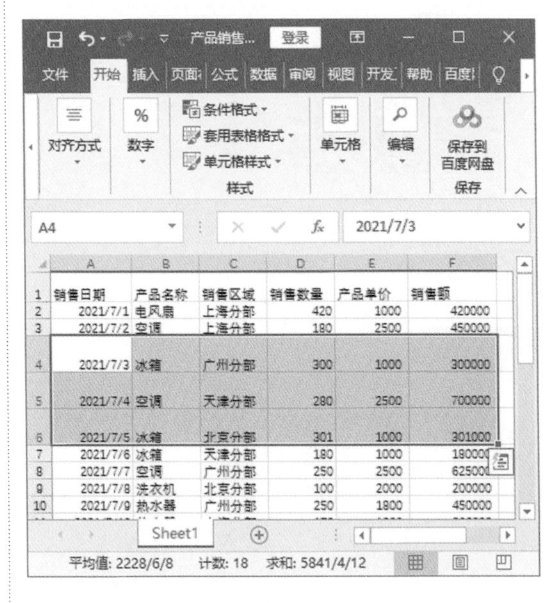

图 1-20

■ 经验之谈

除了使用菜单命令调节单元格的行高或列宽外，还可以利用鼠标拖动的方法来调节，此方法具有直观的优势。

1.2.4 设置表格边框线

本节将为“产品销售表”设置边框线，本案例需要使用的知识点为设置表格边框线，可以应用在为了突出显示数据表格，使表格更加清晰、美观的工作场景。

<< 扫码获取配套视频课程，本节视频课程播放时长约为51秒。

操作步骤

第1步 打开工作簿，选中整个表格，❶在【开始】选项卡中单击【对齐方式】下拉按钮，❷在弹出的菜单中单击对话框开启按钮，如图1-21所示。

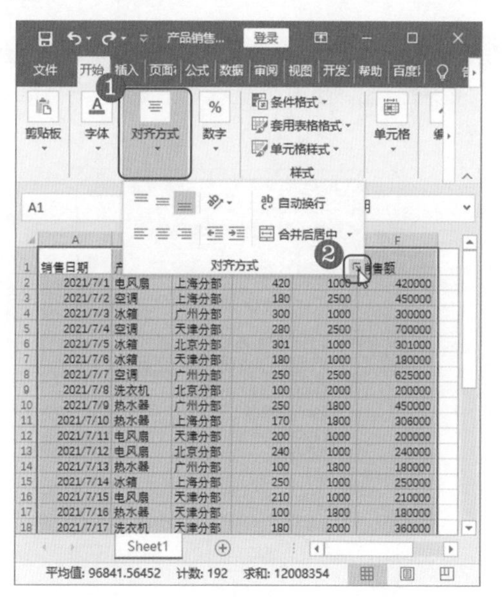

图1-21

第2步 弹出【设置单元格格式】对话框，❶选择【边框】选项卡，❷在【样式】列表框中选择边框样式，❸在【边框】栏中需要添加边框效果的预览图上单击，❹单击【确定】按钮，如图1-22所示。

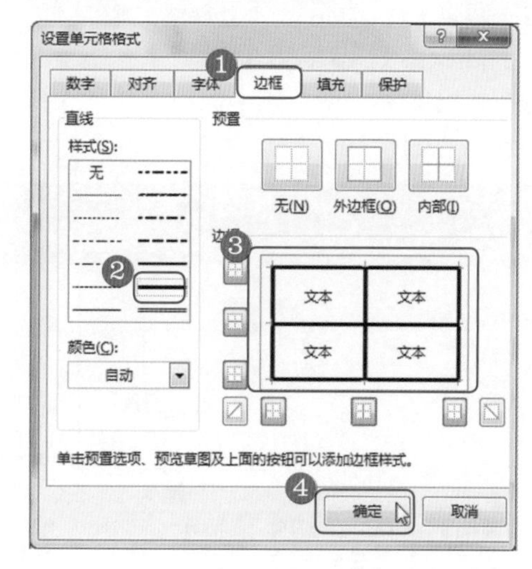

图1-22

第3步 可以看到表格中已经添加了边框效果，如图1-23所示。

	A	B	C	D	E	F
1	销售日期	产品名称	销售区域	销售数量	产品单价	销售额
2	2021/7/1	电风扇	上海分部	420	1000	420000
3	2021/7/2	空调	上海分部	180	2500	450000
4	2021/7/3	冰箱	广州分部	300	1000	300000
5	2021/7/4	空调	天津分部	280	2500	700000
6	2021/7/5	冰箱	北京分部	301	1000	301000
7	2021/7/6	冰箱	天津分部	180	1000	180000
8	2021/7/7	空调	广州分部	250	2500	625000
9	2021/7/8	洗衣机	北京分部	100	2000	200000
10	2021/7/9	热水器	广州分部	250	1800	450000

图1-23

■ 经验之谈

按Ctrl+1组合键，可以快速打开【设置单元格格式】对话框。

1.3 工作表的安全

表格编辑完成后，如果不想被他人随意更改，可以对表格进行安全保护，如设置密码、限制编辑等。

1.3.1 保护工作表

本节将对“销售业绩表”进行保护，本案例需要使用的知识点为设置工作表保护密码，可以应用在表格数据非常重要，不想被其他人修改的工作场景。

<< 扫码获取配套视频课程，本节视频课程播放时长约为 43 秒。

操作步骤

第 1 步 打开表格，选中标题，❶选择【审阅】选项卡，❷单击【保护】下拉按钮，❸在弹出的菜单中单击【保护工作表】按钮，如图 1-24 所示。

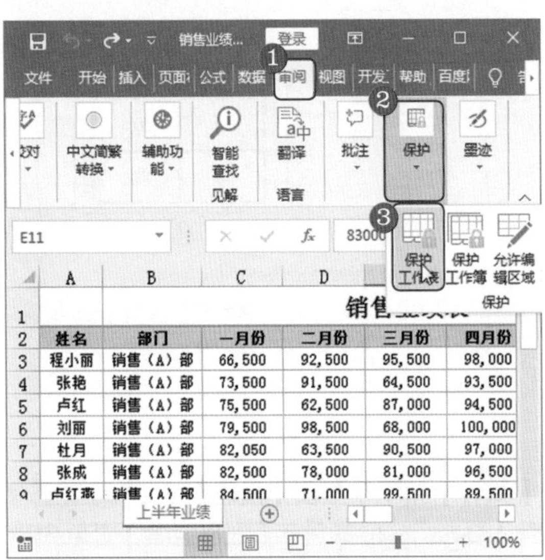

图 1-24

第 2 步 打开【保护工作表】对话框，❶设置保护密码，❷勾选复选框，❸单击【确定】按钮，如图 1-25 所示。

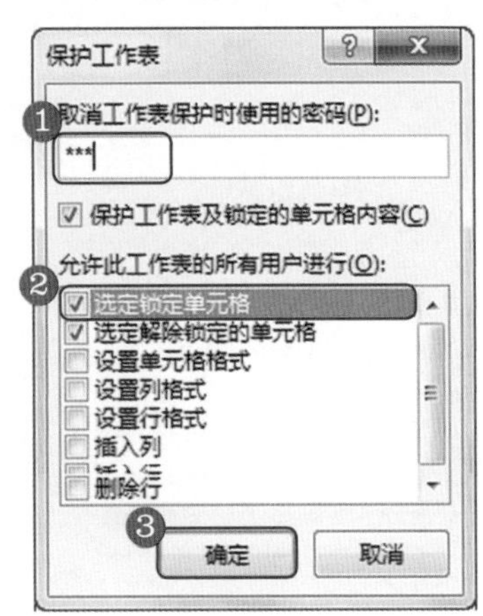

图 1-25

第 3 步 弹出【确认密码】对话框，❶输入密码，❷单击【确定】按钮，如图 1-26 所示。

第 4 步 当他人想要编辑工作表标题时，就会弹出提示对话框，如图 1-27 所示。

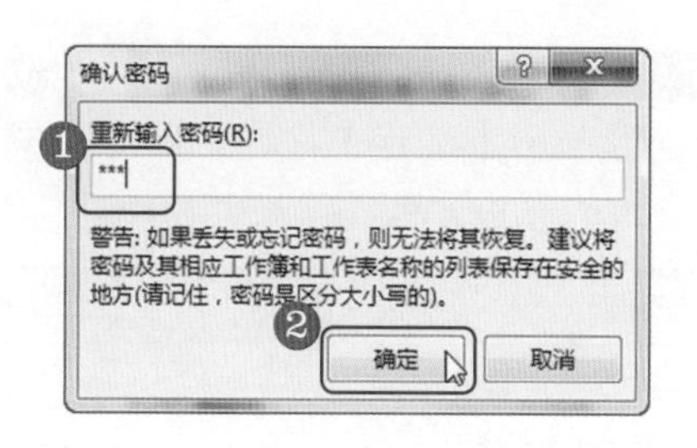

图 1-26

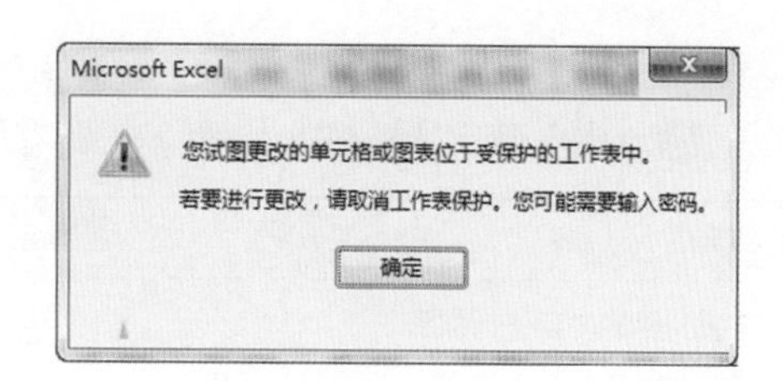

图 1-27

知识拓展

如果想要恢复他人对工作表的编辑权利，可以单击【保护】组中的【撤销工作表保护】按钮，但是要输入设置保护时使用的密码。

1.3.2 保护工作簿

本节将对“销售业绩表”进行保护，本案例需要使用的知识点为设置工作簿加密保护，可以应用在想要保护整个工作簿中的所有工作表的工作场景。

<< 扫码获取配套视频课程，本节视频课程播放时长约为 42 秒。

操作步骤

第 1 步 打开表格，选择【文件】选项卡，如图 1-28 所示。

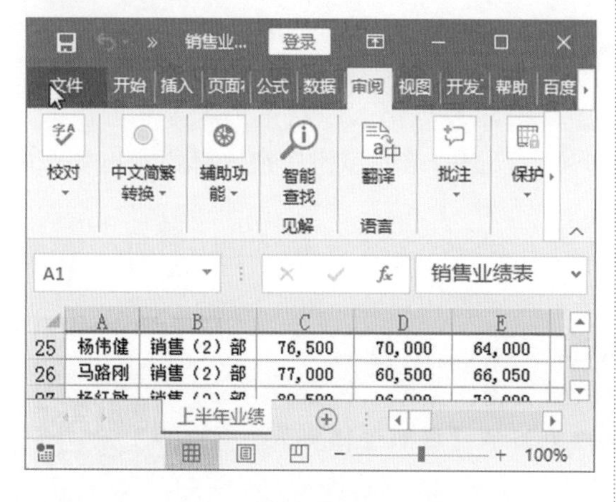

图 1-28

第 2 步 进入 Backstage 视图，❶选择【信息】选项卡，❷单击【保护工作簿】下拉按钮，❸选择【用密码进行加密】选项，如图 1-29 所示。

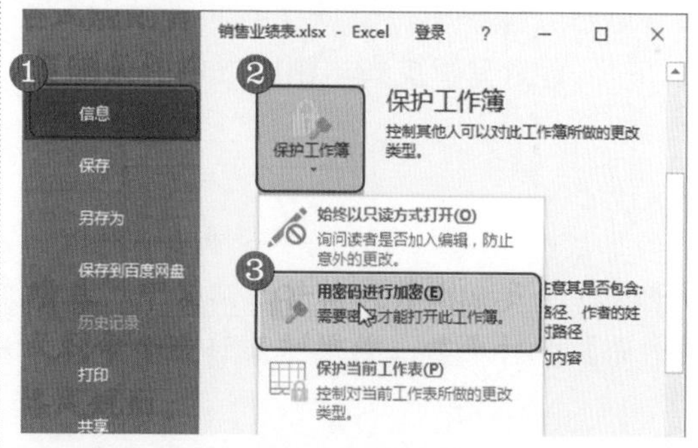

图 1-29

第 3 步 弹出【加密文档】对话框，❶输入密码，❷单击【确定】按钮，如图 1-30 所示。

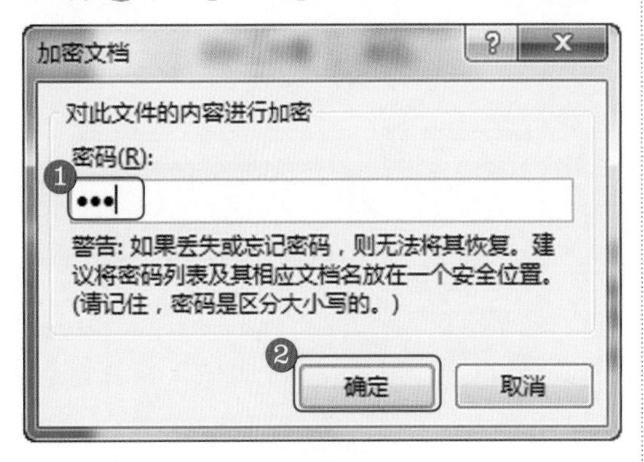

图 1-30

第 4 步 弹出【确认密码】对话框，❶输入密码，❷单击【确定】按钮，即可完成对整个工作簿的保护，如图 1-31 所示。

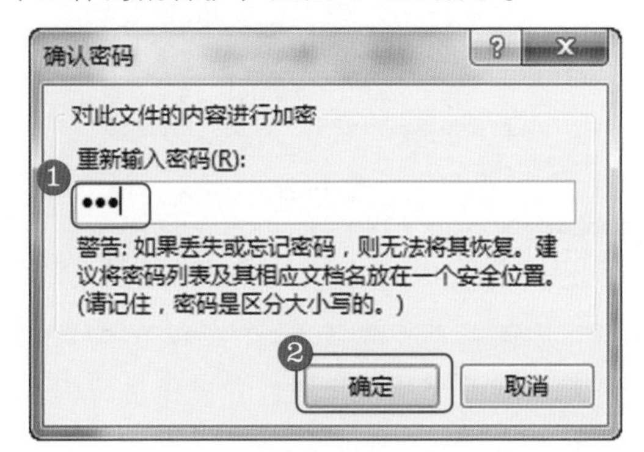

图 1-31

第2章

高效便捷的数据输入方式

本章主要介绍输入不同类型的数据、输入特定型数据方面的知识与技巧，同时还讲解了输入批量数据的便捷方法。通过本章的学习，读者可以掌握Excel数据输入方面的知识，为深入学习Excel知识奠定基础。

用手机扫描二维码
获取本章学习素材

2.1 输入不同类型的数据

在 Excel 中，输入表格数据是一项十分烦琐的操作，除了常规的输入方法外，如果能掌握一些输入技巧则可以极大地提高工作效率，本节将介绍输入表格数据方面的技巧，方便用户操作。

2.1.1 生僻字的输入

本节将制作在“员工信息表”中录入生僻汉字的案例，本案例需要使用插入符号的知识点，可以应用在既不知道生字读音又不会五笔输入法的工作场景。

<< 扫码获取配套视频课程，本节视频课程播放时长约为 33 秒。

操作步骤

第 1 步　首先在 B7 单元格中输入和生僻字部首相同的文字，如“徐”，并选中它，①在【插入】选项卡中单击【符号】下拉按钮，②单击【符号】按钮，如图 2-1 所示。

图 2-1

第 2 步　弹出【符号】对话框，①在列表框中找到并选中“徫”，②单击【插入】按钮，如图 2-2 所示。

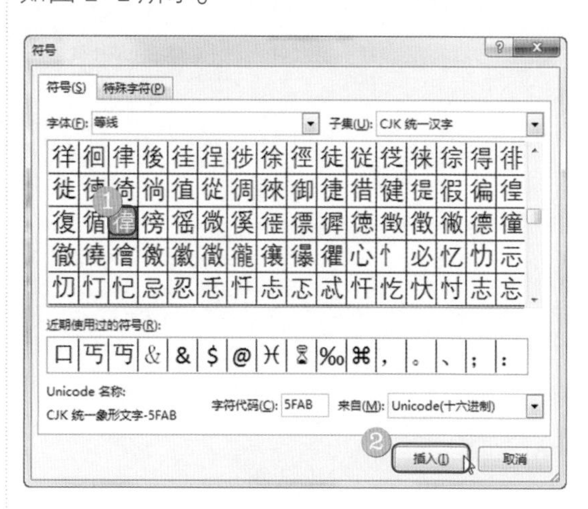

图 2-2

第 3 步　返回到表格，可以看到已经输入了生僻字“徫”，如图 2-3 所示。

	A	B	C	D
6	004	陈 六	222223198501203544	汉族
7	005	林 徫	222206198310190484	蒙族

Sheet1

图 2-3

2.1.2 分数的输入

要在单元格中输入分数，不能按照常规方式，如输入“5/9”时，Excel会将该数据自动转换成日期。本节将介绍快速输入分数的案例。

<< 扫码获取配套视频课程，本节视频课程播放时长约为31秒。

操作步骤

第1步 选中A1单元格，输入“0”，按空格键，再输入分数“5/9”，如图2-4所示。

图2-4

第2步 按Enter键，即可完成分数的输入，如图2-5所示。

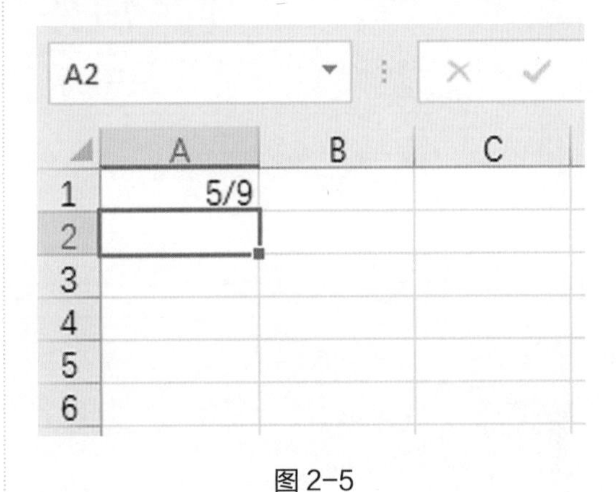

图2-5

知识拓展

除此之外，还可以先设置单元格的格式再进行分数的输入。在【开始】选项卡的【数字】组中单击对话框开启按钮，打开【设置单元格格式】对话框，在【数字】选项卡中进行具体的设置。

2.1.3 手动输入数学公式

本节将介绍手动输入数学公式的案例，本案例使用了Excel“墨迹公式”的功能，可以应用在需要输入复杂数学公式的办公场景。

<< 扫码获取配套视频课程，本节视频课程播放时长约为1分09秒。

操作步骤

第 1 步 选中 A1 单元格，①在【插入】选项卡中单击【符号】下拉按钮，②单击【公式】下拉按钮，③选择【墨迹公式】选项，如图 2-6 所示。

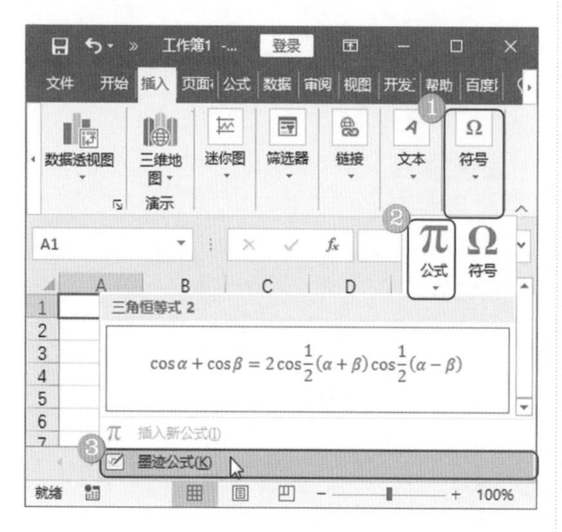

图 2-6

第 2 步 弹出【数学输入控件】对话框，①在文本框中手写公式，如果发现预览中的公式符号和字母有出入，还可以单击【选择和更正】按钮进入更正状态，②若没有问题，单击【插入】按钮，如图 2-7 所示。

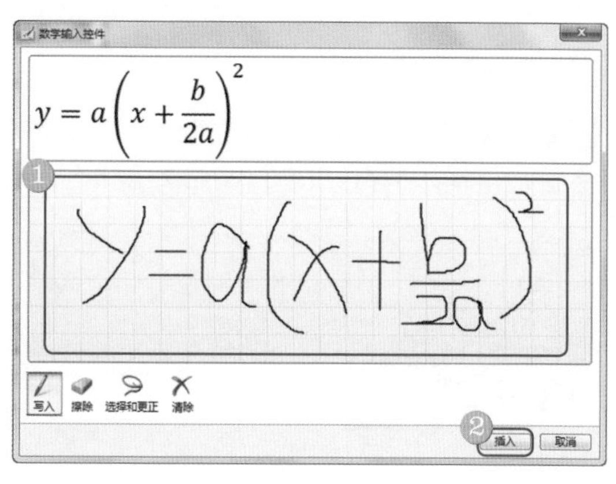

图 2-7

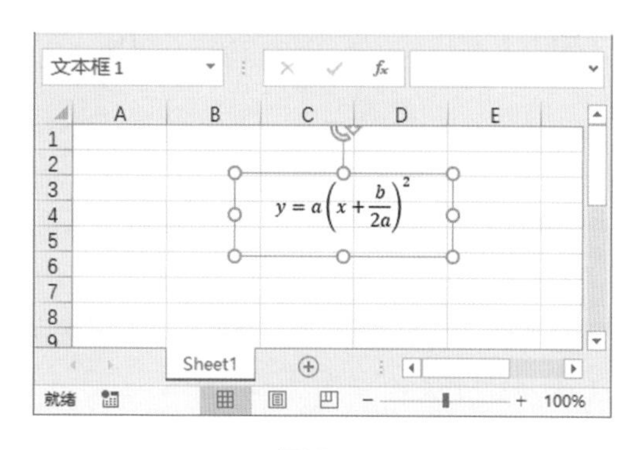

图 2-8

第 3 步 返回表格中，可以看到已经插入了公式，如图 2-8 所示。

经验之谈

使用【墨迹公式】完成公式输入后，后期如果需要调整公式，可以在【公式工具】组中选择相同的命令进行修改。

2.1.4 身份证号码或长编码的输入

本节将介绍输入身份证号码或长编码的案例，本案例使用了 Excel 设置数字格式的知识点，可以应用在需要输入身份证号码或长编码但无法正确识别的办公场景。

<< 扫码获取配套视频课程，本节视频课程播放时长约为 1 分 01 秒。

操作步骤

第1步 打开“员工信息表”，选中C3单元格，输入身份证号码，按Enter键后，不能完全显示数字，如图2-9所示。

图2-9

第2步 选中单元格，①在【开始】选项卡【数字】组中单击【数字格式】下拉按钮，②在列表中选择【文本】菜单项，如图2-10所示。

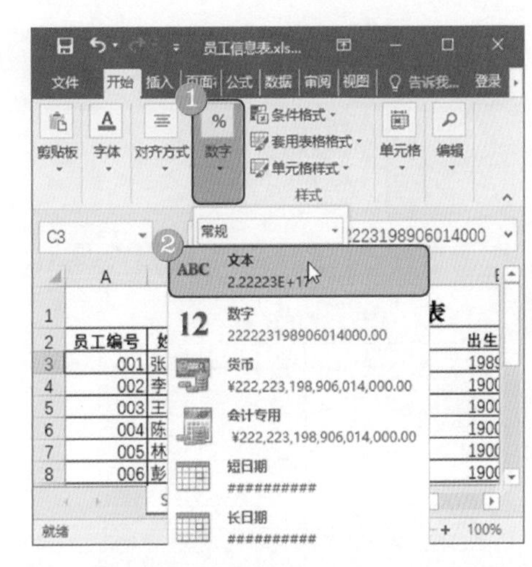

图2-10

第3步 设置完成后在单元格中输入身份证号码，按Enter键即可完整显示数字，如图2-11所示。

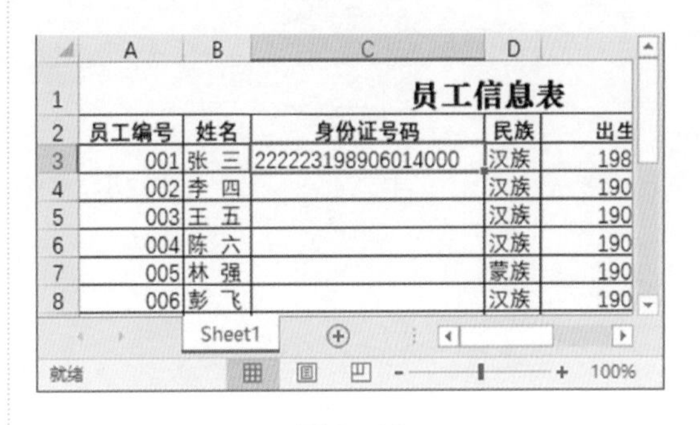

图2-11

经验之谈

Excel程序默认单元格的格式为“数字”，当输入的数字达到12位时，会以科学记数的方式显示，身份证号码位数大于12位，因此显示不全。

2.1.5 指定类型日期的输入

本节将介绍为“员工信息表”设置指定类型日期的案例，本案例使用了Excel设置单元格格式的知识点，可以应用在需要使输入的日期自动转换成指定的日期形式的办公场景。

<< 扫码获取配套视频课程，本节视频课程播放时长约为35秒。

操作步骤

第 1 步 选中单元格区域，❶在【开始】选项卡中单击【数字】下拉按钮，❷在弹出的菜单中单击对话框开启按钮，如图 2-12 所示。

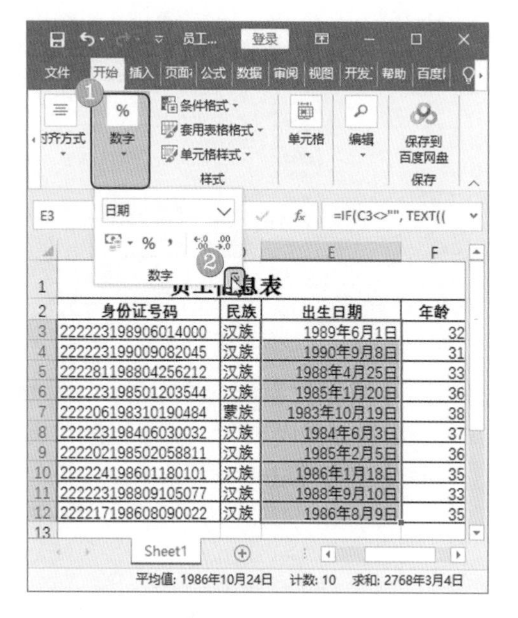

	身份证号码	民族	出生日期	年龄
3	222223198906014000	汉族	1989年6月1日	32
4	222223199009082045	汉族	1990年9月8日	31
5	222281198804256212	汉族	1988年4月25日	33
6	222223198501203544	汉族	1985年1月20日	36
7	222206198310190484	蒙族	1983年10月19日	38
8	222223198406030032	汉族	1984年6月3日	37
9	222202198502058811	汉族	1985年2月5日	36
10	222224198601180101	汉族	1986年1月18日	35
11	222223198809105077	汉族	1988年9月10日	33
12	222217198608090022	汉族	1986年8月9日	35

图 2-12

第 2 步 弹出【设置单元格格式】对话框，❶在【数字】选项卡的【分类】列表框中选择【日期】选项，❷在右侧的【类型】列表框中选择一种日期类型，❸单击【确定】按钮，如图 2-13 所示。

图 2-13

第 3 步 选中的单元格区域即可自动转换为选择的日期类型，如图 2-14 所示。

	员工信息表			
2	身份证号码	民族	出生日期	年龄
3	222223198906014000	汉族	1989/6/1	32
4	222223199009082045	汉族	1990/9/8	31
5	222281198804256212	汉族	1988/4/25	33
6	222223198501203544	汉族	1985/1/20	36
7	222206198310190484	蒙族	1983/10/19	38
8	222223198406030032	汉族	1984/6/3	37
9	222202198502058811	汉族	1985/2/5	36
10	222224198601180101	汉族	1986/1/18	35
11	222223198809105077	汉族	1988/9/10	33
12	222217198608090022	汉族	1986/8/9	35

图 2-14

经验之谈

要快速输入系统当前的日期，只需要选中单元格，按 Ctrl+; 组合键即可；要快速输入系统当前的时间，只需要按 Ctrl+Shift+; 组合键即可。

知识拓展

在【开始】选项卡【数字】组中单击【数字格式】下拉按钮，在弹出的列表中有【短日期】和【长日期】两个选项，执行【短日期】会显示“2021/5/15”样式，执行【长日期】会显示“2021 年 5 月 15 日”样式，这两个选项用于日期数据的快速设置。

2.1.6 批量输入负数

本节将介绍为“工作时长表”批量输入负数的案例，本案例使用了 Excel 选择性粘贴的知识点，可以应用在需要输入大批量负数的办公场景。

<< 扫码获取配套视频课程，本节视频课程播放时长约为 32 秒。

操作步骤

第 1 步 打开表格，选中 E3 单元格，按 Ctrl+C 组合键进行复制，再选中 C2:C13 单元格，①单击【开始】选项卡中的【剪贴板】下拉按钮，②在弹出的菜单中单击【粘贴】下拉按钮，③在弹出的菜单中选择【选择性粘贴】菜单项，如图 2-15 所示。

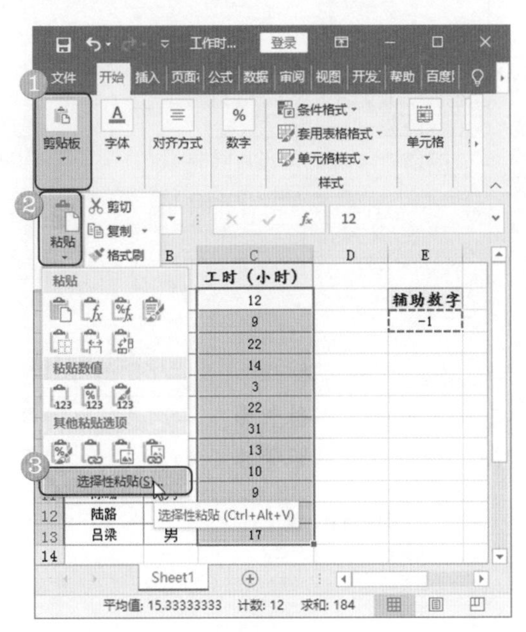

图 2-15

第 2 步 弹出【选择性粘贴】对话框，①在【运算】区域选中【乘】单选按钮，②单击【确定】按钮，如图 2-16 所示。

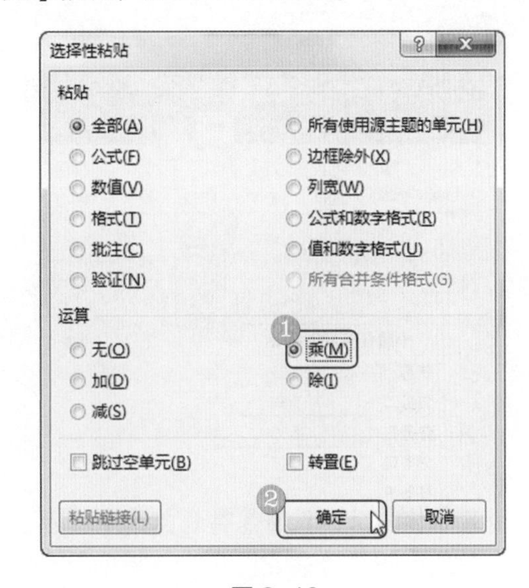

图 2-16

第 3 步 选中单元格区域中的数字都进行了乘以 -1 处理，从而批量快速地变成了负数形式，如图 2-17 所示。

	A	B	C	D	E
1	员工	性别	工时（小时）		
2	庄美尔	女	-12		辅助数字
3	廖偎	男	-9		-1
4	陈晓	男	-22		
5	邓敏	女	-14		
6	霍晶	女	-3		
7	罗成佳	女	-22		
8	张泽宇	男	-31		
9	禁晶	女	-13		
10	陈小芳	女	-10		
11	陈睡	男	-9		
12	陆路	男	-22		
13	吕梁	男	-17		

平均值: -15.33333333 计数: 12 求和: -184

图 2-17

2.1.7 建立批注

本节将介绍为“耗时统计表”建立批注的案例，本案例使用了 Excel 审阅的知识点，可以应用在需要对表格内容进行注解的办公场景。

<< 扫码获取配套视频课程，本节视频课程播放时长约为 25 秒。

操作步骤

第 1 步 打开表格，选中 B4 单元格，①选择【审阅】选项卡，②单击【批注】下拉按钮，③在弹出的菜单中选择【新建批注】选项，如图 2-18 所示。

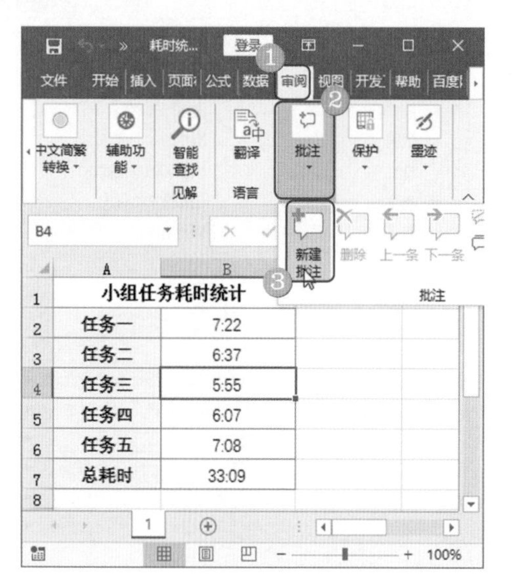

图 2-18

第 2 步 表格中添加了批注文本框，在文本框中输入批注内容，如图 2-19 所示。

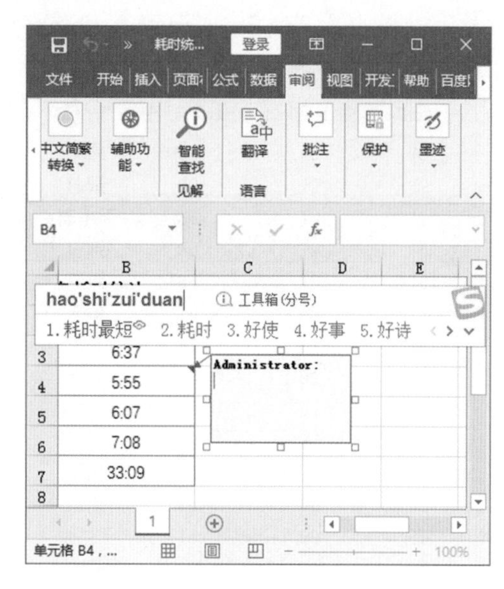

图 2-19

第 3 步 输入完成后单击表格任意位置即可将批注隐藏，可以看到添加了批注的单元格右上角有一个红色三角标志，如图 2-20 所示。

	A	B	C	D
1	小组任务耗时统计			
2	任务一	7:22		
3	任务二	6:37		
4	任务三	5:55		
5	任务四	6:07		
6	任务五	7:08		
7	总耗时	33:09		
8				

图 2-20

2.2 输入特定型数据

在表格中录入或导入数据的过程中，难免会有错误的或不符合要求的数据出现，Excel提供了一种功能可以对输入数据的准确性和规范性进行控制，这种功能称为“数据验证”。其控制方法包括两种：一种是限定单元格的数据输入条件，在用户输入的环节上进行验证；另一种是在现有的数据中进行有效性校验，在数据输入完成后再进行把控。

2.2.1 设置输入条件

本节将介绍对单元格区域设置输入条件的案例，本案例需要使用 Excel 数据有效性的知识点，可以应用在需要限制输入条件的工作场景。

<< 扫码获取配套视频课程，本节视频课程播放时长约为 58 秒。

操作步骤

第 1 步 选中 A1:A5 单元格区域，①选择【数据】选项卡，②单击【数据工具】下拉按钮，③在弹出的菜单中选择【数据验证】菜单项，如图 2-21 所示。

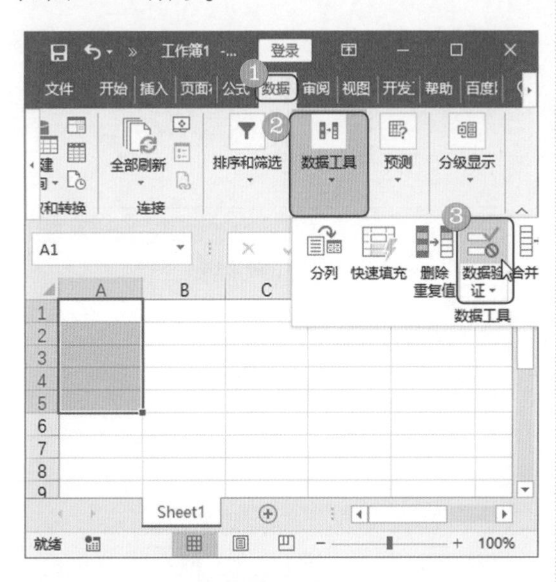

图 2-21

第 2 步 弹出【数据验证】对话框，①在【设置】选项卡的【允许】下拉列表中选择【整数】选项，②在【数据】下拉列表中选择【介于】选项，③在【最小值】和【最大值】文本框中输入数值，④单击【确定】按钮，如图 2-22 所示。

图 2-22

第 3 步 设置完成后，如果在 A1:A5 区域的任意单元格中输入超出 1~10 范围的数据或是输入整数以外的其他数据类型，都会自动弹出警告对话框阻止用户输入，如图 2-23 所示。

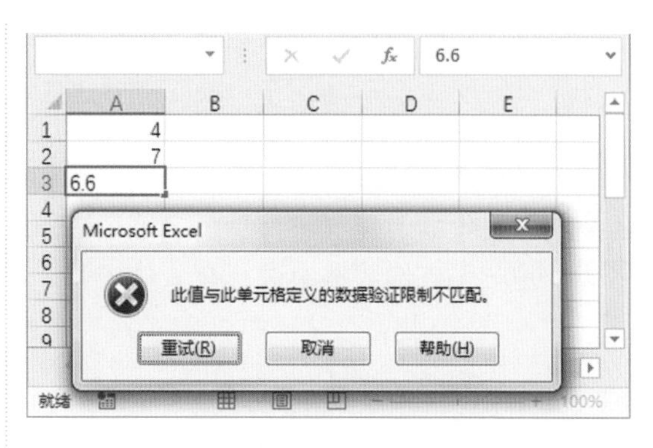

图 2-23

■ 经验之谈

数据验证规则仅对手动输入的数据能够进行有效性验证，对于单元格的直接复制粘贴或外部数据导入无法形成有效控制。

2.2.2 建立可选择输入序列

本节将介绍为“应聘者信息表”设置序列条件的案例。本案例将使用 Excel 序列数据验证的知识点，适用于只在设计的序列列表中选择输入，有效防止错误输入的工作场景。

<< 扫码获取配套视频课程，本节视频课程播放时长约为 57 秒。

操作步骤

第 1 步 打开表格，选中 E2:E10 单元格区域，①选择【数据】选项卡，②单击【数据工具】下拉按钮，③在弹出的菜单中选择【数据验证】菜单项，如图 2-24 所示。

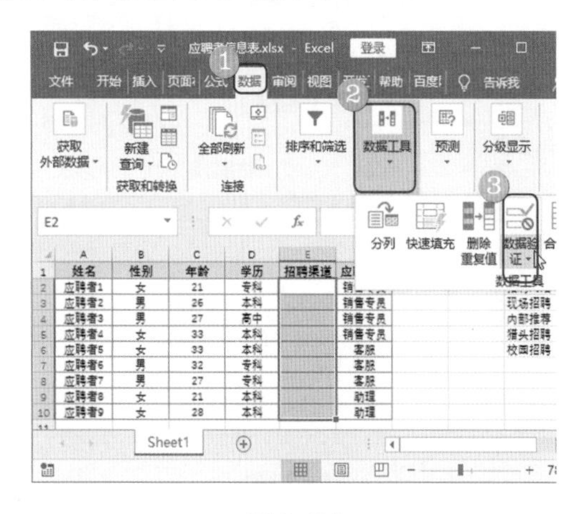

图 2-24

第 2 步 弹出【数据验证】对话框，①在【设置】选项卡的【允许】下拉列表中选择【序列】选项，②单击【来源】文本框右侧的【拾取器】按钮，如图 2-25 所示。

图 2-25

第 3 步 返回数据表，❶选择 I2:I6 单元格区域，❷再次单击【拾取器】按钮，返回【数据验证】对话框，如图 2-26 所示。

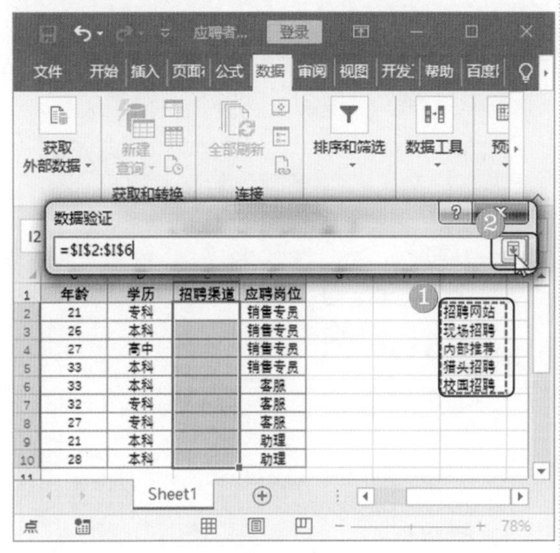

图 2-26

第 4 步 可以看到在【来源】文本框中自动输入了引用区域，单击【确定】按钮，如图 2-27 所示。

图 2-27

第 5 步 当单击 E2:E10 区域的任意单元格时，会在该单元格的右侧出现下拉按钮，单击该按钮后会打开下拉列表，从中进行选择即可快速输入，如图 2-28 所示。

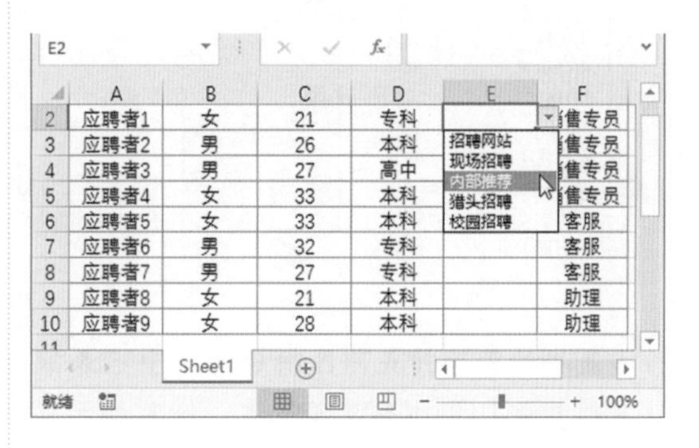

图 2-28

■ 经验之谈

用户也可以在【来源】文本框中直接输入所有招聘来源，要注意的是每个招聘来源之间要用英文逗号隔开。

2.2.3 使用公式设置验证条件

仅靠 Excel 程序内置的验证条件，只能解决一部分数据输入限制的问题，若想更加灵活地控制数据的输入，需要使用公式设置验证条件。本节将介绍使用公式为“商品单价表”设置输入单价必须包含两位小数的案例。

<< 扫码获取配套视频课程，本节视频课程播放时长约为 51 秒。

操作步骤

第 1 步 打开表格，选中 C3:C15 单元格区域，①选择【数据】选项卡，②单击【数据工具】下拉按钮，③在弹出的菜单中选择【数据验证】菜单项，如图 2-29 所示。

图 2-29

第 3 步 返回数据表，当输入的小数位数不是两位时就会自动弹出提示框，如图 2-31 所示。

第 2 步 弹出【数据验证】对话框，①在【设置】选项卡的【允许】下拉列表中选择【自定义】选项，②在【公式】文本框中输入公式，③单击【确定】按钮，如图 2-30 所示。

图 2-30

图 2-31

知识拓展

公式“=LEFT(RIGHT(C3,3),1)="."”的意思是首先使用 RIGHT 函数从 C3 单元格中数据的右侧提取 3 个字符；其次使用 LEFT 函数从上步结果的左侧提取 1 个字符，判断其是否是小数点“.”，如果是就满足条件，不是则不满足条件。

2.2.4 设置智能输入提示

如果对表格数据输入有一定的要求，可以在【数据验证】对话框中设置【输入信息】选项。本节将介绍为“招聘要求表”设置智能输入提示的案例。

<< 扫码获取配套视频课程，本节视频课程播放时长约为 32 秒。

操作步骤

第 1 步 打开表格，选中 D2:D12 单元格区域，①选择【数据】选项卡，②单击【数据工具】下拉按钮，③在弹出的菜单中选择【数据验证】菜单项，如图 2-32 所示。

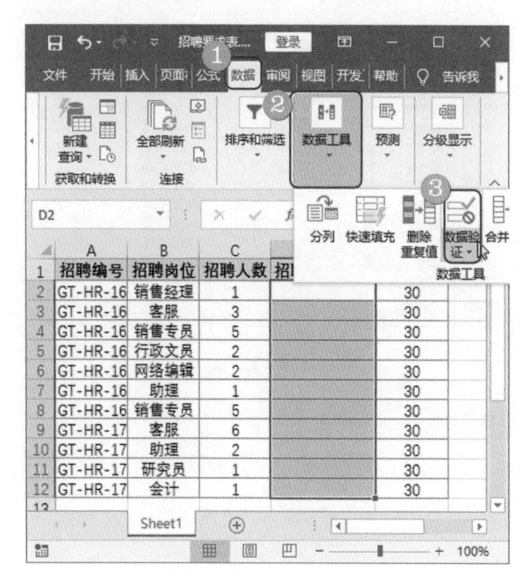

图 2-32

第 2 步 弹出【数据验证】对话框，①在【输入信息】选项卡的【输入信息】文本框中输入提示内容，②单击【确定】按钮，如图 2-33 所示。

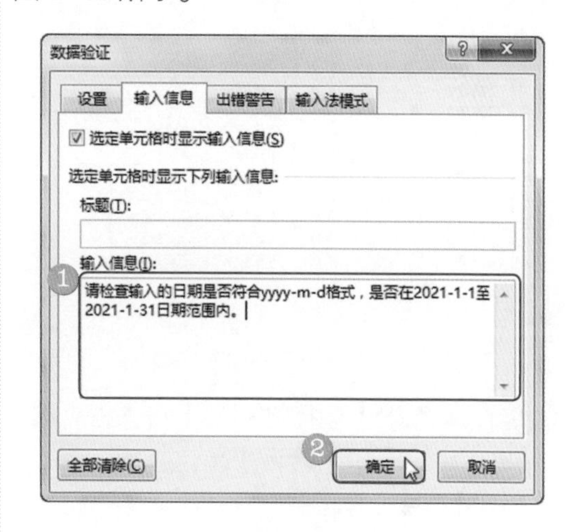

图 2-33

第 3 步 返回数据表，当鼠标指针指向单元格时会显示提示信息，如图 2-34 所示。

	A	B	C	D	E
1	招聘编号	招聘岗位	招聘人数	招聘开始时间	周期
2	GT-HR-16	销售经理	1		30
3	GT-HR-16	客服	3		
4	GT-HR-16	销售专员	5		
5	GT-HR-16	行政文员	2		
6	GT-HR-16	网络编辑	2		
7	GT-HR-16	助理	1		
8	GT-HR-16	销售专员	5		30
9	GT-HR-17	客服	6		30
10	GT-HR-17	助理	2		30
11	GT-HR-17	研究员	1		30
12	GT-HR-17	会计	1		30

请检查输入的日期是否符合yyyy-m-d格式，是否在2021-1-1至2021-1-31日期范围内。

图 2-34

■ 经验之谈

如果想要删除提示信息，在【数据验证】对话框的【输入信息】选项卡中，单击【全部清除】按钮，再单击【确定】按钮即可。

2.2.5 复制数据验证到不同表格

本书将介绍复制“销售员招聘表”中的数据验证至“客服招聘表”的案例。本案例需要使用选择性粘贴的知识点，适用于新表格需要应用和其他表格相同的数据验证的工作场景。

<< 扫码获取配套视频课程，本节视频课程播放时长约为 51 秒。

操作步骤

第 1 步 打开与本节标题名称相同的工作簿素材文件，在“销售员招聘表”中选中 F2:F10 单元格区域，按 Ctrl+C 组合键复制数据验证，如图 2-35 所示。

	A	B	C	D	E	F	G
1	姓名	性别	年龄	学历	招聘渠道	初试时间	
2	应聘者1	女	21	专科	招聘网站	2021/2/1	
3	应聘者2	男	26	本科	招聘网站	2021	
4	应聘者3	男	27	高中	现场招聘	2021	
5	应聘者4	女	33	本科	猎头招聘	2021	
6	应聘者5	女	33	本科	校园招聘	2021/3/23	
7	应聘者6	男	32	专科	校园招聘	2021/5/1	
8	应聘者7	男	27	专科	校园招聘	2021/5/2	
9	应聘者8	女	21	本科	内部推荐	2021/5/3	
10	应聘者9	女	28	本科	内部推荐	2021/5/4	
11							
12							

请在2021年6月份完成初试！

图 2-35

第 2 步 激活“客服招聘表”，选中 F2:F12 单元格区域，按 Ctrl+Alt+V 组合键进行选择性粘贴，如图 2-36 所示。

F2　2021/5/2

	A	B	C	D	E	F
1	姓名	性别	年龄	学历	招聘渠道	初试时间
2	应聘者1	女	21	专科	招聘网站	2021/5/2
3	应聘者2	男	26	本科	招聘网站	2021/5/3
4	应聘者3	女	23	高中	现场招聘	2021/5/4
5	应聘者4	女	33	本科	猎头招聘	2021/5/5
6	应聘者5	女	33	本科	校园招聘	2021/5/6
7	应聘者6	女	32	专科	校园招聘	
8	应聘者7	男	21	专科	校园招聘	
9	应聘者8	女	21	本科	内部推荐	
10	应聘者9	女	22	本科	内部推荐	
11	应聘者10	男	23	本科	内部推荐	
12	应聘者11	男	26	硕士	内部推荐	

客服招聘表

平均值: 2021/5/4　计数: 5　求和: 2506/9/19

图 2-36

第 3 步 弹出【选择性粘贴】对话框，①在【粘贴】栏中选中【验证】单选按钮，②单击【确定】按钮，如图 2-37 所示。

选择性粘贴

粘贴

全部(A)　所有使用源主题的单元(H)

公式(F)　边框除外(X)

数值(V)　列宽(W)

格式(T)　公式和数字格式(R)

批注(C)　值和数字格式(U)

验证(N)　所有合并条件格式(G)

粘贴链接(L)　确定　取消

图 2-37

第 4 步 可以看到在“客服招聘表”中，选中的单元格区域已经添加了相同的数据验证，如图 2-38 所示。

F2　2021/5/2

	A	B	C	D	E	F
1	姓名	性别	年龄	学历	招聘渠道	初试时间
2	应聘者1	女	21	专科	招聘网站	2021/5/2
3	应聘者2	男	26	本科	招聘网站	2021
4	应聘者3	女	23	高中	现场招聘	2021
5	应聘者4	女	33	本科	猎头招聘	2021
6	应聘者5	女	33	本科	校园招聘	2021/5/6
7	应聘者6	女	32	专科	校园招聘	
8	应聘者7	男	21	专科	校园招聘	
9	应聘者8	女	21	本科	内部推荐	
10	应聘者9	女	22	本科	内部推荐	
11	应聘者10	男	23	本科	内部推荐	
12	应聘者11	男	26	硕士	内部推荐	

请在2021年6月份完成初试！

客服招聘表

平均值: 2021/5/4　计数: 5　求和: 2506/9/19

图 2-38

2.3 输入批量数据的便捷方法

前面已经介绍了很多输入数据的方法，在实际工作中为了提高工作效率，加快数据的录入，还需要掌握一些批量输入数据的技巧。快速输入大量数据常用的技巧就是“填充”功能，本节将具体介绍“填充”功能在编辑表格数据过程中的应用。

2.3.1 在不连续单元格中输入相同数据

本节将制作在“成绩考核表”中不连续单元格内输入相同数据的案例。本案例需要使用 Excel 数据有效性的知识点，可以应用在需要限制输入条件的工作场景。

<< 扫码获取配套视频课程，本节视频课程播放时长约为 1 分 01 秒。

操作步骤

第 1 步 打开表格，除了已经填充“不合格”文字的区域，其他区域都需要填充“合格”文字。选中 C2:E23 单元格区域，❶在【开始】选项卡中单击【编辑】下拉按钮，❷单击【查找和选择】下拉按钮，❸选择【定位条件】选项，如图 2-39 所示。

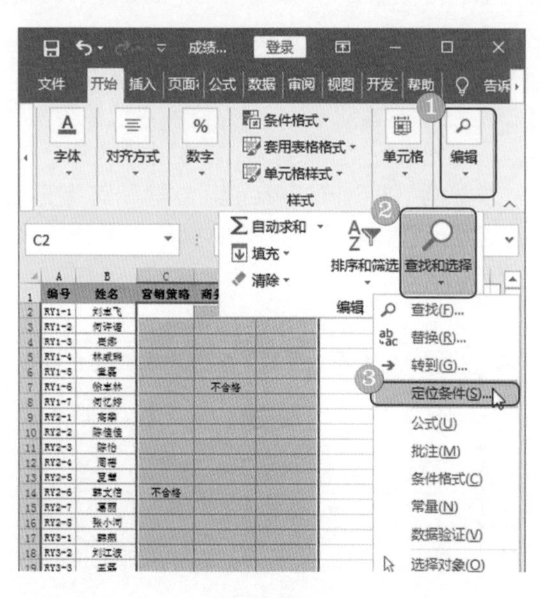

图 2-39

第 2 步 弹出【定位条件】对话框，❶在【选择】栏中选中【空值】单选按钮，❷单击【确定】按钮，如图 2-40 所示。

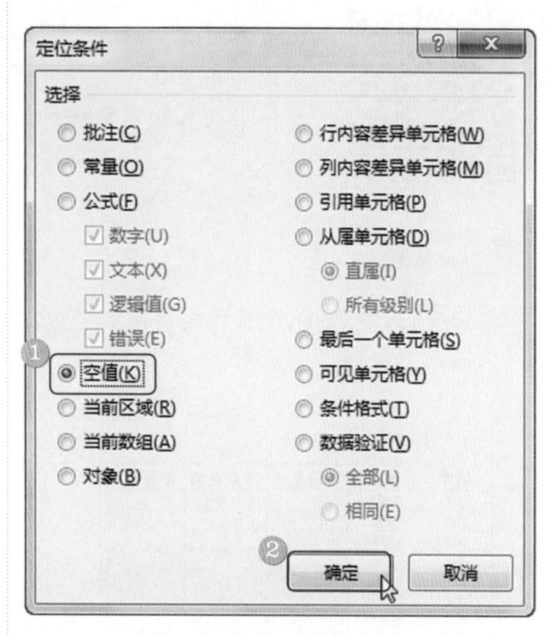

图 2-40

第 3 步 可以看到一次性选中了指定单元格区域中的所有空值单元格，在编辑栏中输入“合格”，如图 2-41 所示。

D2 | 合格

	A	B	C	D	E
1	编号	姓名	营销策略	商务英语	专业技能
2	RY1-1	刘志飞		合格	
3	RY1-2	何许诺			
4	RY1-3	崔娜			
5	RY1-4	林成瑞			
6	RY1-5	童磊			
7	RY1-6	徐志林		不合格	
8	RY1-7	何忆婷			
9	RY2-1	高攀			
10	RY2-2	陈佳佳			
11	RY2-3	陈怡			
12	RY2-4	周蓓			
13	RY2-5	夏慧			
14	RY2-6	韩文信	不合格		
15	RY2-7	葛丽			
16	RY2-8	张小河			
17	RY3-1	韩燕			
18	RY3-2	刘江波			
19	RY3-3	王磊			
20	RY3-4	[illegible]			
21	RY3-5	[illegible]			
22	RY3-6	[illegible]			

图 2-41

第 4 步 按 Ctrl+Enter 组合键即可完成大块不相连区域相同数据的填充，如图 2-42 所示。

D2 | 合格

	A	B	C	D	E
1	编号	姓名	营销策略	商务英语	专业技能
2	RY1-1	刘志飞	合格	合格	合格
3	RY1-2	何许诺	合格	合格	合格
4	RY1-3	崔娜	合格	合格	合格
5	RY1-4	林成瑞	合格	合格	合格
6	RY1-5	童磊	合格	合格	合格
7	RY1-6	徐志林	合格	不合格	合格
8	RY1-7	何忆婷	合格	合格	合格
9	RY2-1	高攀	合格	合格	合格
10	RY2-2	陈佳佳	合格	合格	合格
11	RY2-3	陈怡	合格	合格	合格
12	RY2-4	周蓓	合格	合格	合格
13	RY2-5	夏慧	合格	合格	合格
14	RY2-6	韩文信	不合格	合格	合格
15	RY2-7	葛丽	合格	合格	合格
16	RY2-8	张小河	合格	合格	合格
17	RY3-1	韩燕	合格	合格	合格
18	RY3-2	刘江波	合格	合格	合格
19	RY3-3	王磊	合格	合格	合格

图 2-42

2.3.2 在连续单元格中输入相同数据

本节将制作在“员工培训成绩表”中连续单元格内输入相同数据的案例。本案例需要使用 Excel 编辑栏输入的知识点，可以应用在连续单元格中输入相同数据的工作场景。

<< 扫码获取配套视频课程，本节视频课程播放时长约为 22 秒。

操作步骤

第 1 步 选中 C2:E16 单元格区域，在编辑栏内输入“合格”，如图 2-43 所示。

C2 | 合格

	A	B	C	D	E
1	编号	姓名	营销策略	商务英语	专业技能
2	001	庄美尔	合格		
3	002	廖凯			
4	003	陈晓			
5	004	邓敏			
6	005	霍晶			
7	006	罗成佳			
8	007	张泽宇			
9	008	蔡晶			
10	009	陈小芳			
11	010	陈曦			

图 2-43

第 2 步 按 Ctrl+Enter 组合键即可完成在连续区域输入相同数据的操作，如图 2-44 所示。

	A	B	C	D	E
1	编号	姓名	营销策略	商务英语	专业技能
2	001	庄美尔	合格	合格	合格
3	002	廖凯	合格	合格	合格
4	003	陈晓	合格	合格	合格
5	004	邓敏	合格	合格	合格
6	005	霍晶	合格	合格	合格
7	006	罗成佳	合格	合格	合格
8	007	张泽宇	合格	合格	合格
9	008	蔡晶	合格	合格	合格

图 2-44

2.3.3 在多工作表中输入相同数据

本节将介绍复制“医疗药品参数对比表”下的Sheet1中的内容至Sheet2和Sheet3中的案例。本案例需要使用Excel填充成组工作表的知识点，可以应用在多张工作表中输入相同数据的工作场景。

<< 扫码获取配套视频课程，本节视频课程播放时长约为38秒。

操作步骤

第1步 打开表格，在Sheet1表中选中表格标题和各列名称，按住Ctrl键的同时选中Sheet2、Sheet3工作表，❶在【开始】选项卡中单击【编辑】下拉按钮，❷在弹出的菜单中单击【填充】下拉按钮，❸选择【至同组工作表】选项，如图2-45所示。

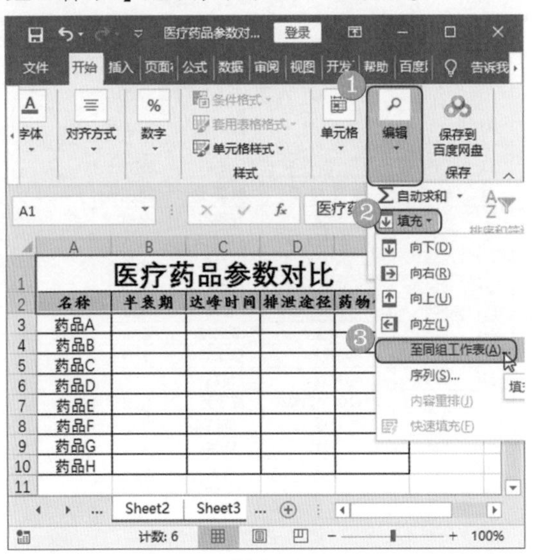

图2-45

第2步 弹出【填充成组工作表】对话框，❶选中【全部】单选按钮，❷单击【确定】按钮，如图2-46所示。

图2-46

图2-47

第3步 可以看到所有成组的工作表中都被填充了Sheet1表中选中的内容，如图2-47所示。

2.3.4 使用自动填充录入相同数据

本节将介绍使用自动填充功能为“体育比赛成绩表”录入相同数据的案例。本案例需要使用自动填充的知识点，可以应用在批量输入数据的工作场景。

<< 扫码获取配套视频课程，本节视频课程播放时长约为 53 秒。

操作步骤

第 1 步 在 B3 单元格中输入“4*100 接力赛”，将光标移至单元格右下角，鼠标指针变为黑色十字形状，如图 2-48 所示。

图 2-48

第 2 步 单击并拖动鼠标向下移动至 B6 单元格，即可完成使用自动填充功能批量输入相同数据的操作，如图 2-49 所示。

图 2-49

知识拓展

除了上述方法外，用户还可以在 B3 单元格输入“4*100 接力赛”，选中 B3:B6 单元格区域，在【开始】选项卡下的【编辑】组中单击【填充】下拉按钮，在打开的下拉列表中选择【向下】选项，也可以实现自动填充相同数据的操作。

2.3.5 使用自动填充录入递增序号

使用自动填充功能不仅可以填充相同数据，还可以填充递增序号。本案例需要使用自动填充的知识点，可以应用在需要输入递增序号的工作场景。

<< 扫码获取配套视频课程，本节视频课程播放时长约为 31 秒。

操作步骤

第 1 步 新建空白工作簿，在 A1 单元格中输入“1”，在 A2 单元格中输入“2”，选中两个单元格，光标移至单元格右下角，鼠标指针变为黑色十字形状，如图 2-50 所示。

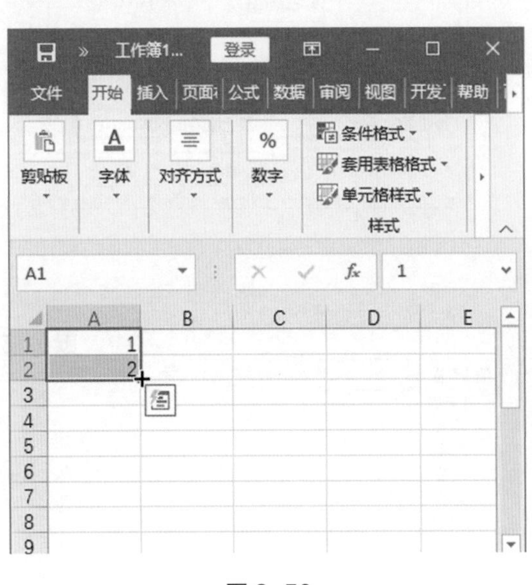

图 2-50

第 2 步 单击并拖动鼠标向下移动至合适位置，即可完成使用自动填充功能输入递增序号的操作，如图 2-51 所示。

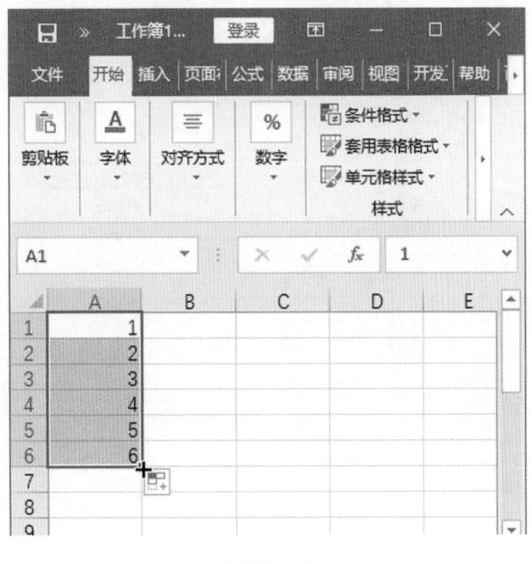

图 2-51

2.3.6 填充间隔指定天数的日期

假设公司规定员工需要每隔三天值班一次，要求将 10 月份的日期按每隔三天进行填充。本节将介绍为“10 月值班表” 填充间隔指定天数的日期的案例，本案例将运用序列填充知识点。

<< 扫码获取配套视频课程，本节视频课程播放时长约为 42 秒。

操作步骤

第 1 步 打开“10 月值班表”，在 B2 单元格中输入“2021/10/1”，❶在【开始】选项卡中单击【编辑】下拉按钮，❷在弹出的菜单中单击【填充】下拉按钮，❸选择【序列】选项，如图 2-52 所示。

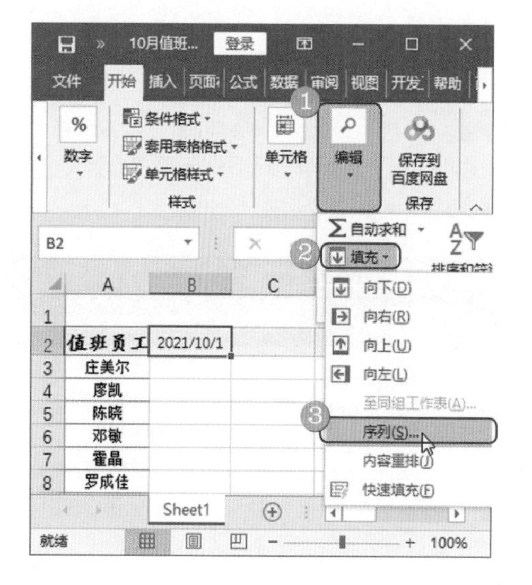

图 2-52

第 2 步 弹出【序列】对话框，❶在【序列产生在】区域选中【行】单选按钮，❷在【类型】区域选中【日期】单选按钮，❸在【日期单位】区域选中【日】单选按钮，❹在【步长值】文本框中输入数值，❺在【终止值】文本框中输入终止日期，❻单击【确定】按钮，如图 2-53 所示。

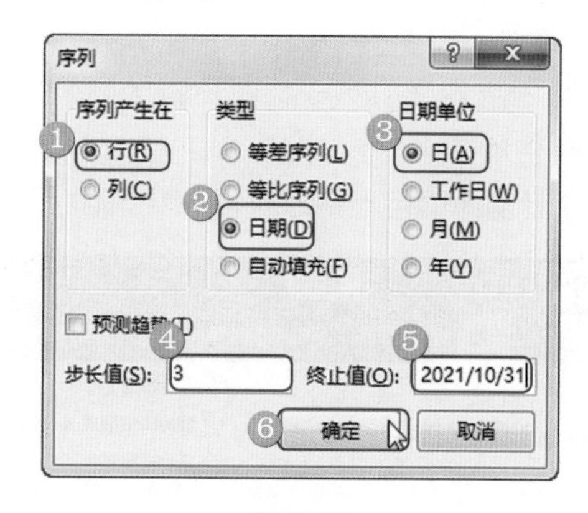

图 2-53

第 3 步 可以看到在选中单元格的右侧每隔 3 天填充日期，如图 2-54 所示。

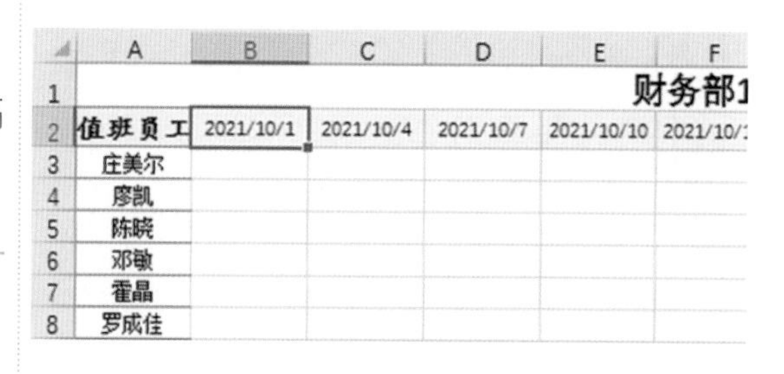

图 2-54

■ 经验之谈

序列填充中除了填充日期外，还可以进行等差填充和等比填充，设置好步长值即可实现用户想要的填充效果。

2.3.7 为数据批量添加单位

本节将介绍为“销售表”的产品重量批量添加单位的案例。本案例将使用 Excel 自定义数字格式的知识点，适用于需要批量添加 Excel 未提供的数字格式的工作场景。

<< 扫码获取配套视频课程，本节视频课程播放时长约为 44 秒。

操作步骤

第 1 步 打开“销售表”，选中 B3:B15 单元格区域，①在【开始】选项卡中单击【数字】下拉按钮，②在弹出的菜单中单击对话框开启按钮，如图 2-55 所示。

图 2-55

第 2 步 弹出【设置单元格格式】对话框，①在【数字】选项卡的【分类】列表框中选择【自定义】选项，②在【类型】文本框中默认显示的是“G/通用格式”，在后面补上“克”，③单击【确定】按钮，如图 2-56 所示。

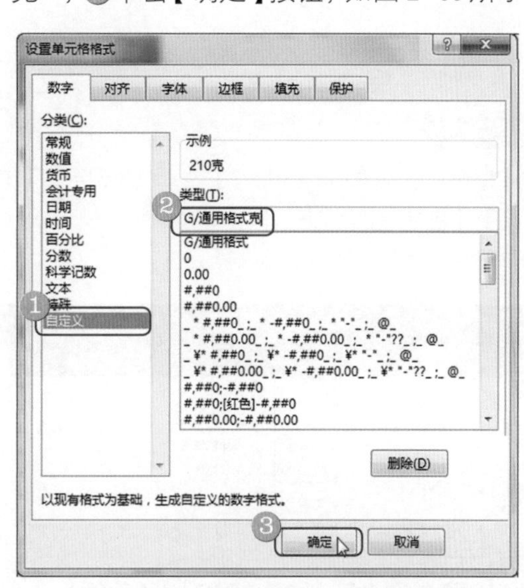

图 2-56

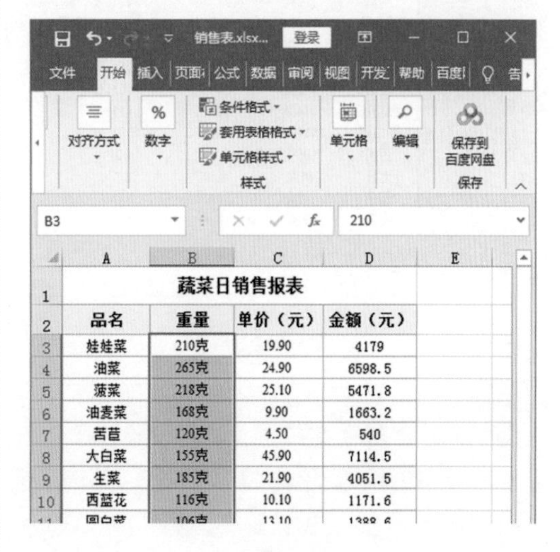

图 2-57

第 3 步 可以看到所有选中单元格数据后添加了重量单位“克”，通过以上步骤即可完成为数据批量添加单位的操作，如图 2-57 所示。

■ 经验之谈

当单元格是默认的“常规”格式时，其数据类型都为“G/通用格式”，因此在“G/通用格式”前后都可以补充文字，让单元格既显示数字又显示文本。

2.3.8 自动输入数据的重复部分

本案例在表格中输入交易流水号时，前半部分的字母和符号是固定不动的，如 WJ21-，后面的数字是当前的交易日期。为了提高流水号的输入速度，可以设置自定义数字格式。

<< 扫码获取配套视频课程，本节视频课程播放时长约为 50 秒。

操作步骤

第 1 步 打开“蔬菜销售表”，选中 A3:A15 单元格区域，❶在【开始】选项卡中单击【数字】下拉按钮，❷在弹出的菜单中单击对话框开启按钮，如图 2-58 所示。

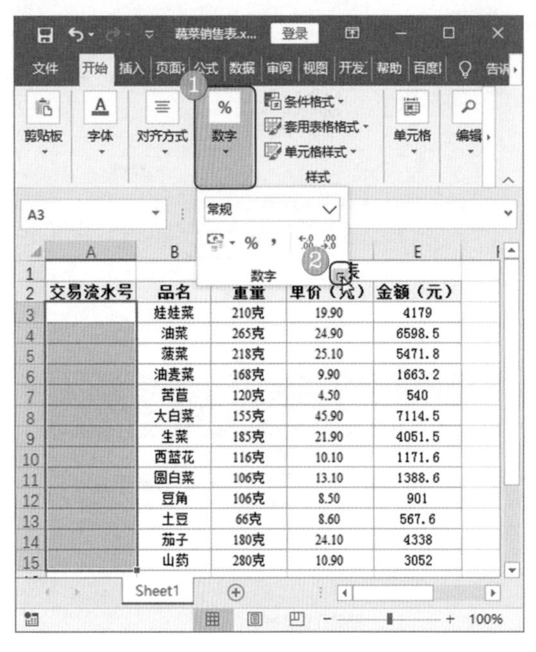

图 2-58

第 2 步 弹出【设置单元格格式】对话框，❶在【数字】选项卡的【分类】列表框中选择【自定义】选项，❷在【类型】文本框中输入“WJ21-”@，❸单击【确定】按钮，如图 2-59 所示。

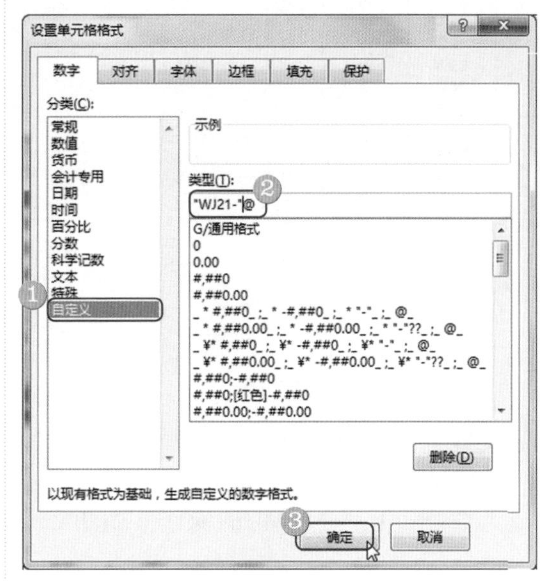

图 2-59

第 3 步 在 A3 单元格中输入“0602”，按 Enter 键后会自动在前面添加“WJ21-”，在设置了格式的单元格中输入数据，可以看到前面都自动添加了“WJ21-”，如图 2-60 所示。

	蔬菜日销售报表				
2	交易流水号	品名	重量	单价（元）	金额（元）
3	WJ21-0602	娃娃菜	210克	19.90	4179
4	WJ21-0610	油菜	265克	24.90	6598.5
5	WJ21-0615	菠菜	218克	25.10	5471.8
6	WJ21-0607	油麦菜	168克	9.90	1663.2
7	WJ21-0621	苦苣	120克	4.50	540
8	WJ21-0609	大白菜	155克	45.90	7114.5

图 2-60

第 3 章

数据处理与查找替换

本章主要介绍了整理不规范的数据、数据定位与编辑方面的知识与技巧，同时还讲解了查找/替换与选择性粘贴的技巧。通过本章的学习，读者可以掌握 Excel 数据处理与查找替换方面的知识，为深入学习 Excel 知识奠定基础。

用手机扫描二维码
获取本章学习素材

3.1 整理不规范的数据

由于数据来源的不同，有时拿到的数据表存在众多不规范的数据，这样的表格投入使用时会给数据计算分析带来很多阻碍。因此，拿到表格后首先需要对数据进行整理，从而让其形成规范的数据表。

3.1.1 删除重复值

本节将制作为“招聘职位表”删除重复工号的案例，本案例需要使用 Excel 的数据工具知识点，可以应用在具有较多重复值，需要批量删除的工作场景。

<< 扫码获取配套视频课程，本节视频课程播放时长约为 35 秒。

操作步骤

第 1 步 打开工作表，可以看到“工号”列有重复值，选中整个表格，❶在【数据】选项卡中单击【数据工具】下拉按钮，❷在弹出的菜单中单击【删除重复值】按钮，如图 3-1 所示。

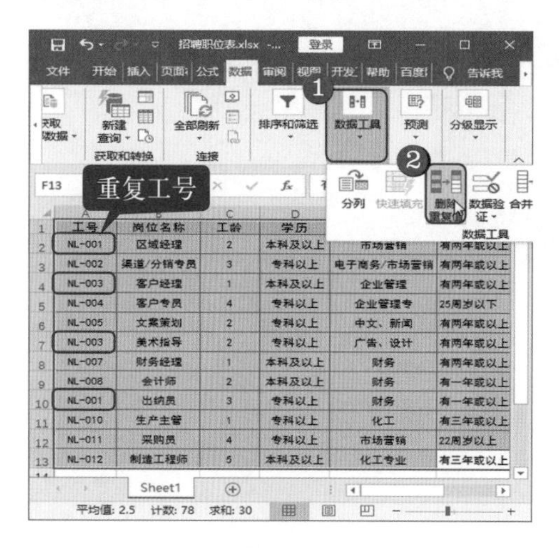

图 3-1

第 2 步 弹出【删除重复值】对话框，❶勾选【工号】复选框，❷单击【确定】按钮，如图 3-2 所示。

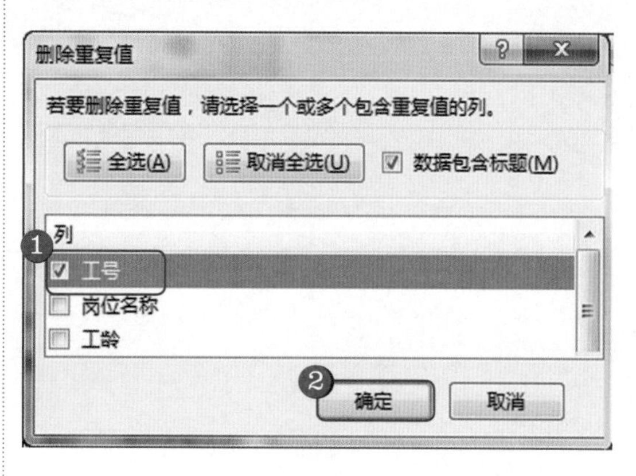

图 3-2

第 3 步 弹出提示对话框，提示已经删除了“工号”列中的重复值，如图 3-3 所示。

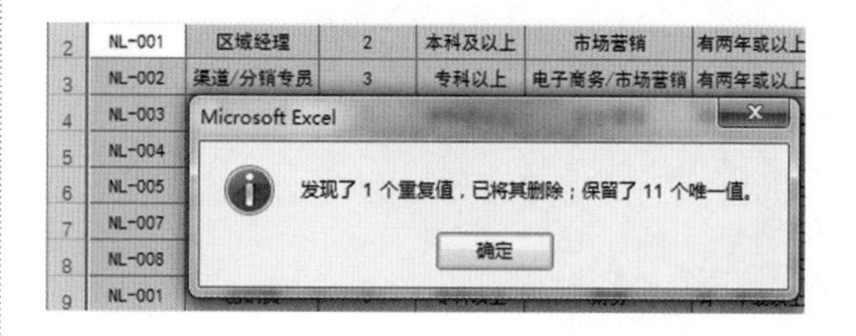

图 3-3

3.1.2 批量删除空白行或空白列

本节将介绍为“财务表”删除空白行的案例，本案例需要使用Excel定位条件的知识点，可以应用在需要快速删除大量空白行或空白列的工作场景。

<< 扫码获取配套视频课程，本节视频课程播放时长约为37秒。

操作步骤

第1步 打开表格，可以看到表格中有很多空白行，❶在【开始】选项卡中单击【编辑】下拉按钮，❷在弹出的菜单中单击【查找和选择】下拉按钮，❸选择【定位条件】菜单项，如图3-4所示。

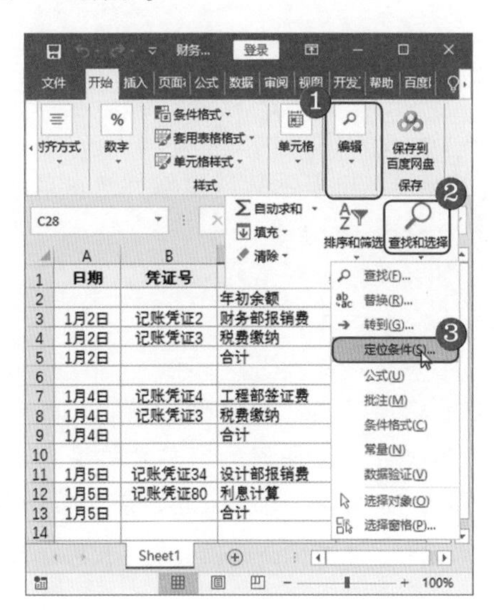

图3-4

第2步 弹出【定位条件】对话框，❶选中【空值】单选按钮，❷单击【确定】按钮，如图3-5所示。

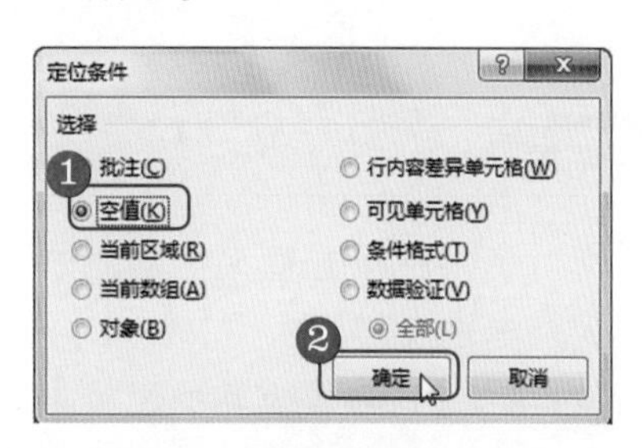

图3-5

第3步 返回表格，可以看到已经选中了表格中的所有空白行，右键单击任意选中的单元格，在弹出的快捷菜单中选择【删除】菜单项，如图3-6所示。

图3-6

第4步 弹出【删除】对话框，❶选中【整行】单选按钮，❷单击【确定】按钮，如图3-7所示。

第5步 可以看到被选中的空白行已经被删除，如图3-8所示。

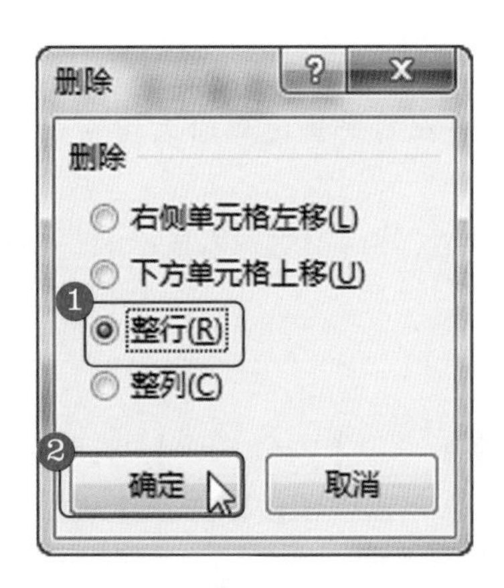

图 3-7

	A	B	C	D
1	日期	凭证号	凭证摘要	借方
2	1月2日	记账凭证2	财务部报销费	5000.00
3	1月2日	记账凭证3	税费缴纳	340.00
4	1月4日	记账凭证4	工程部签证费	3110.00
5	1月4日	记账凭证3	税费缴纳	3120.00
6	1月5日	记账凭证34	设计部报销费	2900.00
7	1月5日	记账凭证80	利息计算	3900.00
8	1月8日	记账凭证4	工程部签证费	3880.00
9	1月8日	记账凭证78	土地征用税	5000.00
10	1月8日	记账凭证3	税费缴纳	4300.00
11	1月8日	记账凭证80	利息计算	5000.00
12	1月11日	记账凭证34	设计部报销费	3210.00
13	1月11日	记账凭证3	税费缴纳	2290.00
14				

图 3-8

知识拓展

有时表格中既有整行空单元格，也有部分空单元格，这时如何只删除整行为空的单元格呢？选中表格，执行【数据】→【排序和筛选】→【高级】命令，打开【高级筛选】对话框，勾选【选中不重复的记录】复选框，单击【确定】按钮即可只删除整行空白单元格。

3.1.3 清除运算错误的单元格数值

有些单元格看起来没有数值，是空状态，但实际上它们是包含内容的单元格，在进行数据处理时，用户会被这些假的空单元格迷惑，导致数据运算时出现错误。本节将介绍为“工资表”清除运算错误数值的案例。

<< 扫码获取配套视频课程，本节视频课程播放时长约为 32 秒。

操作步骤

第 1 步 打开表格，可以看到 F7、F8 单元格进行求和计算时出现了错误值，原因是公式使用的 D7、D8 单元格中返回了空字符串。选中 D7、D8 单元格，❶在【开始】选项卡中单击【编辑】下拉按钮，❷在弹出的菜单中单击【清除】下拉按钮，❸选择【全部清除】菜单项，如图 3-9 所示。

第 2 步 可以看到 F7、F8 单元格的计算结果变为正常显示，如图 3-10 所示。

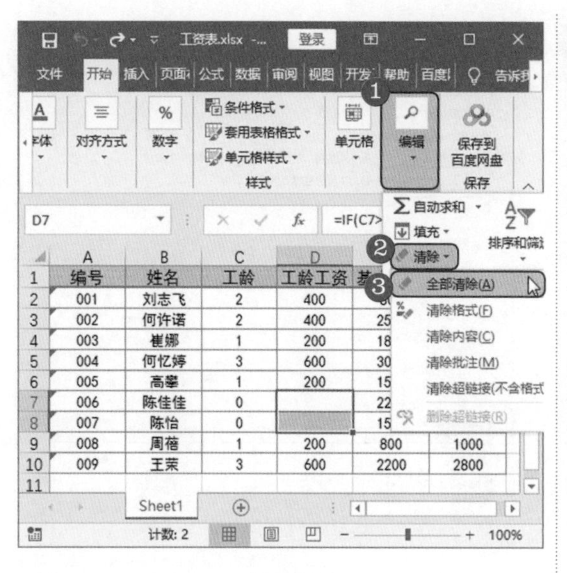

图 3-9

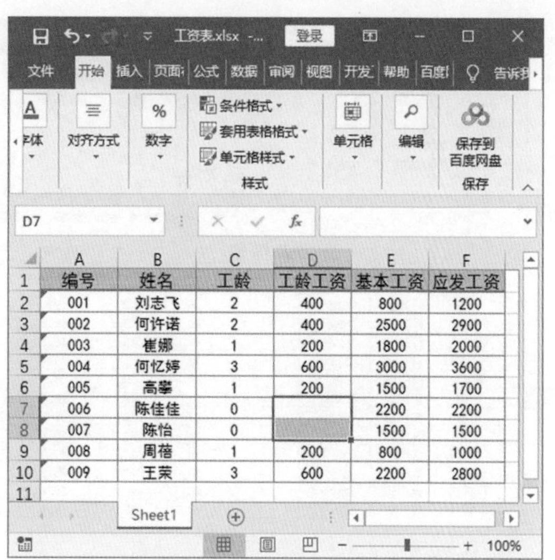

图 3-10

3.1.4 拆分带单位的数据

如果单元格中带有单位，计算合计值时不能参与计算。本节将介绍为“员工社保缴费表”中的数据删除单位并参与计算的案例，本案例将使用 Excel 分列的知识点。

<< 扫码获取配套视频课程，本节视频课程播放时长约为 1 分 01 秒。

操作步骤

第 1 步 打开表格，可以看到在“养老保险”这一列下的单元格数值都带有单位，使得合计的计算结果不正确，首先在“养老保险”列的后方插入一列空白单元格，选中 C3:C14 单元格区域，❶在【数据】选项卡中单击【数据工具】下拉按钮，❷在弹出的菜单中单击【分列】按钮，如图 3-11 所示。

第 2 步 弹出【文本分列向导 - 第 1 步，共 3 步】对话框，❶选中【固定宽度】单选按钮，❷单击【下一步】按钮，如图 3-12 所示。

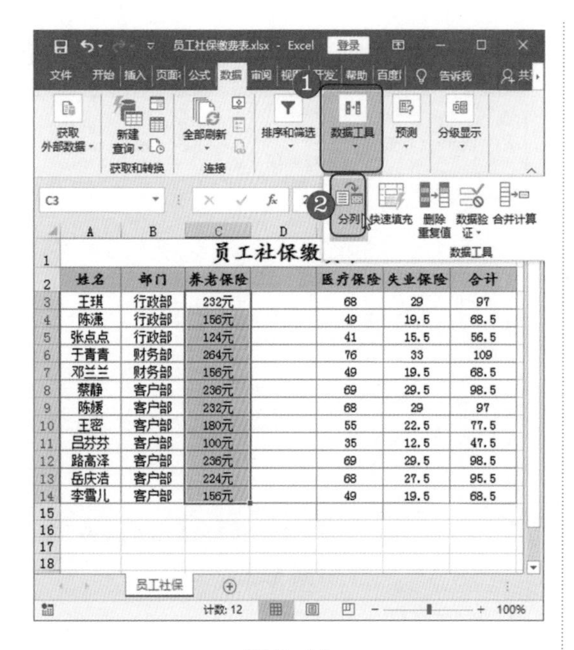

图 3-11

第 3 步 进入向导第 2 步，❶在【数据预览】文本框的标尺上拖动分列线，放置在数值与单位之间，❷单击【完成】按钮，如图 3-13 所示。

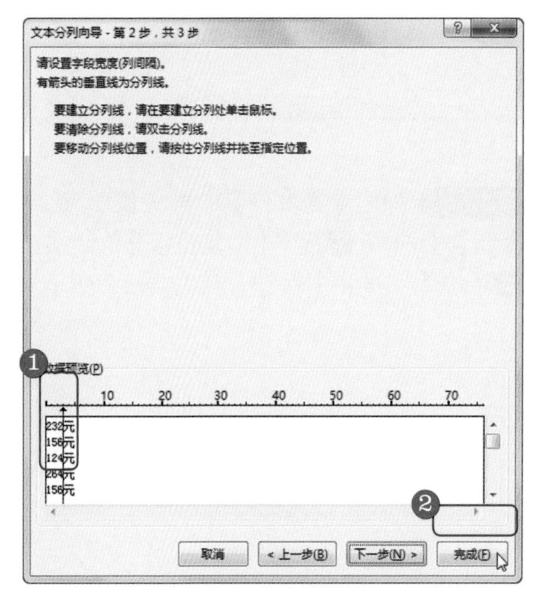

图 3-13

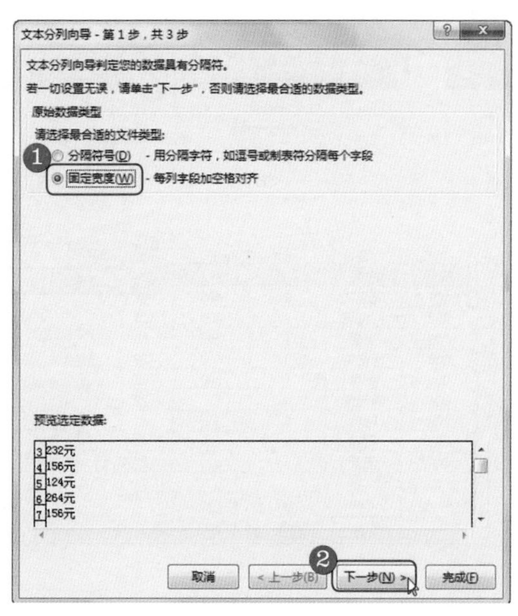

图 3-12

第 4 步 返回表格，可以看到单位被移至新添加的空白列中，同时合计值的计算结果也发生改变，如图 3-14 所示。

图 3-14

3.1.5 清除带强制换行符的数据格式

从其他途径获取数据时很容易产生换行符，当文本中有换行符时会使数据查找失败。本节将介绍为“所得税查询表”中的数据清除数据格式的案例。

<< 扫码获取配套视频课程，本节视频课程播放时长约为 1 分 01 秒。

操作步骤

第 1 步 打开表格，选中 B7 单元格，因为有换行符存在，查询不到应缴所得税，导致 G2 单元格不显示结果，如图 3-15 所示。

	A	B	C	D	E	F	G
1	编号	姓名	应发工资	应缴所得税		查询对象	应缴所得税
2	012	崔娜	2400	0		黎小健	#N/A
3	005	方婷婷	2300	0			
4	002	韩燕	7472	292.2			
5	007	郝艳艳	1700	0			
6	004	何开运	3400	0			
7	001	黎小健	6720	217			
8	011	刘丽	2500	0			
9	015	彭华	1700	0			
10	003	钱丽	3550	15			
11	010	王芬	8060	357			
12	013	王海燕	8448	434.6			
13	008	王菁	10312	807.4			
14	006	王丽红	4495	29.85			
15	009	吴银花	2400	0			
16	016	武燕	3100	0			
17	014	张燕	12700	1295			

图 3-15

第 2 步 选中 B2:B17 单元格区域，❶在【开始】选项卡中单击【编辑】下拉按钮，❷单击【查找和选择】下拉按钮，❸选择【替换】菜单项，如图 3-16 所示。

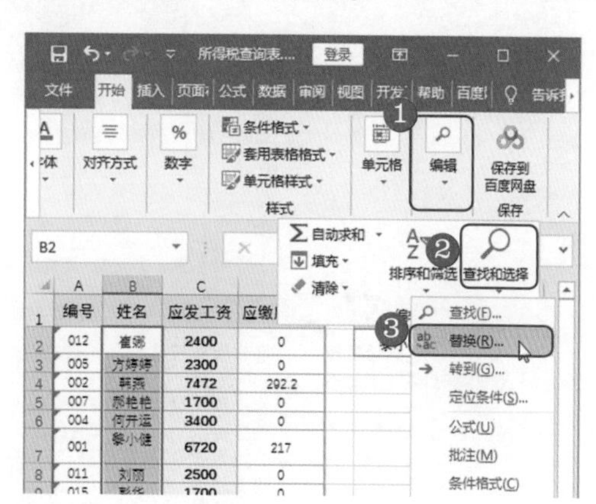

图 3-16

第 3 步 弹出【查找和替换】对话框，❶在【查找内容】文本框中按 Ctrl+J 组合键，❷单击【全部替换】按钮，如图 3-17 所示。

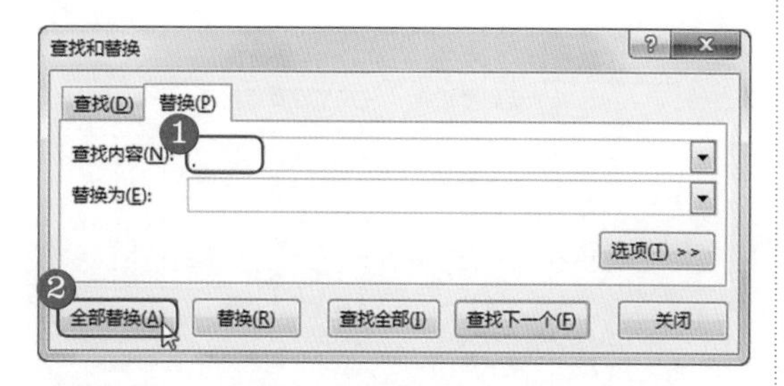

图 3-17

第 4 步 返回表格，可以看到 B7 单元格已经删除了换行符，G2 单元格显示了正确的查询结果，如图 3-18 所示。

	A	B	C	D	E	F	G
1	编号	姓名	应发工资	应缴所得税		查询对象	应缴所得税
2	012	崔娜	2400	0		黎小健	217
3	005	方婷婷	2300	0			
4	002	韩燕	7472	292.2			
5	007	郝艳艳	1700	0			
6	004	何开运	3400	0			
7	001	黎小健	6720	217			
8	011	刘丽	2500	0			
9	015	彭华	1700	0			
10	003	钱丽	3550	15			
11	010	王芬	8060	357			
12	013	王海燕	8448	434.6			
13	008	王菁	10312	807.4			

图 3-18

3.1.6 将文本日期转换为标准日期

在 Excel 中必须按指定的格式输入日期，Excel 才会把它当作日期型数值，否则会视为不可计算的文本。本节将介绍把“销售记录表”中的文本日期转换为标准日期的案例。

<< 扫码获取配套视频课程，本节视频课程播放时长约为 34 秒。

操作步骤

第 1 步 打开表格，选中 A2:A13 单元格区域，❶在【数据】选项卡中单击【数据工具】下拉按钮，❷单击【分列】按钮，如图 3-19 所示。

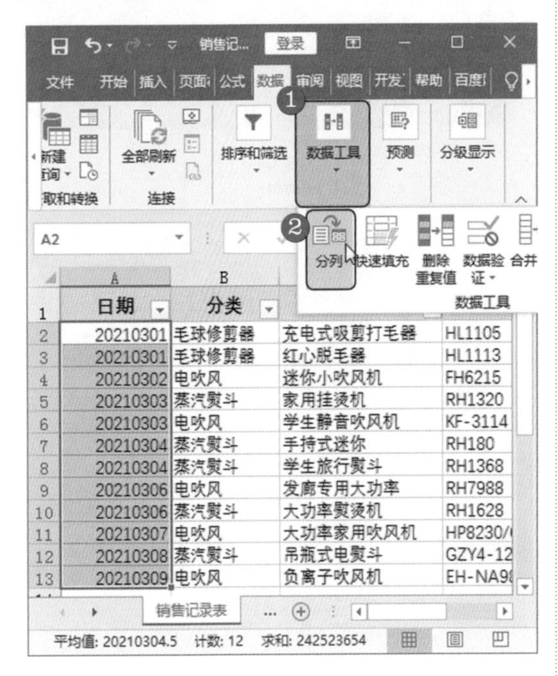

图 3-19

第 2 步 弹出【文本分列向导 - 第 1 步，共 3 步】对话框，保持默认选项，依次单击【下一步】按钮，进入【文本分列向导 - 第 3 步，共 3 步】对话框，❶选中【日期】单选按钮，❷单击【完成】按钮，如图 3-20 所示。

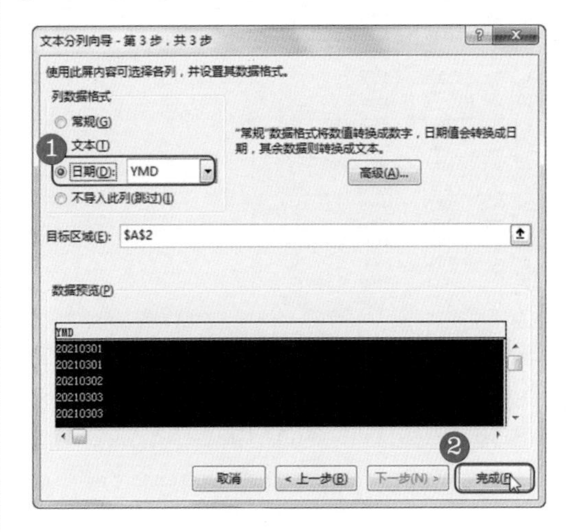

图 3-20

	A	B	C	D
1	日期	分类	产品名称	产品编
2	2021/3/1	毛球修剪器	充电式吸剪打毛器	HL1105
3	2021/3/1	毛球修剪器	红心脱毛器	HL1113
4	2021/3/2	电吹风	迷你小吹风机	FH6215
5	2021/3/3	蒸汽熨斗	家用挂烫机	RH1320
6	2021/3/3	电吹风	学生静音吹风机	KF-3114
7	2021/3/4	蒸汽熨斗	手持式迷你	RH180
8	2021/3/4	蒸汽熨斗	学生旅行熨斗	RH1368
9	2021/3/6	电吹风	发廊专用大功率	RH7988
10	2021/3/6	蒸汽熨斗	大功率熨烫机	RH1628
11	2021/3/7	电吹风	大功率家用吹风机	HP8230/

图 3-21

第 3 步 文本日期已经转换为标准日期，即可对日期进行计算或筛选操作，如图 3-21 所示。

3.1.7 正确显示超过 24 小时的时间

两个时间数据相加如果超过了 24 小时，默认返回的时间格式是不规范的，只显示超过 24 小时之后的时间。本节将介绍更改“耗时统计表”单元格格式的案例。

<< 扫码获取配套视频课程，本节视频课程播放时长约为 51 秒。

操作步骤

第 1 步 打开表格，可以看到 B4 单元格的数值应为 B2+B3，但只显示了超过 24 小时之后的时间，需要使其显示总时间。选中 B4 单元格，❶在【开始】选项卡中单击【对齐方式】下拉按钮，❷在弹出的菜单中单击对话框开启按钮，如图 3-22 所示。

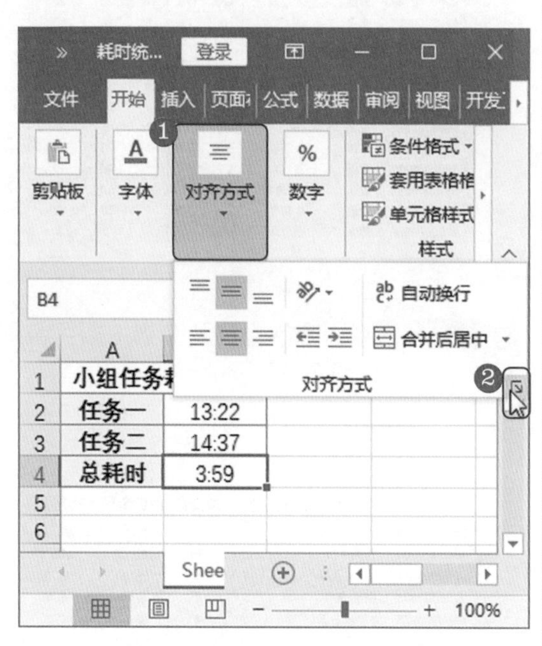

图 3-22

第 3 步 可以看到 B4 单元格已经显示了总时间，如图 3-24 所示。

第 2 步 弹出【设置单元格格式】对话框，❶在【数字】选项卡的【分类】列表框中选择【自定义】选项，❷在【类型】文本框中输入内容，❸单击【确定】按钮，如图 3-23 所示。

图 3-23

	A	B	C	D
1	小组任务耗时统计			
2	任务一	13:22		
3	任务二	14:37		
4	总耗时	27:59		
5				

图 3-24

3.1.8 合并两列数据创建新数据

数据合并需要使用“&”运算符，将相关的两列数据合并为一列。本节介绍把“商品表”中的产品规格和名称合并到一起，显示完整的商品名称的案例。

<< 扫码获取配套视频课程，本节视频课程播放时长约为 1 分 17 秒。

操作步骤

第 1 步 打开表格，在“商品名称”列右侧插入一列空白单元格，选中 D2 单元格，输入公式“=B2&C2”，如图 3-25 所示。

MAX | =B2&C2

	A	B	C	D	E	F	G
1	小票号	规格	商品名称	合并	数量	售价	成交
2	9900000984	散装	大核桃	=B2&C2	1	20	20
3	9900000984	盒装	牛肉		5	85	85
4	9900000984	盒装	水晶梨		2	8	8
5	9900000985	袋装	澡巾		1	5	5
6	9900000985	筒装	通心面		2	3	3
7	9900000985	盒装	软中华		1	80	80
8	9900000985	盒装	夹子		1	8	8
9	9900000985	散装	大核桃		1	20	20
10	9900000985	盒装	核桃仁		1	40	40
11	9900000985	盒装	安利香皂		1	18	18

图 3-25

第 2 步 按 Enter 键后得到第一组合并数据，拖动右下角的填充柄向下复制公式，得到如图 3-26 所示的合并结果。

D2 | =B2&C2

	A	B	C	D	E	F	G
1	小票号	规格	商品名称	合并	数量	售价	成交
2	9900000984	散装	大核桃	散装大核桃	1	20	20
3	9900000984	盒装	牛肉	盒装牛肉	5	85	85
4	9900000984	盒装	水晶梨	盒装水晶梨	2	8	8
5	9900000985	袋装	澡巾	袋装澡巾	1	5	5
6	9900000985	筒装	通心面	筒装通心面	2	3	3
7	9900000985	盒装	软中华	盒装软中华	1	80	80
8	9900000985	盒装	夹子	盒装夹子	1	8	8
9	9900000985	散装	大核桃	散装大核桃	1	20	20
10	9900000985	盒装	核桃仁	盒装核桃仁	1	40	40
11	9900000985	盒装	安利香皂	盒装安利香皂	1	18	18
12	9900000985	散装	中骏枣	散装中骏枣	1	30	30
13	9900000986	筒装	通心面	筒装通心面		3	3

图 3-26

第 3 步 选中 D 列数据，按 Ctrl+C 组合键执行复制，然后单击鼠标右键，在弹出的快捷菜单中选择【值】选项，如图 3-27 所示。

	D	E	F	G
1	合并	数量	售价	成交
2	散装大核桃	1	20	20
3	盒装牛肉	5	85	85
4	盒装水晶梨	2	8	8
5	袋装澡巾	1	5	5
6	筒装通心面	2	3	3
7	盒装软中华	1	80	80
8	盒装夹子	1	8	8
9	散装大核桃	1	20	20
10	盒装核桃仁	1	40	40
11	盒装安利香皂	1	18	18

图 3-27

第 4 步 删除原来的 B 列和 C 列，即可得到新的数据，如图 3-28 所示。

B1 | 合并

	A	B	C	D	E	F	G
1	小票号	合并	数量	售价	成交价	售价金额	销售金
2	9900000984	散装大核桃	1	20	20	20.00	20.0
3	9900000984	盒装牛肉	5	85	85	425.00	425.(
4	9900000984	盒装水晶梨	2	8	8	16.00	16.0
5	9900000985	袋装澡巾	1	5	5	5.00	5.00
6	9900000985	筒装通心面	2	3	3	6.00	6.00
7	9900000985	盒装软中华	1	80	80	80.00	80.0
8	9900000985	盒装夹子	1	8	8	8.00	8.00
9	9900000985	散装大核桃	1	20	20	20.00	20.0
10	9900000985	盒装核桃仁	1	40	40	40.00	40.0
11	9900000985	盒装安利香皂	1	18	18	18.00	18.0
12	9900000985	散装中骏枣	1	30	30	30.00	30.0

图 3-28

知识拓展

上节第 3 步的操作是将公式的计算结果转换为数字，这样当删除源数据或复制到任意位置使用时就不会出错了。

3.1.9 表格数据繁简转换

默认的 Excel 表格字体为简体字，根据表格的应用环境，也可以将表格中的字体迅速转换为繁体字。本节将介绍转换“销售业绩表”字体的案例。

<< 扫码获取配套视频课程，本节视频课程播放时长约为 17 秒。

操作步骤

第 1 步 选中表格，❶在【审阅】选项卡中单击【中文简繁转换】下拉按钮，❷在弹出的菜单中选择【简转繁】菜单项，如图 3-29 所示。

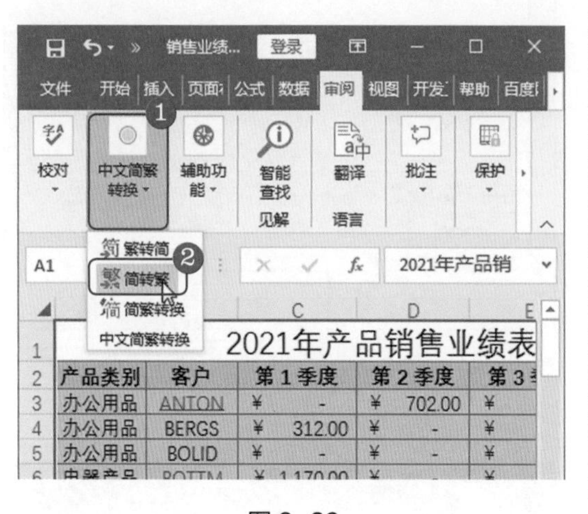

图 3-29

第 2 步 即可将表格中的所有文字转换为繁体字，如图 3-30 所示。

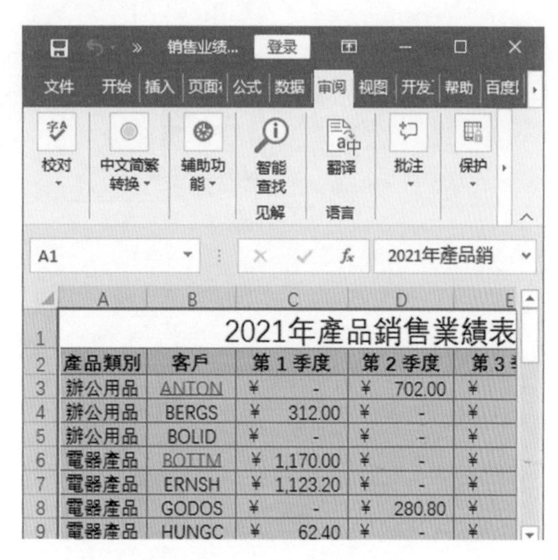

图 3-30

3.2 数据定位与编辑

Excel 定位功能可以帮助我们快速找到所需单元格，显著提高操作效率和数据处理准确性。它是一个功能简单的辅助工具，配合填充、标记、添加、删除等工具可以实现很多功能，非常实用。

3.2.1 选取超大区域单元格

如果要选择的数据区域非常庞大，使用查找和选择命令可以实现精确无误的选取。本节将介绍使用查找和选择命令选取 A1:K200 单元格区域的案例。

<< 扫码获取配套视频课程，本节视频课程播放时长约为 35 秒。

操作步骤

第 1 步 新建空白工作簿，❶在【开始】选项卡中单击【编辑】下拉按钮，❷在弹出的菜单中单击【查找和选择】下拉按钮，❸选择【转到】菜单项，如图 3-31 所示。

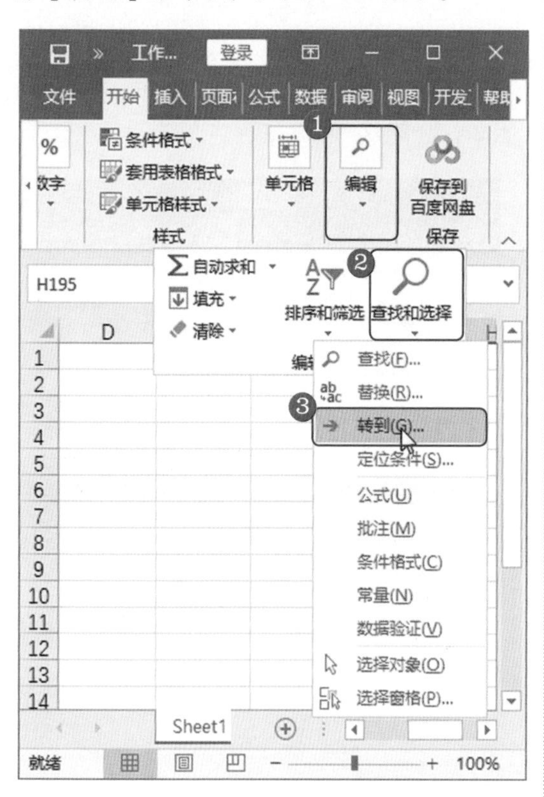

图 3-31

第 2 步 弹出【定位】对话框，❶在【引用位置】文本框中输入单元格区域，❷单击【确定】按钮，如图 3-32 所示。

图 3-32

第 3 步 即可快速选择指定的大范围单元格区域，如图 3-33 所示。

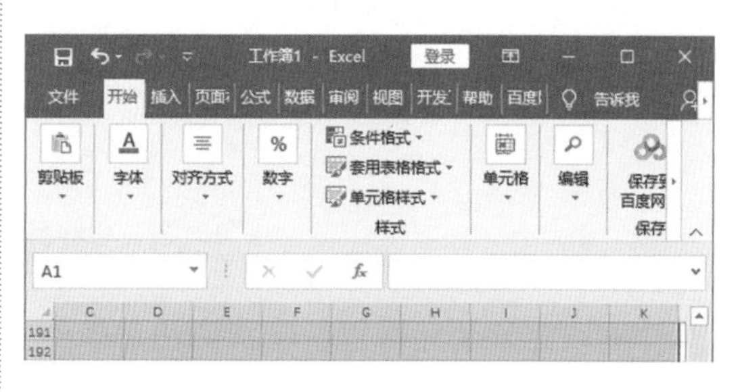

图 3-33

3.2.2 查看公式引用的单元格

对于比较复杂的公式，如果想要查找公式中引用了哪些单元格，可以使用定位功能快速选择公式引用的单元格。本节将介绍查找“业绩评定表”中 C5 单元格的公式都引用了哪些数据的案例。

<< 扫码获取配套视频课程，本节视频课程播放时长约为 30 秒。

操作步骤

第 1 步 打开表格，选择 C5 单元格，❶在【开始】选项卡中单击【编辑】下拉按钮，❷在弹出的菜单中单击【查找和选择】下拉按钮，❸选择【定位条件】菜单项，如图 3-34 所示。

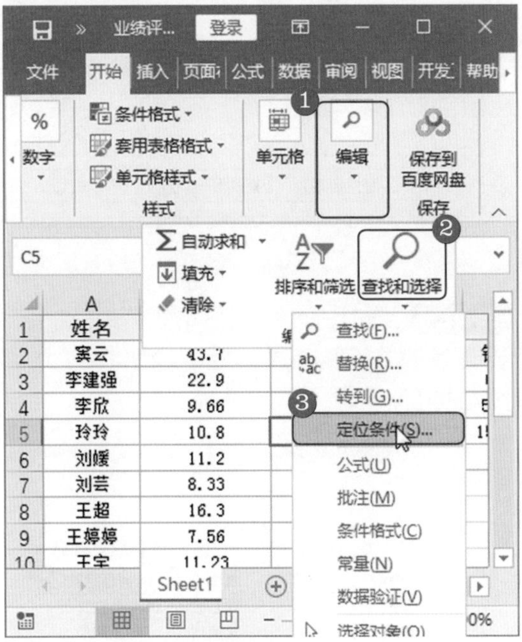

图 3-34

第 2 步 弹出【定位条件】对话框，❶选中【引用单元格】单选按钮，❷单击【确定】按钮，如图 3-35 所示。

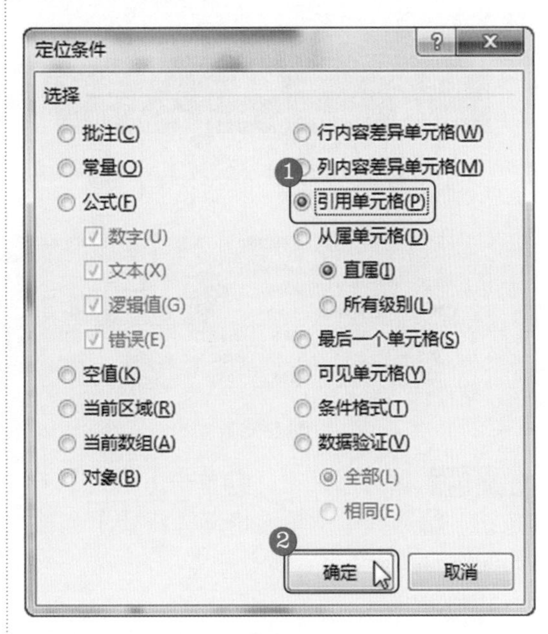

图 3-35

第 3 步 此时可以看到 C5 单元格中的公式引用了 B5 和 F3:G6 单元格区域中的数据，引用的数据被选中，如图 3-36 所示。

图 3-36

3.2.3 选中表格中具有相同格式的单元格

如果表格中有多处设置了相同的格式，比如相同的数据验证、相同的条件格式，以及相同的定位填充、字体格式等，也可以使用定位功能查找这些单元格。本节将介绍查找“应聘统计表”中具有相同格式的单元格的案例。

<< 扫码获取配套视频课程，本节视频课程播放时长约为 55 秒。

操作步骤

第 1 步 打开工作表，❶在【开始】选项卡中单击【编辑】下拉按钮，❷在弹出的菜单中单击【查找和选择】下拉按钮，❸选择【查找】菜单项，如图 3-37 所示。

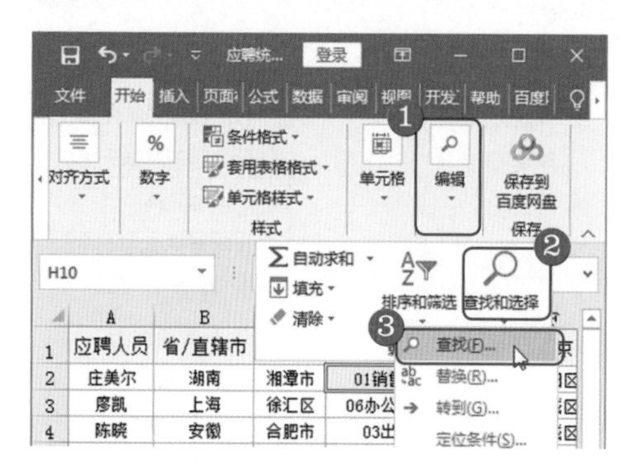

图 3-37

第 2 步 打开【查找和替换】对话框，单击【选项】按钮，如图 3-38 所示。

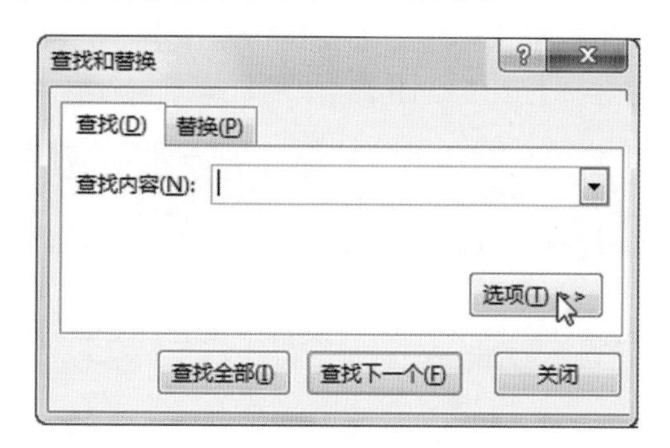

图 3-38

第 3 步 展开对话框，❶单击【格式】下拉按钮，❷选择【从单元格选择格式】选项，如图 3-39 所示。

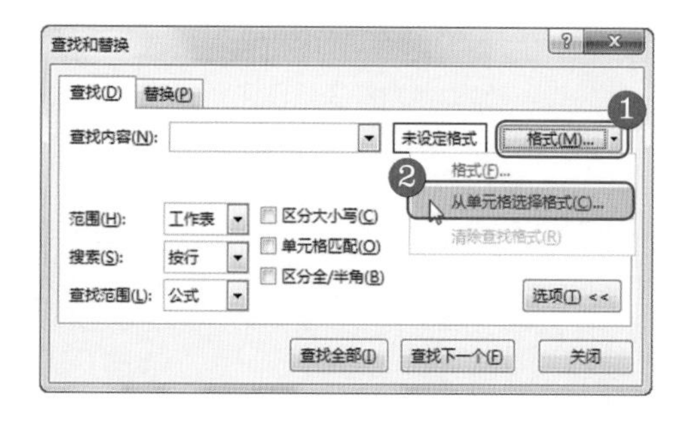

图 3-39

第 4 步 此时进入单元格格式拾取状态，在要查找的单元格上单击即可拾取其格式，如图 3-40 所示。

H10

	A	B	C	D
1	应聘人员	省/直辖市	市/区	应聘职位代码
2	庄美尔	湖南	湘潭市	01销售组长
3	廖凯	上海	徐汇区	06办公室文员
4	陈晓	安徽	合肥市	03出纳员
5	邓敏	湖南	湘潭市	04办公室主任
6	霍晶	安徽	芜湖市	02科员
7	罗成佳	上海	普陀区	01销售组长
8	张泽宇	安徽	合肥市	05资料员
9	蔡晶	湖南	湘潭市	05资料员
10	陈小芳	上海	浦东区	04办公室主任
11	陈曦	安徽	合肥市	05资料员

图 3-40

第 5 步 返回对话框，单击【查找全部】按钮，即可在下方列表框中显示出所有满足条件的单元格，按 Ctrl+A 组合键，选择列表框中的所有项，如图 3-41 所示。

图 3-41

第 6 步 关闭【查找和替换】对话框，可以看到工作表中所有相同格式的单元格均被选中，如图 3-42 所示。

	A	B	C	D
1	应聘人员	省/直辖市	市/区	应聘职位代码
2	庄美尔	湖南	湘潭市	01销售组长
3	廖凯	上海	徐汇区	06办公室文员
4	陈晓	安徽	合肥市	03出纳员
5	邓敏	湖南	湘潭市	04办公室主任
6	聂晶	安徽	芜湖市	02科员
7	罗成佳	上海	普陀区	01销售组长
8	张泽宇	安徽	合肥市	05资料员
9	蔡晶	湖南	湘潭市	05资料员
10	陈小芳	上海	浦东区	04办公室主任
11	陈曦	安徽	合肥市	05资料员
12	陆路	湖南	长沙市	04办公室主任
13	吕梁	安徽	阜阳市	05资料员
14	张奎	上海	浦东区	03出纳员
15	刘萌	安徽	芜湖市	01销售组长
16	崔衡	湖南	常德市	01销售组长

图 3-42

知识拓展

除了依次执行【开始】→【编辑】→【查找和选择】→【查找】命令打开【查找和替换】对话框之外，用户还可以按 Ctrl+F 组合键直接打开【查找和替换】对话框。

3.2.4 定位合并的单元格

如果想快速定位表格中所有设置了合并的单元格，可以使用查找和替换功能。本节将介绍查找“产品业绩表”中设置了合并单元格的案例。

<< 扫码获取配套视频课程，本节视频课程播放时长约为 55 秒。

操作步骤

第 1 步 打开工作表，❶在【开始】选项卡中单击【编辑】下拉按钮，❷单击【查找和选择】下拉按钮，❸选择【查找】菜单项，如图 3-43 所示。

第 2 步 打开【查找和替换】对话框，单击【选项】按钮，如图 3-44 所示。

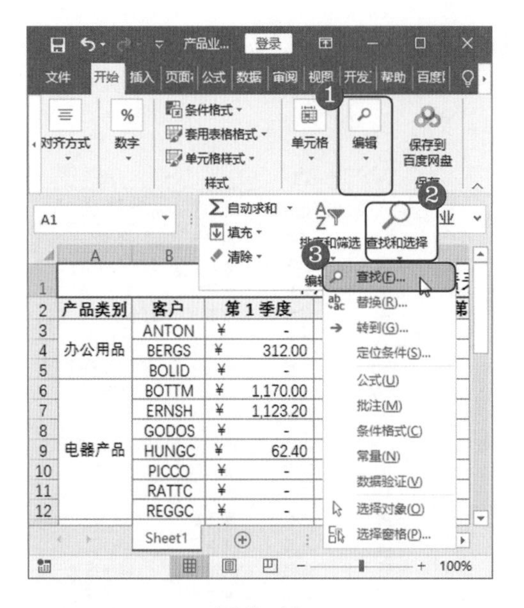

图 3-43

第 3 步 展开对话框，单击【格式】按钮，如图 3-45 所示。

图 3-45

第 5 步 返回对话框，单击【查找全部】按钮，即可在下方列表框中显示出所有满足条件的单元格，按 Ctrl+A 组合键，选择列表框中的所有项，如图 3-47 所示。

图 3-44

第 4 步 打开【查找格式】对话框，❶选择【对齐】选项卡，❷在【文本控制】栏中勾选【合并单元格】复选框，❸单击【确定】按钮，如图 3-46 所示。

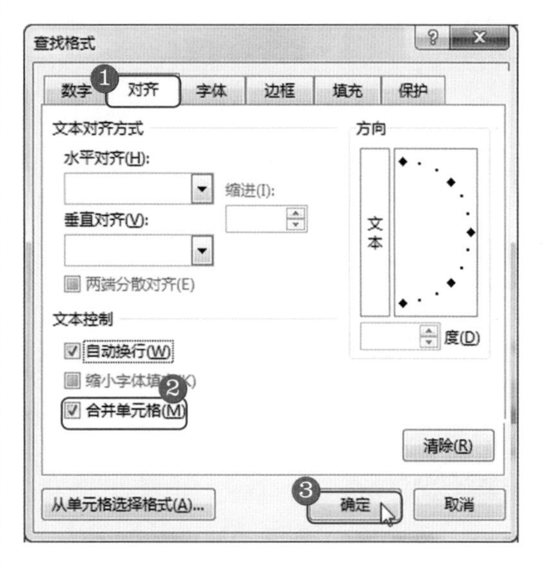

图 3-46

第 6 步 关闭【查找和替换】对话框，可以看到此时工作表中所有设置了合并的单元格均被选中，如图 3-48 所示。

图 3-47

	A	B	C	D	E	F
1	2021年产品销售业绩表					
2	产品类别	客户	第 1 季度	第 2 季度	第 3 季度	第 4 季度
3		ANTON	¥ -	¥ 702.00	¥ -	¥ -
4	办公用品	BERGS	¥ 312.00	¥ -	¥ -	¥ -
5		BOLID	¥ -	¥ -	¥ -	¥ 1,170.00
6		BOTTM	¥ 1,170.00	¥ -	¥ -	¥ -
7		ERNSH	¥ 1,123.20	¥ -	¥ -	¥ 2,607.15
8		GODOS	¥ -	¥ 280.80	¥ -	¥ -
9	电器产品	HUNGC	¥ 62.40	¥ -	¥ -	¥ -
10		PICCO	¥ -	¥ 1,560.00	¥ 936.00	¥ -
11		RATTC	¥ -	¥ 592.80	¥ -	¥ -
12		REGGC	¥ -	¥ -	¥ -	¥ 741.00
13		SAVEA	¥ -	¥ -	¥ 3,900.00	¥ 789.75
14		SEVES	¥ -	¥ 877.50	¥ -	¥ -
15		WHITC	¥ -	¥ -	¥ -	¥ 780.00
16	办公用品	ALFKI	¥ -	¥ -	¥ -	¥ 60.00
17		BOTTM	¥ -	¥ -	¥ -	¥ 200.00
18		ERNSH	¥ -	¥ -	¥ -	¥ 180.00
19		LINOD	¥ 544.00	¥ -	¥ -	¥ -
20	电器产品	QUICK	¥ -	¥ 600.00	¥ -	¥ -
21	办公用品	VAFFE	¥ -	¥ -	¥ 140.00	¥ -
22	家具用品	ANTON	¥ -	¥ 165.60	¥ -	¥ -
23	电器产品	BERGS	¥ -	¥ 920.00	¥ -	¥ -
24		BONAP	¥ -	¥ 248.40	¥ 524.40	¥ -
25		BOTTM	¥ 551.25	¥ -	¥ -	¥ -
26		BSBEV	¥ 147.00	¥ -	¥ -	¥ -
27		FRANS	¥ -	¥ -	¥ -	¥ 18.40
28		HILAA	¥ -	¥ 92.00	¥ 1,104.00	¥ -
29	家具用品	LAZYK	¥ 147.00	¥ -	¥ -	¥ -
30		LEHMS	¥ -	¥ 515.20	¥ -	¥ -

图 3-48

3.2.5 使用自定义视图定位单元格

当数据较多时，总是使用滚动条来定位会比较不便，用户可以使用“自定义视图”功能建立多个视图，然后通过选择视图即可快速定位到目标区域。本节将介绍在“考核成绩表”中设置自定义视图的案例。

<< 扫码获取配套视频课程，本节视频课程播放时长约为 2 分 18 秒。

操作步骤

第 1 步 打开工作表，❶在【视图】选项卡中单击【工作簿视图】下拉按钮，❷单击【自定义视图】按钮，如图 3-49 所示。

图 3-49

第 2 步 打开【视图管理器】对话框，单击【添加】按钮，如图 3-50 所示。

图 3-50

第 3 步 弹出【添加视图】对话框，❶在【名称】文本框中输入内容，❷单击【确定】按钮，如图 3-51 所示。

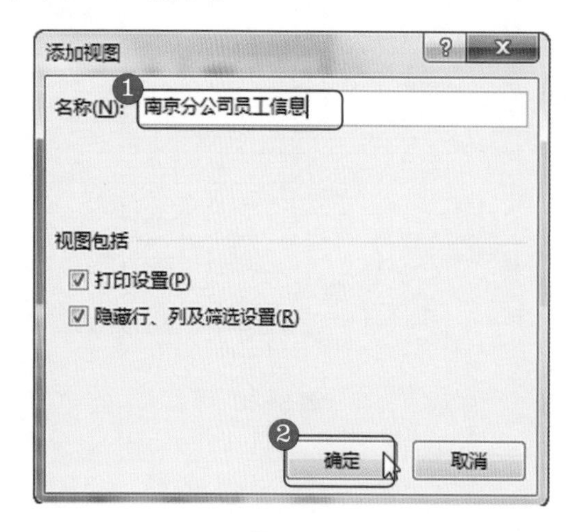

图 3-51

第 5 步 即可快速定位到目标单元格区域，如图 3-53 所示。

第 4 步 再按照相同的方法分别设置“济南分公司员工信息”和“青岛分公司员工信息”自定义视图，当要显示某个视图时，❶只需在列表框中选中视图名称，如“济南分公司员工信息”，❷单击【显示】按钮，如图 3-52 所示。

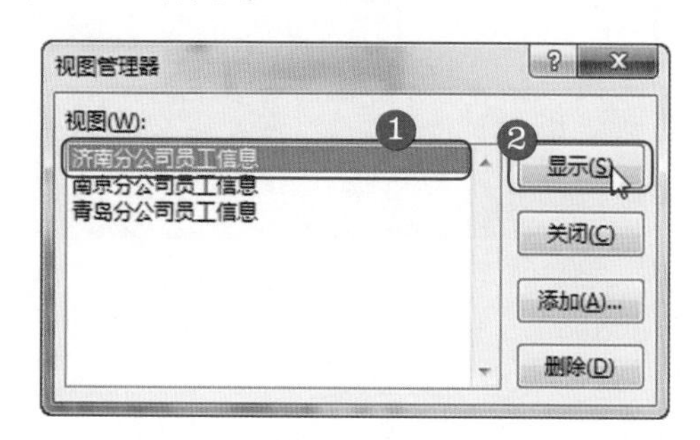

图 3-52

A10 | 011

	A	B	C	D
10	011	周钦伟	济南分公司	321
11	012	杨旭伟	济南分公司	354
12	013	李勤勤	济南分公司	349
13	014	姜灵	济南分公司	237
14	015	华新伟	济南分公司	338
15	016	邹志志	济南分公司	244

图 3-53

3.2.6 定位带有数据验证的单元格

有时在拿到一张表格后，会发现某些单元格中无法输入数据，这可能是因为设置了数据验证条件。本节将介绍查看“应聘统计表 1”中哪些地方被设置了数据验证条件的案例。

<< 扫码获取配套视频课程，本节视频课程播放时长约为 26 秒。

操作步骤

第 1 步 打开工作表，❶在【开始】选项卡中单击【编辑】下拉按钮，❷单击【查找和选择】下拉按钮，❸选择【定位条件】菜单项，如图 3-54 所示。

第 2 步 打开【定位条件】对话框，❶选中【数据验证】单选按钮，❷单击【确定】按钮，如图 3-55 所示。

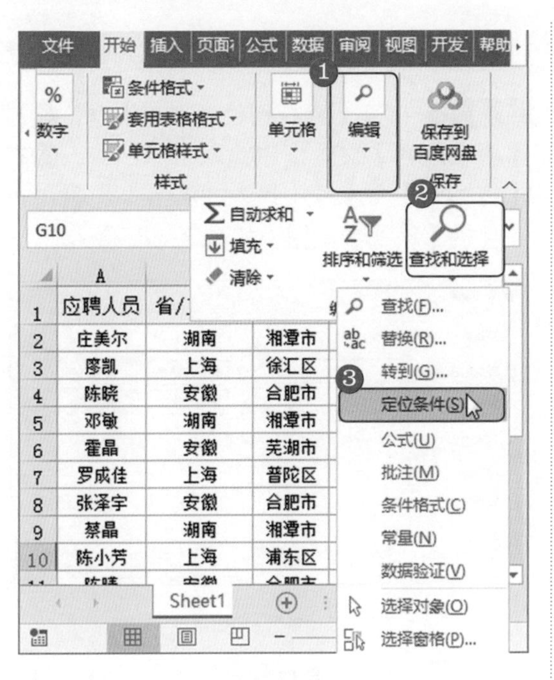

图 3-54

第 3 步 可以看到表格中设置了数据验证的单元格被全部选中，如图 3-56 所示。

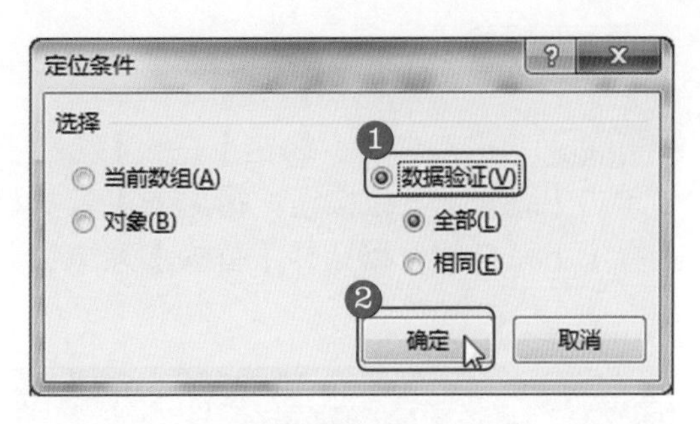

图 3-55

A2　庄美尔

	A	B	C	D
1	应聘人员	省/直辖市	市/区	应聘职位代码
2	庄美尔	湖南	湘潭市	01销售总监
3	廖凯	上海	徐汇区	06办公室文员
4	陈晓	安徽	合肥市	03出纳员
5	邓敏	湖南	湘潭市	04办公室主任
6	霍晶	安徽	芜湖市	02科员
7	罗成佳	上海	普陀区	01销售总监
8	张泽宇	安徽	合肥市	05资料员
9	禁晶	湖南	湘潭市	05资料员
10	陈小芳	上海	浦东区	04办公室主任

图 3-56

3.3　查找 / 替换与选择性粘贴

在编辑表格时，如果需要选择性地查找和替换少量数据，可以使用“查找和替换”功能。该功能类似于其他程序中的【查找】工具，但它还包含一些更有助于搜索的功能。在 Excel 工作表中，用户可以使用【选择性粘贴】命令有选择地粘贴剪贴板中的数值、格式、公式和批注等内容，从而使复制和粘贴操作更加灵活。

3.3.1　数据替换的同时自动设置格式

本节需要将“来访登记表”中的招聘职位“来访日期”一列的日期统一替换为 2021 年，并且将替换后的数据显示为特殊格式，以方便查看。

<< 扫码获取配套视频课程，本节视频课程播放时长约为 1 分 08 秒。

操作步骤

第 1 步 打开工作表，❶在【开始】选项卡中单击【编辑】下拉按钮，❷单击【查找和选择】下拉按钮，❸选择【替换】菜单项，如图 3-57 所示。

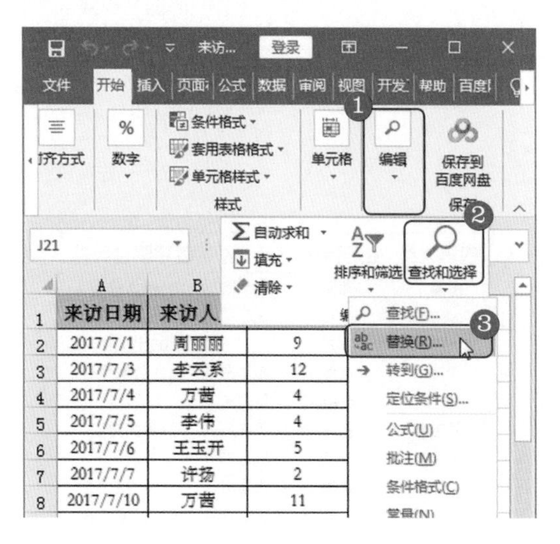

图 3-57

第 3 步 弹出【替换格式】对话框，❶选择【填充】选项卡，❷选择一种颜色，❸单击【确定】按钮，如图 3-59 所示。

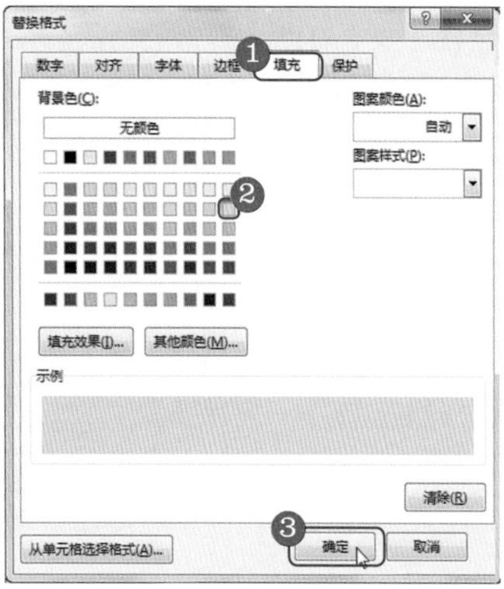

图 3-59

第 2 步 打开【查找和替换】对话框，❶在【查找内容】文本框中输入“2017”，❷在【替换为】文本框中输入“2021”，❸单击右侧的【格式】按钮，如图 3-58 所示。

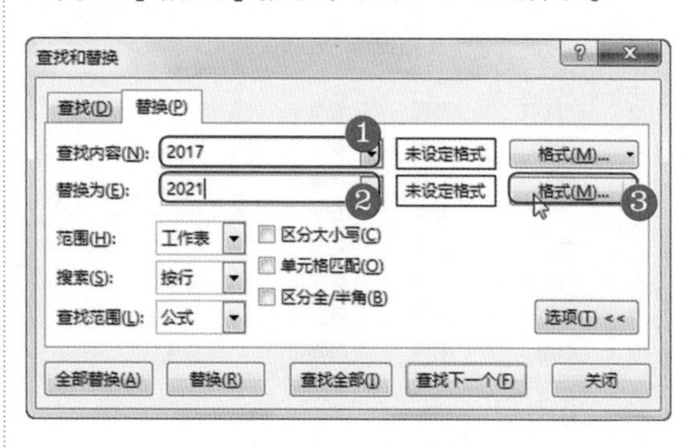

图 3-58

第 4 步 返回【查找和替换】对话框，单击【全部替换】按钮，如图 3-60 所示。

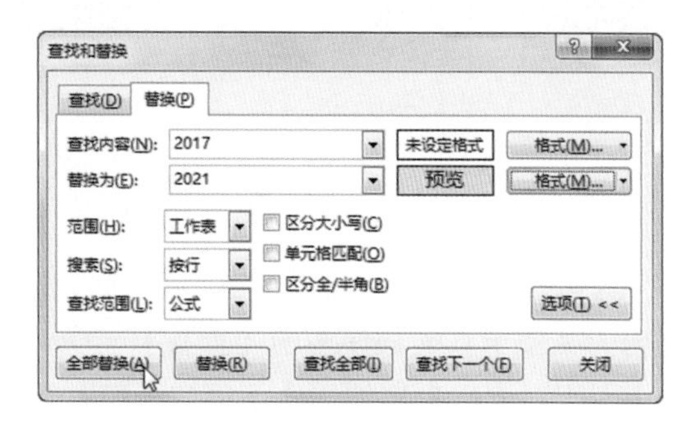

图 3-60

第 5 步 关闭对话框返回表格，可以查看替换后的效果，如图 3-61 所示。

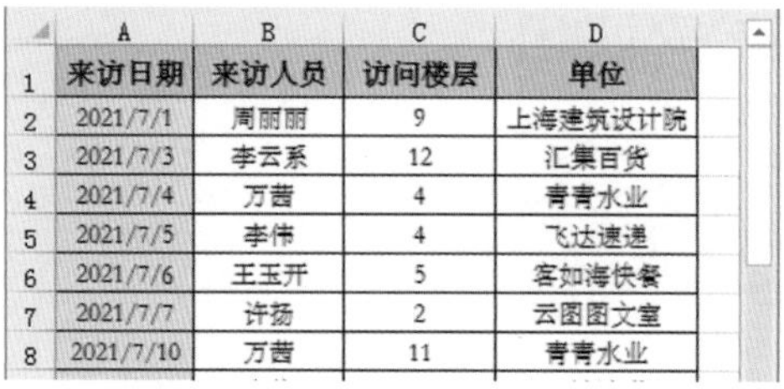

	A	B	C	D
1	来访日期	来访人员	访问楼层	单位
2	2021/7/1	周丽丽	9	上海建筑设计院
3	2021/7/3	李云系	12	汇集百货
4	2021/7/4	万茜	4	青青水业
5	2021/7/5	李伟	4	飞达速递
6	2021/7/6	王玉开	5	客如海快餐
7	2021/7/7	许扬	2	云图图文室
8	2021/7/10	万茜	11	青青水业

图 3-61

3.3.2 在选定区域中替换数据

在默认情况下，Excel的查找和替换操作是针对当前整个工作表的，但有时查找和替换操作只需要针对部分单元格区域进行。本节将介绍使用替换功能将“培训人员统计表”单元格区域中的空格批量删除的案例。

<< 扫码获取配套视频课程，本节视频课程播放时长约为40秒。

操作步骤

第1步 选中D2:D16单元格区域，❶在【开始】选项卡中单击【编辑】下拉按钮，❷单击【查找和选择】下拉按钮，❸选择【替换】菜单项，如图3-62所示。

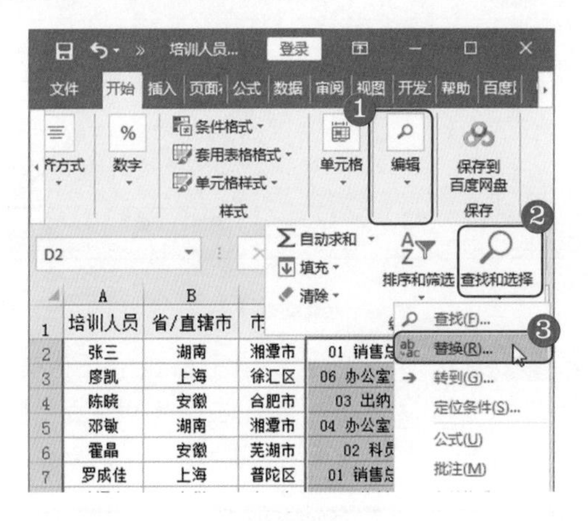

图3-62

第2步 打开【查找和替换】对话框，❶在【替换】选项卡的【查找内容】文本框中输入一个空格，在【替换为】文本框中不输入任何内容，❷单击【全部替换】按钮，如图3-63所示。

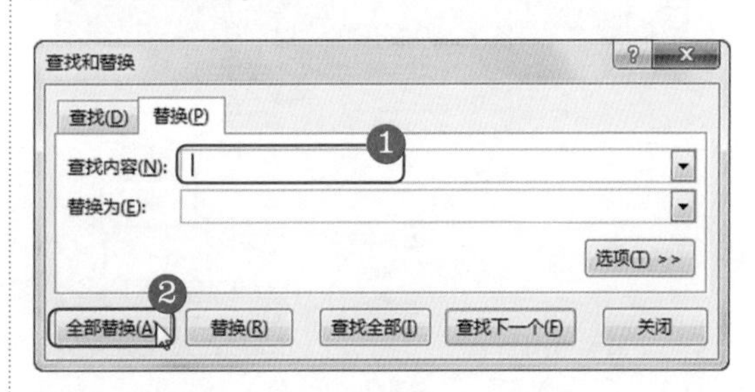

图3-63

第3步 弹出提示对话框，单击【确定】按钮，如图3-64所示。

图3-64

第4步 返回表格，可以看到选中单元格中的空格已经删除，如图3-65所示。

	A	B	C	D
1	培训人员	省/直辖市	市/区	职位
2	张三	湖南	湘潭市	01销售总监
3	廖凯	上海	徐汇区	06办公室文员
4	陈晓	安徽	合肥市	03出纳员
5	邓敏	湖南	湘潭市	04办公室主任
6	霍晶	安徽	芜湖市	02科员
7	罗成佳	上海	普陀区	01销售总监
8	张泽宇	安徽	合肥市	05资料员
9	禁晶	湖南	湘潭市	05资料员
10	陈小芳	上海	浦东区	04办公室主任
11	陈曦	安徽	合肥市	05资料员
12	陆路	湖南	长沙市	04办公室主任
13	吕梁	安徽	阜阳市	05资料员
14	张董	上海	浦东区	03出纳员
15	刘萌	安徽	芜湖市	01销售总监
16	崔衡	湖南	常德市	01销售总监

Sheet1　计数: 15　100%

图3-65

3.3.3 精确查找

Excel 默认的查找方式是模糊查找，如在【查找内容】文本框中输入“李霞”，执行命令后会发现所有包含“李霞”的单元格都会被找到，如“李霞云”“李霞玉”“张李霞惠”等。本节将介绍使用精确查找只找到“李霞”的案例。

<< 扫码获取配套视频课程，本节视频课程播放时长约为 44 秒。

操作步骤

第 1 步 打开“工资统计表”，❶在【开始】选项卡中单击【编辑】下拉按钮，❷单击【查找和选择】下拉按钮，❸选择【查找】菜单项，如图 3-66 所示。

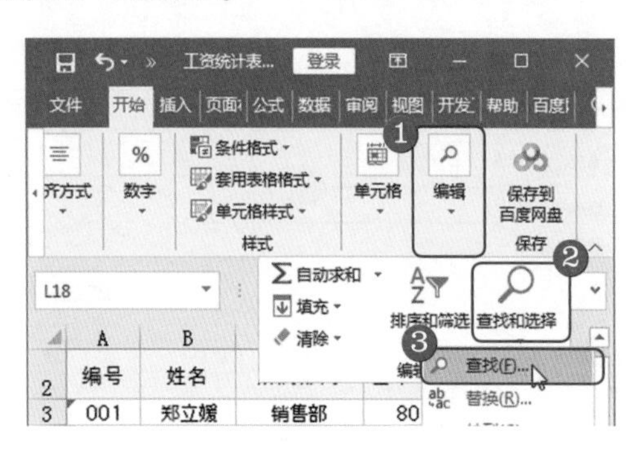

图 3-66

第 2 步 打开【查找和替换】对话框，在【查找】选项卡中单击【选项】按钮，如图 3-67 所示。

图 3-67

第 3 步 打开隐藏的选项，❶在【查找内容】文本框中输入“李霞”，❷勾选【单元格匹配】复选框，❸单击【查找全部】按钮，如图 3-68 所示。

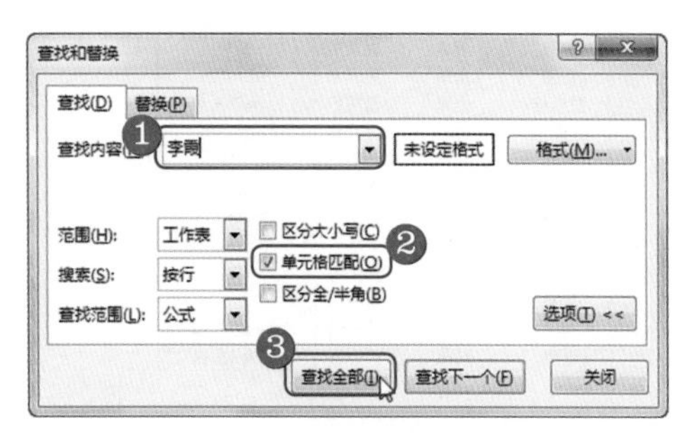

图 3-68

第 4 步 在下方的列表框中将显示查找内容所在的位置，单击后，在表格中就会跳转至找到的单元格，如图 3-69 所示。

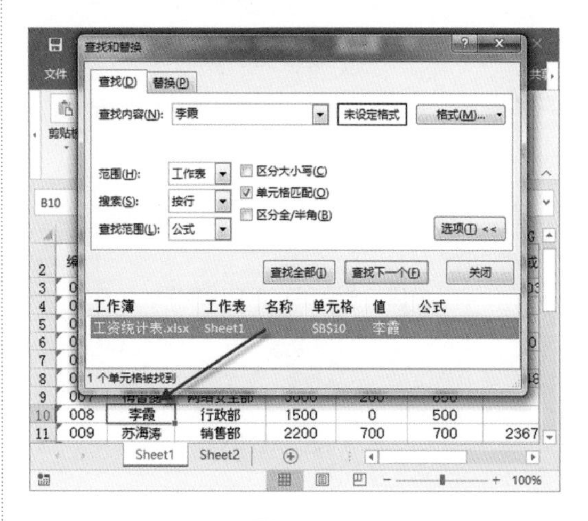

图 3-69

3.3.4 使用【行内容差异单元格】命令替换数据

在“能力评级表”中统计了应聘者各种能力的评级（A～E级），需要将合格的级别（A～C级）替换为“合格”文字。首先使用“行内容差异单元格”功能找出与“D”“E”不同的单元格，然后一次性实现“合格”文字的输入。

<< 扫码获取配套视频课程，本节视频课程播放时长约为1分10秒。

操作步骤

第1步 打开“能力评级表”，在F2:G9单元格区域中建立辅助字母列，输入“D”“E”，如图3-70所示。

	A	B	C	D	E	F	G
1	应聘人员	表达能力	应变能力	体能	英语口语		
2	庄美尔	B	C	D	A	D	E
3	廖凯	A	C	A	D	D	E
4	陈晓	C	C	A	B	D	E
5	邓敏	D	B	D	D	D	E
6	霍晶	A	B	E	A	D	E
7	罗成佳	D	A	C	B	D	E
8	张泽宇	E	A	B	B	D	E
9	蔡晶	C	D	B	A	D	E

图3-70

第2步 以G2单元格为起始位置，沿左下角方向选取B2:G9单元格区域，❶在【开始】选项卡中单击【编辑】下拉按钮，❷单击【查找和选择】下拉按钮，❸选择【定位条件】菜单项，如图3-71所示。

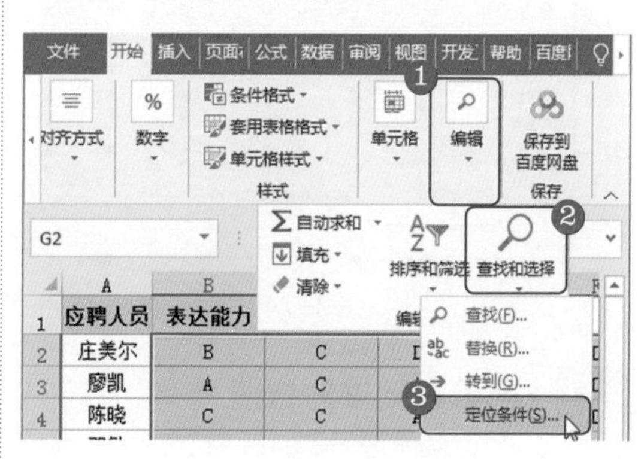

图3-71

第3步 打开【定位条件】对话框，❶选中【行内容差异单元格】单选按钮，❷单击【确定】按钮，如图3-72所示。

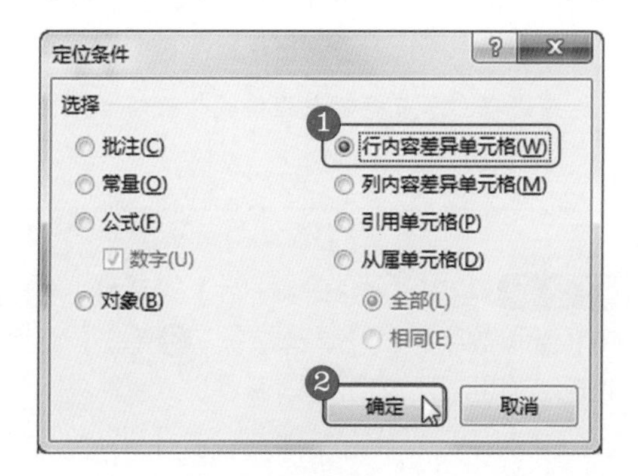

图3-72

第4步 返回表格，可以看到当前选中的是除了字母“E”之外的所有单元格，如图3-73所示。

	A	B	C	D	E	F	G
1	应聘人员	表达能力	应变能力	体能	英语口语		
2	庄美尔	B	C	D	A	D	E
3	廖凯	A	C	A	D	D	E
4	陈晓	C	C	A	B	D	E
5	邓敏	D	B	D	D	D	E
6	霍晶	A	B	E	A	D	E
7	罗成佳	D	A	C	B	D	E
8	张泽宇	E	A	B	B	D	E
9	蔡晶	C	D	B	A	D	E

图3-73

第 5 步 保持当前选中状态，按住 Ctrl 键单击F2单元格，再次打开【定位条件】对话框，选中【行内容差异单元格】单选按钮，单击【确定】按钮，返回表格，即可选中除了字母“D” “E”之外的所有单元格。将光标定位在编辑栏，输入“合格”，如图 3-74 所示。

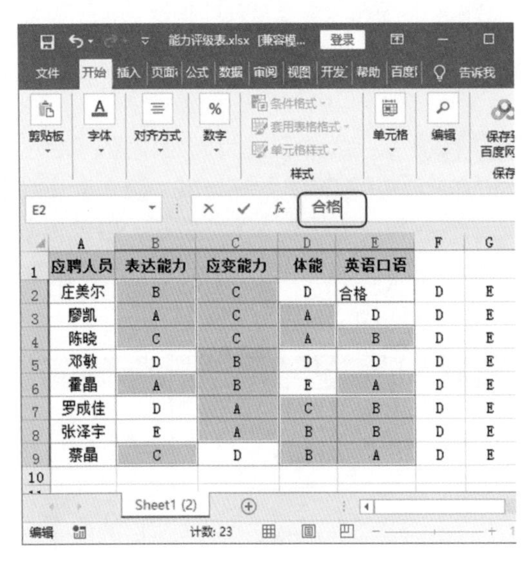

	A	B	C	D	E	F	G
1	应聘人员	表达能力	应变能力	体能	英语口语		
2	庄美尔	B	C	D	合格	D	E
3	廖凯	A	C	A	D	D	E
4	陈晓	C	C	A	B	D	E
5	邓敏	D	B	D	D	D	E
6	霍晶	A	B	E	A	D	E
7	罗成佳	D	A	C	B	D	E
8	张泽宇	E	A	B	B	D	E
9	蔡晶	C	D	B	A	D	E

图 3-74

第 6 步 按 Ctrl+Enter 组合键完成输入，即可将合格的级别（A ~ C 级）替换为“合格”文字，如图 3-75 所示。

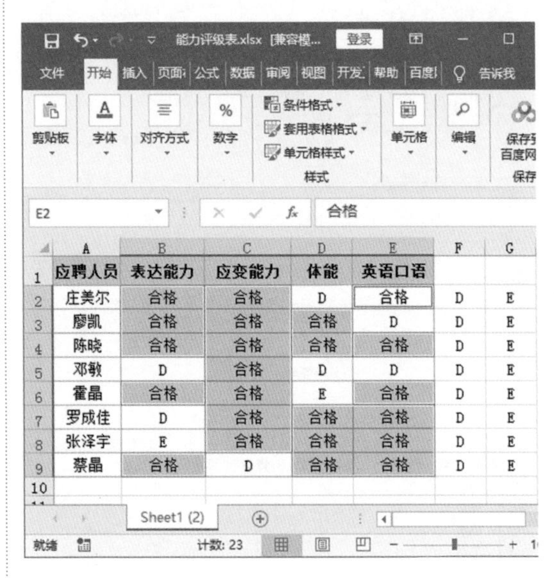

	A	B	C	D	E	F	G
1	应聘人员	表达能力	应变能力	体能	英语口语		
2	庄美尔	合格	合格	D	合格	D	E
3	廖凯	合格	合格	合格	D	D	E
4	陈晓	合格	合格	合格	合格	D	E
5	邓敏	D	合格	D	D	D	E
6	霍晶	合格	合格	E	合格	D	E
7	罗成佳	D	合格	合格	合格	D	E
8	张泽宇	E	合格	合格	合格	D	E
9	蔡晶	合格	D	合格	合格	D	E

图 3-75

3.3.5 将公式转换为数值

使用公式完成计算后，为了方便复制到其他位置使用，可以将公式的计算结果转换为数值。本节将介绍把“成绩统计表”中的总成绩转换为数值的案例。

<< 扫码获取配套视频课程，本节视频课程播放时长约为 35 秒。

操作步骤

第 1 步 选中 E2:E7 单元格区域，按 Ctrl+C 组合键复制，保持单元格选中状态，单击鼠标右键，在弹出的快捷菜单中选择【选择性粘贴】菜单项，如图 3-76 所示。

第 2 步 打开【选择性粘贴】对话框，❶选中【值和数字格式】单选按钮，❷单击【确定】按钮，如图 3-77 所示。

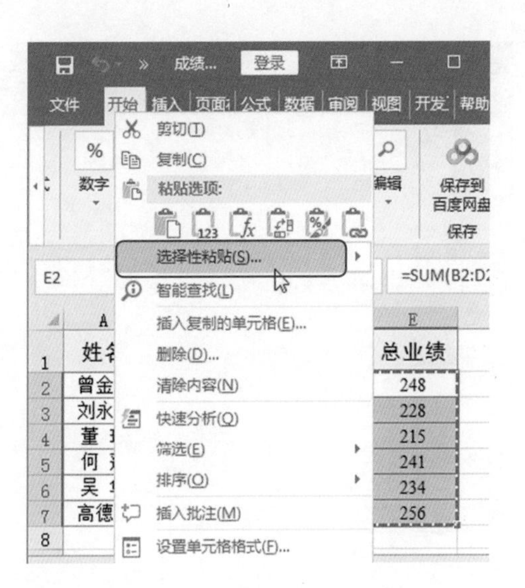

图 3-76

第 3 步 可以看到 E2:E7 单元格区域中只有数值而没有公式了，如图 3-78 所示。

■ 经验之谈

除了单击鼠标右键，在弹出的快捷菜单中选择【选择性粘贴】菜单项外，还可以按 Ctrl+Alt+V 组合键打开【选择性粘贴】对话框。

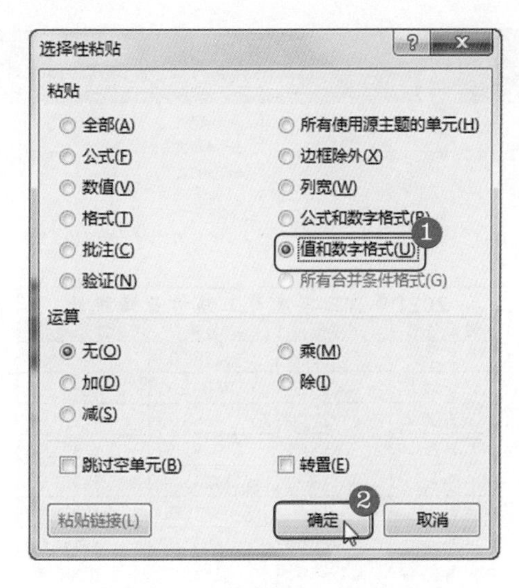

图 3-77

	A	B	C	D	E
1	姓名	语文	数学	英语	总业绩
2	曾金玲	82	90	76	248
3	刘永欢	90	56	82	228
4	董 玲	55	82	78	215
5	何 莲	86	88	67	241
6	吴 华	45	98	91	234
7	高德恩	83	91		256

图 3-78

3.3.6 只复制数据格式

如果事先设置了表格格式（包括底纹、边框和字体格式），下次想要在其他工作表中使用相同的格式，可以利用【选择性粘贴】命令快速复制格式。本节将介绍把“2021 年前三季度员工销售业绩统计表” Sheet1 中的格式复制到 Sheet2 中的案例。

<< 扫码获取配套视频课程，本节视频课程播放时长约为 39 秒。

操作步骤

第 1 步 在 Sheet1 表中选中 A1:D10 单元格区域，按 Ctrl+C 组合键复制，如图 3-79 所示。

第 2 步 切换至 Sheet2 表，❶在【开始】选项卡中单击【剪贴板】下拉按钮，❷单击【粘贴】下拉按钮，❸选择【选择性粘贴】菜单项，如图 3-80 所示。

图 3-79

图 3-80

第 3 步 打开【选择性粘贴】对话框，❶选中【格式】单选按钮，❷单击【确定】按钮，如图 3-81 所示。

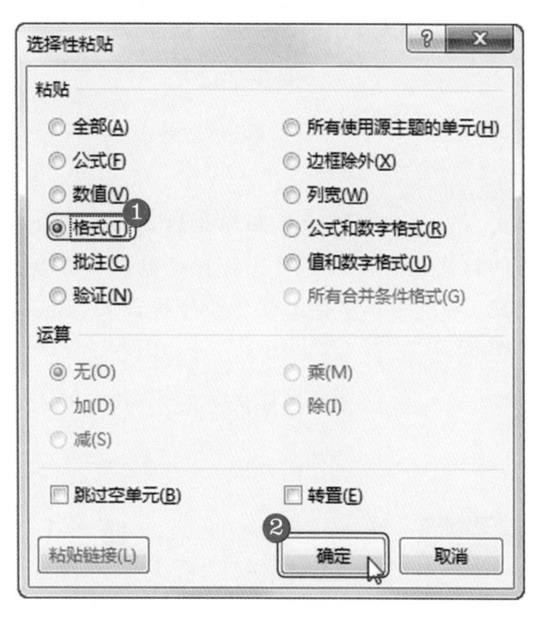

图 3-81

第 4 步 可以看到 Sheet2 工作表中引用了格式，如图 3-82 所示。

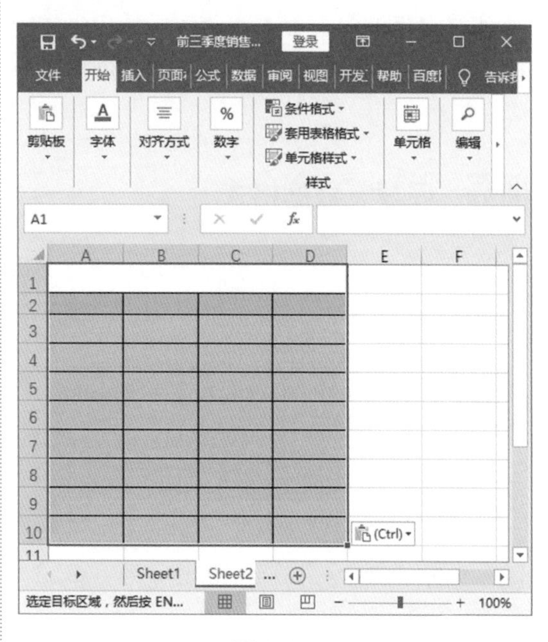

图 3-82

3.3.7 粘贴表格为图片链接

如果想在其他程序中使用表格，为了方便，有时需要把设计好的表格直接转换为图片使用。本节将介绍把“员工工资表”复制粘贴为图片的案例。

<< 扫码获取配套视频课程，本节视频课程播放时长约为 34 秒。

操作步骤

第 1 步 选中整个表格区域，按 Ctrl+C 组合键复制，如图 3-83 所示。

图 3-83

第 2 步 选中一个空白单元格如 E3，❶在【开始】选项卡中单击【剪贴板】下拉按钮，❷单击【粘贴】下拉按钮，❸单击【链接的图片】按钮，如图 3-84 所示。

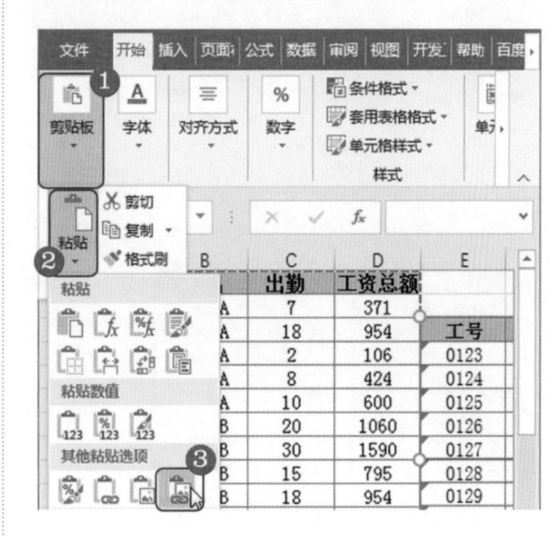

图 3-84

图 3-85

第 3 步 此时会得到一个与原始区域保持实时更新的图片链接，它保留了原始区域的所有特征，如图 3-85 所示。

■ **经验之谈**

用户还可以将表格复制粘贴为图片，而不是图片链接。

3.3.8 转置行列生成新表格

如果要对表格中的行、列内容进行互换，将原来的列标识调换到行标识，可以使用【转置】命令来完成。本节将介绍把“公司账务表”的行列转置生成新表格的案例。

<< 扫码获取配套视频课程，本节视频课程播放时长约为 28 秒。

操作步骤

第 1 步 选中整个表格区域，按 Ctrl+C 组合键复制，如图 3-86 所示。

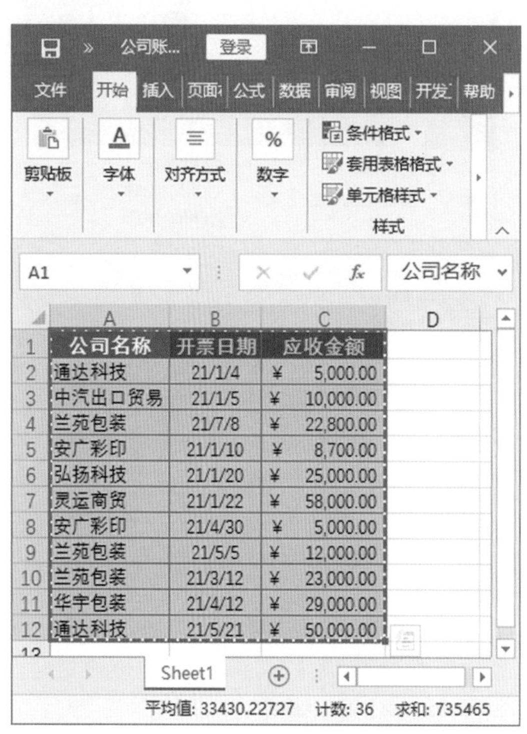

图 3-86

第 2 步 选中一个空白单元格如 E1，❶在【开始】选项卡中单击【剪贴板】下拉按钮，❷单击【粘贴】下拉按钮，❸单击【转置】按钮，图 3-87 所示。

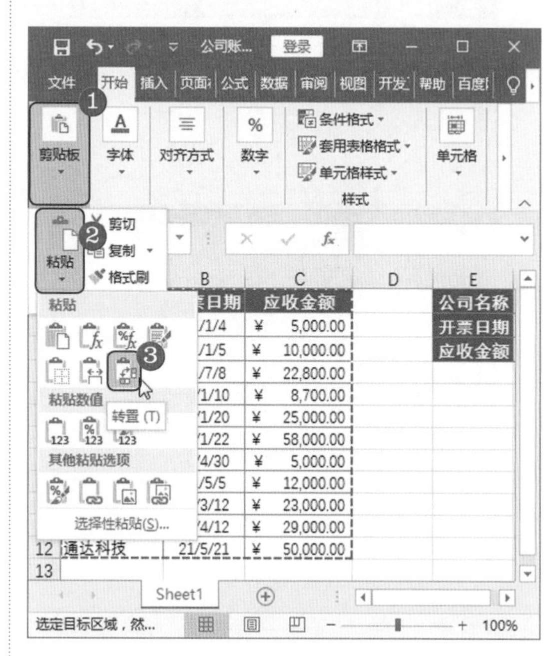

图 3-87

第 3 步 此时可以看到表格的行、列被转置，生成了一个新表格，如图 3-88 所示。

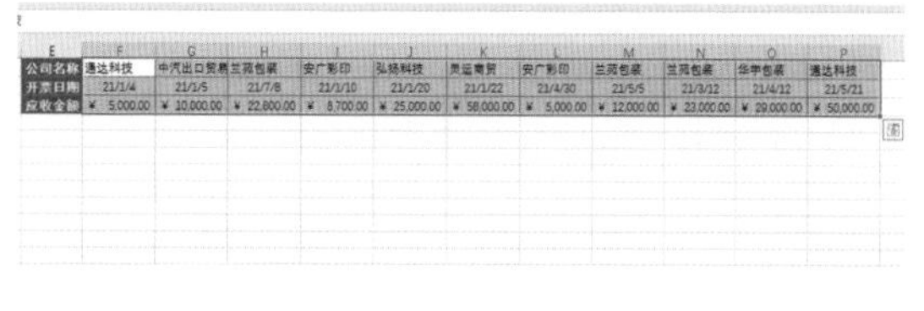

图 3-88

第 4 章

美化与修饰工作表

本章主要介绍了设置单元格格式、设置表格边框、底纹和对齐方式方面的知识与技巧，同时还讲解了在表格中插入图片和绘制图形的技巧。通过本章的学习，读者可以掌握美化与修饰工作表方面的知识，为深入学习 Excel 知识奠定基础。

用手机扫描二维码
获取本章学习素材

4.1 设置单元格格式

为了让制作的表格更加美观、易于交流，最简单的方法就是设置单元格格式，本节将介绍新建单元格格式、将现有单元格添加为样式等操作。

4.1.1 将数据区域转换为“表格”

Excel 的“表格”就是包含结构化数据的矩形区域，它可以使一些常用任务变得更加简单，而且外观更加友好。本节将制作把“值班表”的数据转换为“表格”的案例，本案例需要使用【插入】→【表格】命令。

<< 扫码获取配套视频课程，本节视频课程播放时长约为 19 秒。

操作步骤

第 1 步 选中单元格区域中的任意单元格，如 B4，❶在【插入】选项卡中单击【表格】下拉按钮，❷单击【表格】按钮，如图 4-1 所示。

图 4-1

第 2 步 弹出【创建表】对话框，❶勾选【表包含标题】复选框，❷单击【确定】按钮，如图 4-2 所示。

图 4-2

第 3 步 即可将数据区域转换为表格，如图 4-3 所示。

图 4-3

4.1.2 新建单元格样式

Excel 的内置样式很多时候并不一定能满足实际需求，此时用户可以创建样式。本节将制作在“赊销客户汇总表”中创建名为“列标识”的单元格样式的案例。本案例将使用“新建单元格样式”的知识点。

<< 扫码获取配套视频课程，本节视频课程播放时长约为 1 分 12 秒。

操作步骤

第 1 步 打开表格，❶在【开始】选项卡下的【样式】组中单击【单元格样式】下拉按钮，❷选择【新建单元格样式】菜单项，如图 4-4 所示。

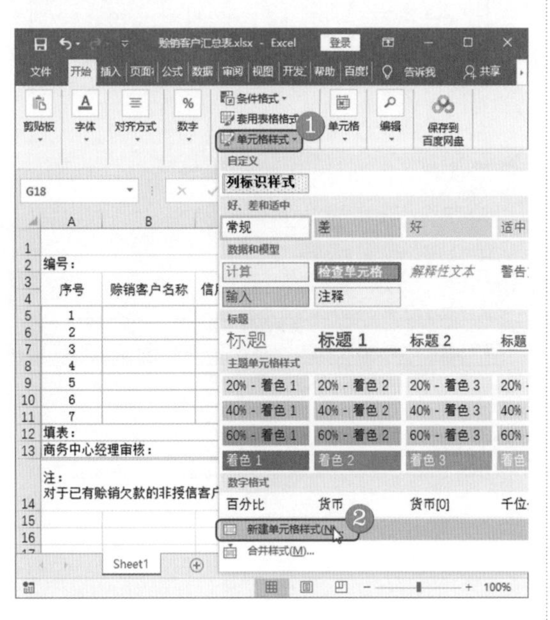

图 4-4

第 2 步 弹出【样式】对话框，❶在【样式名】文本框中输入名称，❷单击【格式】按钮，如图 4-5 所示。

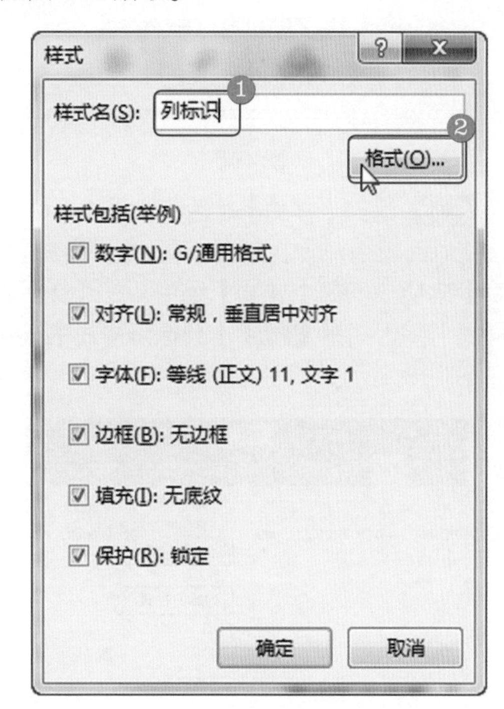

图 4-5

第 3 步 打开【设置单元格格式】对话框，❶在【字体】选项卡的【字体】列表框中选择【宋体】选项，❷在【字形】列表框中选择【加粗】选项，❸在【字号】列表框中选择“11”，如图 4-6 所示。

第 4 步 ❶切换至【填充】选项卡，❷在【背景色】区域选择一种颜色，❸在【图案颜色】下拉列表框中选择一种颜色，❹在【图案样式】下拉列表框中选择一种图案，❺单击【确定】按钮，如图 4-7 所示。

图 4-6

第 5 步 返回【样式】对话框，单击【确定】按钮返回表格，选中 A3:K4 单元格，❶在【开始】选项卡下的【样式】组中单击【单元格样式】下拉按钮，❷选择【列标识样式】选项，如图 4-8 所示。

图 4-8

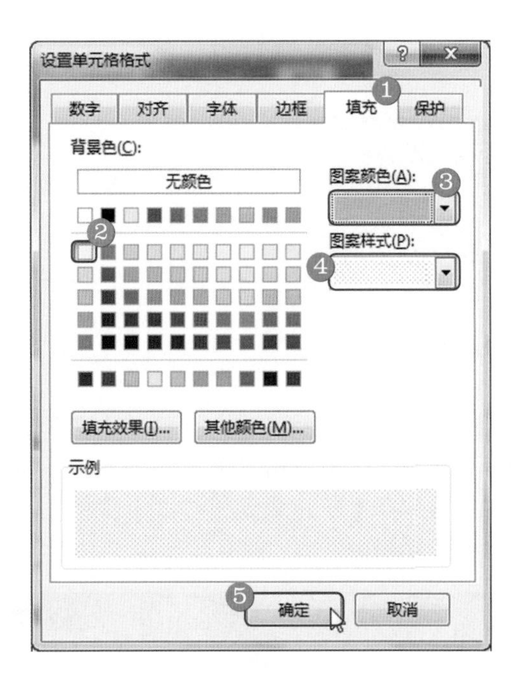

图 4-7

第 6 步 此时可以看到选中的单元格区域应用了用户自定义的单元格样式，如图 4-9 所示。

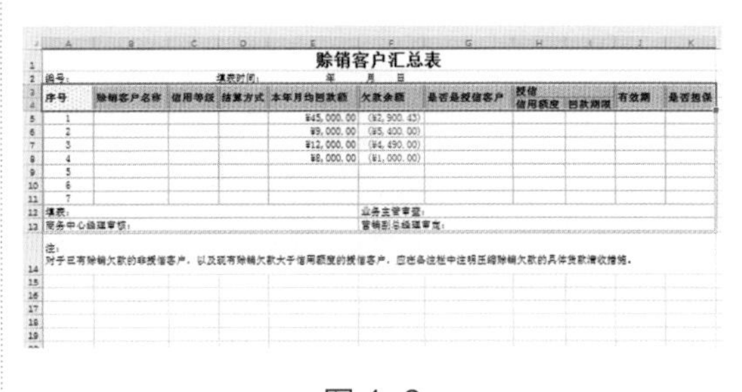

图 4-9

知识拓展

如果需要删除自定义的单元格样式，依次执行【开始】→【样式】→【单元格样式】命令，在弹出的列表中用鼠标右键单击准备删除的样式名称，在弹出的快捷菜单中选择【删除】菜单项，即可删除自定义的单元格样式。

4.1.3 添加现有单元格的格式为样式

如果在网络上下载了表格，或者在查看其他人设计的表格时发现了比较不错的单元格样式设计，则可以将其添加为样式。本节将介绍在“销售报表”中添加样式的案例。

<< 扫码获取配套视频课程，本节视频课程播放时长约为 35 秒。

操作步骤

第 1 步 打开表格，❶在【开始】选项卡下的【样式】组中单击【单元格样式】下拉按钮，❷选择【新建单元格样式】菜单项，如图 4-10 所示。

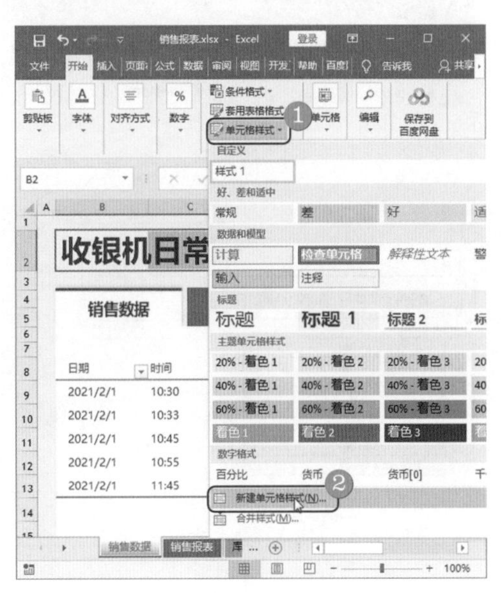

图 4-10

第 2 步 弹出【样式】对话框，❶在【样式名】文本框中输入名称，❷单击【确定】按钮，如图 4-11 所示。

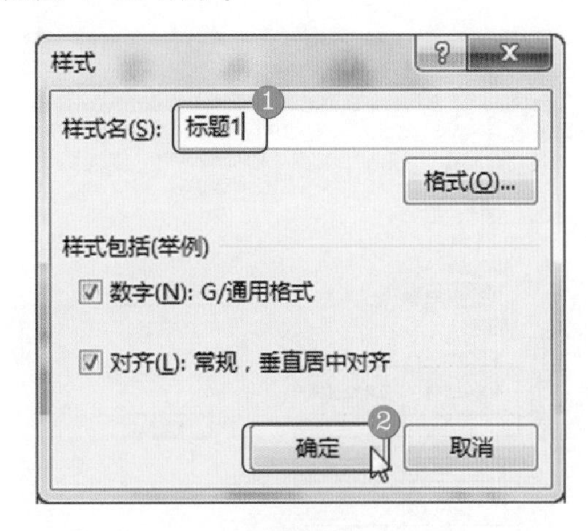

图 4-11

第 3 步 完成样式的添加，在【开始】选项卡下的【样式】组中单击【单元格样式】下拉按钮，再次打开下拉列表，可以在【自定义】栏下看到刚才设置的样式，即“标题 1”，如图 4-12 所示。

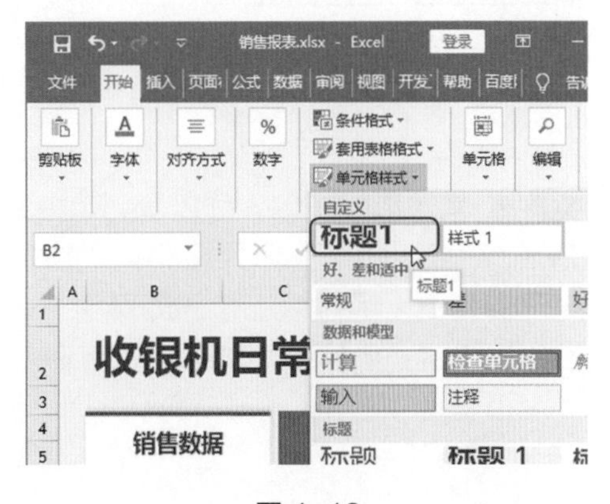

图 4-12

4.1.4 使用格式刷快速引用格式

“格式刷”是表格数据编辑中非常实用的一个功能，可以快速刷取相同的文字格式、数字格式、边框样式以及填充效果等。本节将介绍在“应收账款表”中使用格式刷的案例。

<< 扫码获取配套视频课程，本节视频课程播放时长约为 22 秒。

操作步骤

第 1 步 选中 G3 单元格，❶在【开始】选项卡中单击【剪贴板】下拉按钮，❷单击【格式刷】按钮，如图 4-13 所示。

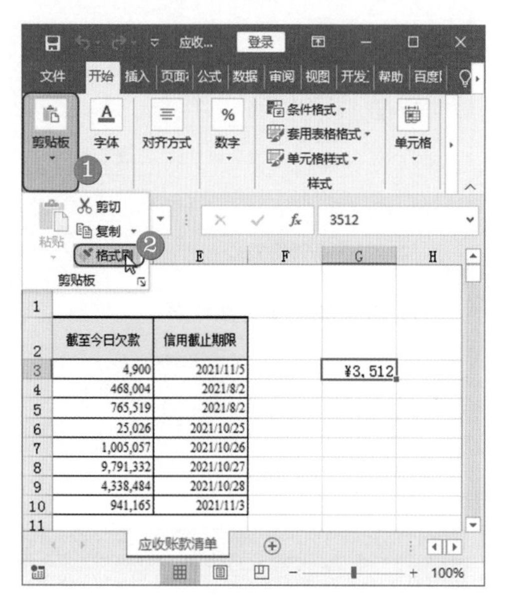

图 4-13

第 2 步 此时鼠标指针旁出现一个刷子状图标，按住鼠标左键拖动选取要应用相同格式的单元格区域，如图 4-14 所示。

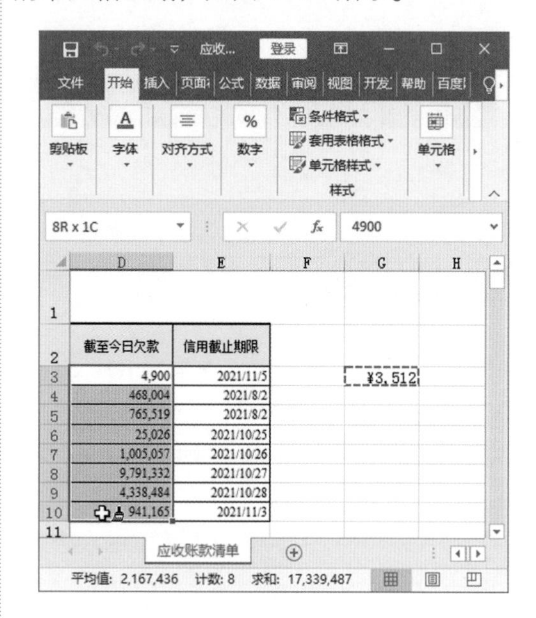

图 4-14

第 3 步 释放鼠标左键，可以看到选中的单元格区域应用了和 G3 单元格相同的带有货币符号的格式。通过以上步骤即可完成使用格式刷引用格式的操作，如图 4-15 所示。

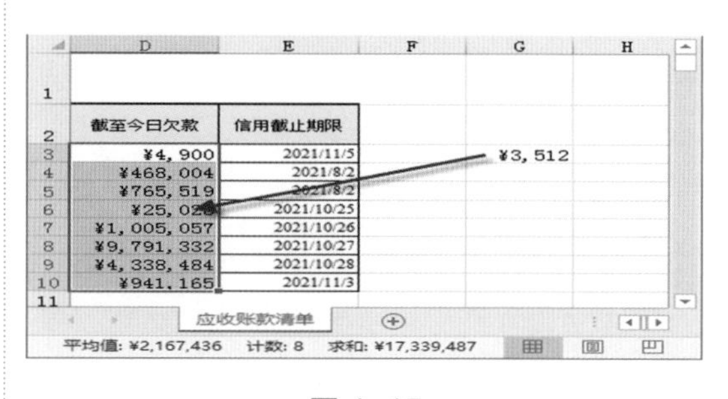

图 4-15

4.1.5 清除所有单元格格式

如果不想再使用已有的单元格格式，可以使用“清除格式”命令一次性将表格中的格式全部删除。本节将介绍在“销售分析表”中清除单元格格式的案例。

<< 扫码获取配套视频课程，本节视频课程播放时长约为 20 秒。

操作步骤

第 1 步 选中整张表格，❶在【开始】选项卡中单击【编辑】下拉按钮，❷单击【清除】下拉按钮，❸选择【清除格式】菜单项，如图 4-16 所示。

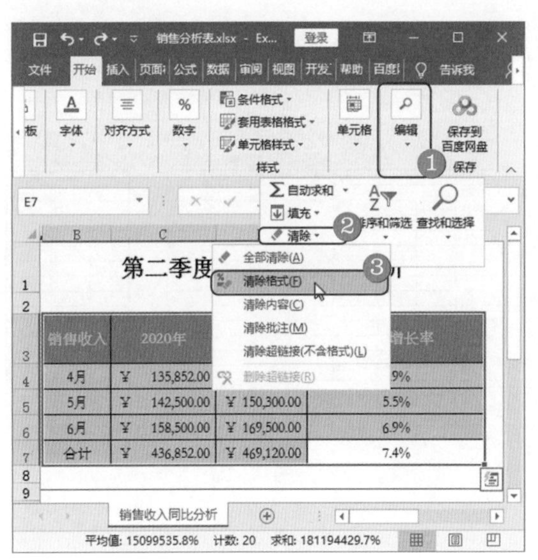

图 4-16

第 2 步 此时可以看到表格的所有填充颜色、对齐方式、边框线以及字体颜色等格式全部被清除，只保留了文本内容，如图 4-17 所示。

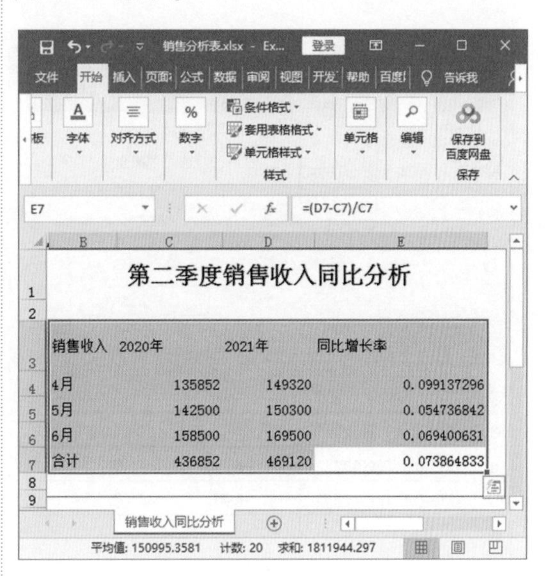

图 4-17

4.2 设置表格边框、底纹和对齐方式

Excel 默认状态下制作的工作表具有相同的文字格式和对齐方式，没有边框和底纹效果。为了让制作的表格更加美观，最简单的办法就是设置单元格的格式，包括为单元格设置对齐方式、边框和底纹等。

4.2.1 合并居中显示单元格内容

本节将介绍为“库存管理表”合并居中表格标题的案例，本案例需要使用【合并后居中】命令，可以应用在制作表格标题的工作场景。

<< 扫码获取配套视频课程，本节视频课程播放时长约为 19 秒。

操作步骤

第 1 步 选中 A1:L1 单元格区域，❶在【开始】选项卡中单击【对齐方式】下拉按钮，❷在弹出的菜单中单击【合并后居中】按钮，如图 4-18 所示。

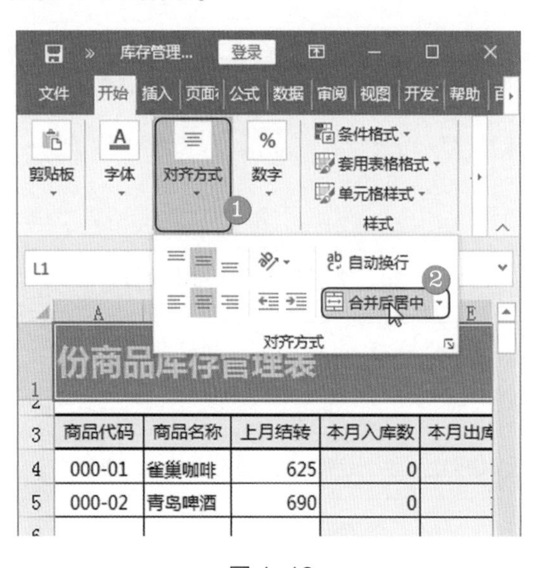

图 4-18

第 2 步 可以看到被选中的单元格区域中的数据被合并且居中显示，如图 4-19 所示。

图 4-19

4.2.2 为单元格添加下划线效果

下划线也是美化表格的一种方式，Excel 中有普通下划线和会计用下划线。本节将介绍为“建设计划表”的标题添加下划线的案例，可以应用在制作表格标题的工作场景。

<< 扫码获取配套视频课程，本节视频课程播放时长约为 30 秒。

操作步骤

第 1 步 选中表格标题所在的单元格，❶在【开始】选项卡中单击【字体】下拉按钮，❷在弹出的菜单中单击对话框开启按钮，如图 4-20 所示。

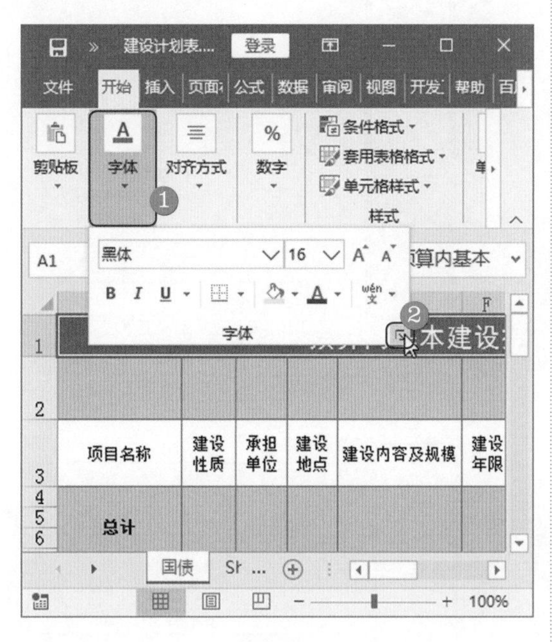

图 4-20

第 2 步 打开【设置单元格格式】对话框，❶在【字体】选项卡的【下划线】下拉列表框中选择【会计用单下划线】选项，❷单击【确定】按钮，如图 4-21 所示。

图 4-21

第 3 步 可以看到标题已经插入了下划线，如图 4-22 所示。

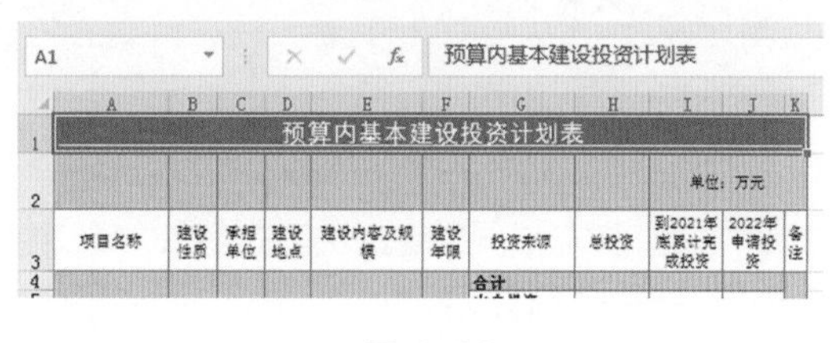

图 4-22

4.2.3 竖向显示表格数据

Excel 表格中输入的文本默认都是横向文字，但在实际制表中经常需要根据表格的设置情况使用竖向文字。本节将介绍在“工作周报”中竖向显示表格数据的案例。

<< 扫码获取配套视频课程，本节视频课程播放时长约为 45 秒。

操作步骤

第 1 步 选中 A4:A16 单元格区域，❶在【开始】选项卡中单击【对齐方式】下拉按钮，❷在弹出的菜单中单击【方向】下拉按钮，❸选择【竖排文字】菜单项，如图 4-23 所示。

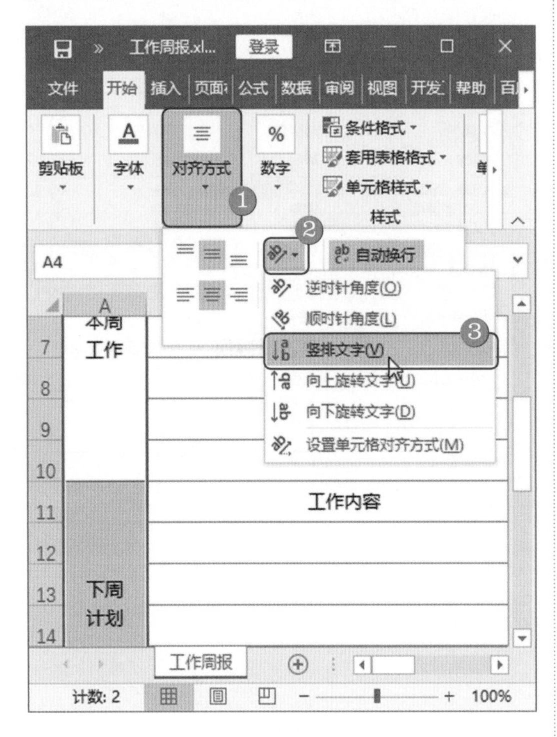

图 4-23

第 2 步 可以看到原来的横排文本显示为竖向，如图 4-24 所示。

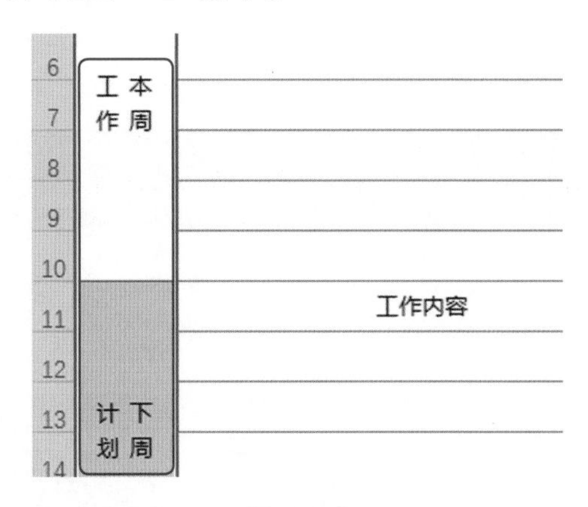

图 4-24

第 3 步 双击单元格进入编辑状态，删除换行符使其在一行显示，如图 4-25 所示。

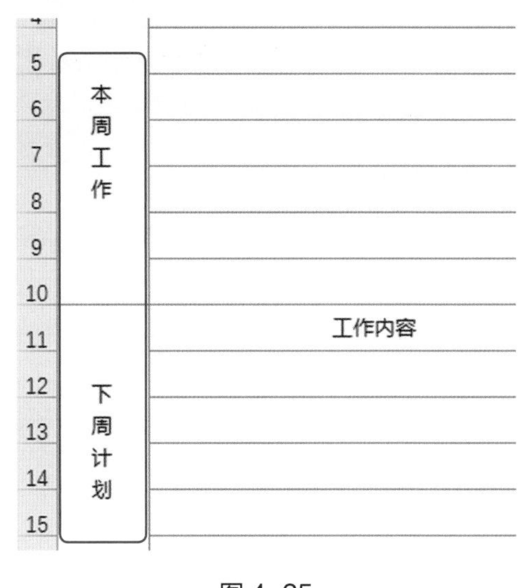

图 4-25

知识拓展

在【方向】下拉列表中还有其他几个选项，包括【逆时针角度】、【顺时针角度】、【向上旋转文字】、【向下旋转文字】等，可以使用不同的竖向方式，也可以让文字斜向显示，但竖向及斜向文本要注意合理应用。

4.2.4 分散对齐数据

为了让表格内的文本充满整个单元格，用户可以使用 Excel 的“分散对齐”功能。本节将介绍在“调查问卷”中分散对齐文本的案例。

<< 扫码获取配套视频课程，本节视频课程播放时长约为 29 秒。

操作步骤

第 1 步 选中 B7:I7 单元格区域，❶在【开始】选项卡中单击【对齐方式】下拉按钮，❷在弹出的菜单中单击对话框开启按钮，如图 4-26 所示。

图 4-26

第 3 步 可以看到所选单元格内的文本呈现出分散对齐效果，如图 4-28 所示。

■ 经验之谈

在【水平对齐】下拉列表中，包括【常规】、【靠左（缩进）】、【居中】、【靠右（缩进）】、【填充】、【跨列对齐】、【两端居中】、【分散对齐（缩进）】等选项，用户可根据需要自行选择使用。

第 2 步 弹出【设置单元格格式】对话框，❶选择【对齐】选项卡，❷在【水平对齐】下拉列表框中选择【分散对齐（缩进）】选项，❸单击【确定】按钮，如图 4-27 所示。

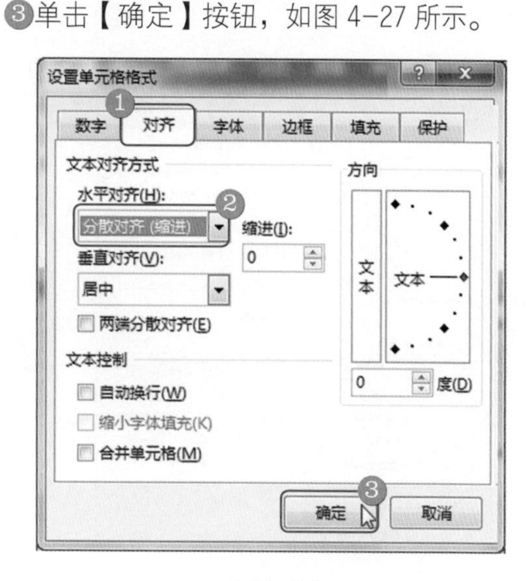

图 4-27

零售业调查问卷

为进一步加强本市各大零售业的管理，现就此做一个市场调查，感谢大家的参与！

一、单选题

A、 您每月在零售业处消费的金额是？

200以下 201-500元 501-1000元 1000元以上

B、 您前往零售业的频率是？

一天一次 一周一次 两周一次 一月一次

C、 您选择零售业的原因是？

价格便宜 购买方便 商品齐全 质量好 服务好

D、 您对现在零售业的服务态度满意程度是？

图 4-28

4.2.5 设置边框线

工作表中的网格线是方便用户输入数据的，但是无法在打印时打印出来，如果创建的表格准备打印，则可以为表格添加边框线。本节将介绍为“报价单”添加边框线的案例。

<< 扫码获取配套视频课程，本节视频课程播放时长约为 40 秒。

操作步骤

第 1 步 选中 A3:E14 单元格区域，❶在【开始】选项卡中单击【对齐方式】下拉按钮，❷在弹出的菜单中单击对话框开启按钮，如图 4-29 所示。

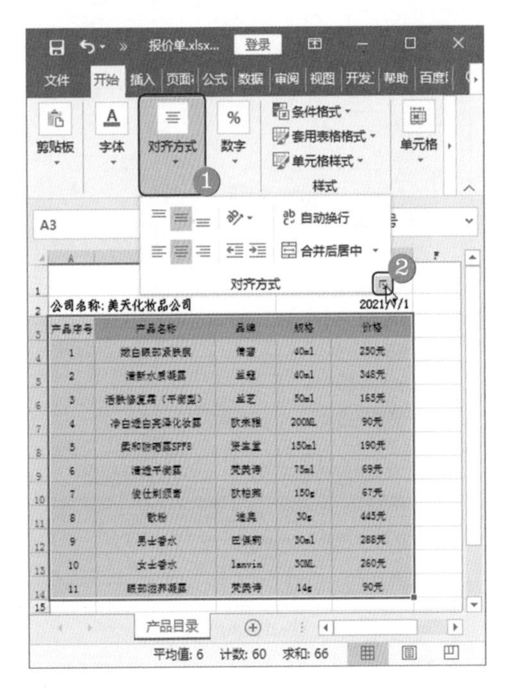

图 4-29

第 2 步 弹出【设置单元格格式】对话框，❶选择【边框】选项卡，❷在【样式】列表框中选择边框样式，❸在【预置】区域单击【外边框】和【内部】按钮，❹单击【确定】按钮，如图 4-30 所示。

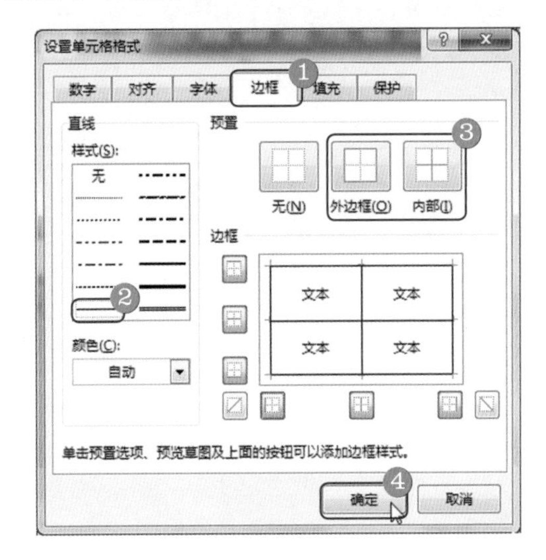

图 4-30

第 3 步 可以看到所选单元格已经添加了边框，如图 4-31 所示。

商品报价单

公司名称：美天化妆品公司				2021/7/1
产品序号	产品名称	品牌	规格	价格
1	嫩白眼部紧肤膜	倩碧	40ml	250元
2	清新水质凝露	兰蔻	40ml	348元
3	活肤修复霜（平衡型）	兰芝	50ml	165元
4	净白透白亮泽化妆露	欧来雅	200ML	90元
5	柔和防晒露SPF8	资生堂	150ml	190元

图 4-31

4.3 巧用图片和绘图效果

表格美化不仅包括前面介绍的文字格式、边框底纹和对齐方式等设置，还可以为表格应用图片、背景、自定义图形和SmartArt图形等内容。

4.3.1 在表格中插入并裁剪图片

本节将介绍在表格中插入并裁剪图片的案例，本案例将使用【插入】命令，适用于需要在表格中使用图片的工作场景。

<< 扫码获取配套视频课程，本节视频课程播放时长约为51秒。

操作步骤

第1步 新建空白工作簿，❶在【插入】选项卡中单击【插图】下拉按钮，❷在弹出的菜单中单击【图片】按钮，如图4-32所示。

图4-32

第3步 可以看到表格中已经插入了图片，默认刚插入的图片是选中状态，❶在【格式】选项卡中单击【大小】下拉按钮，❷在弹出的菜单中单击【裁剪】按钮，如图4-34所示。

第2步 弹出【插入图片】对话框，❶选择图片所在位置，❷单击选中图片，❸单击【插入】按钮，如图4-33所示。

图4-33

第4步 可以看到图片四周出现8个控制点，将鼠标指针放在上方中间的控制点上，如图4-35所示。

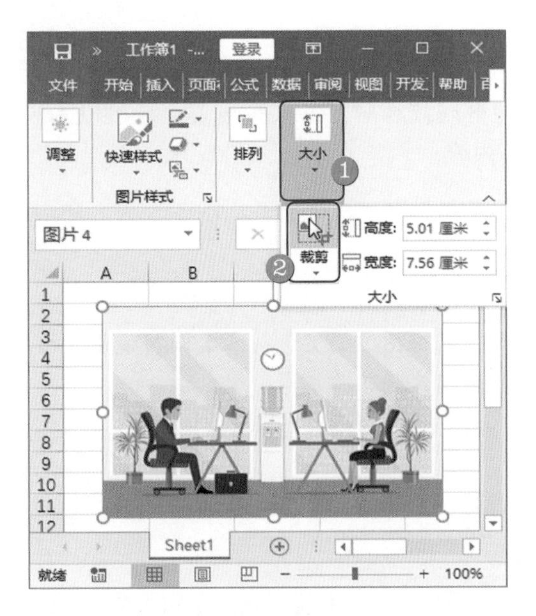

图 4-34

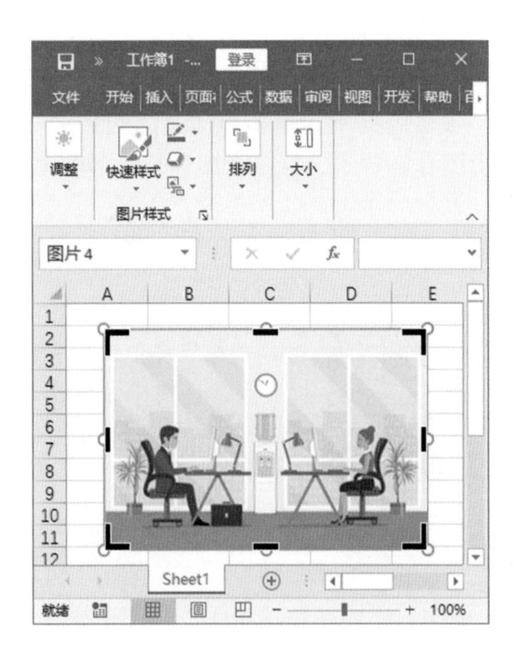

图 4-35

第 5 步 按住鼠标左键向下拖动，至适当位置释放鼠标，此时可以看到 8 个控制点的位置发生了变化，灰色的图片部分是即将被裁剪掉的部分，如图 4-36 所示。

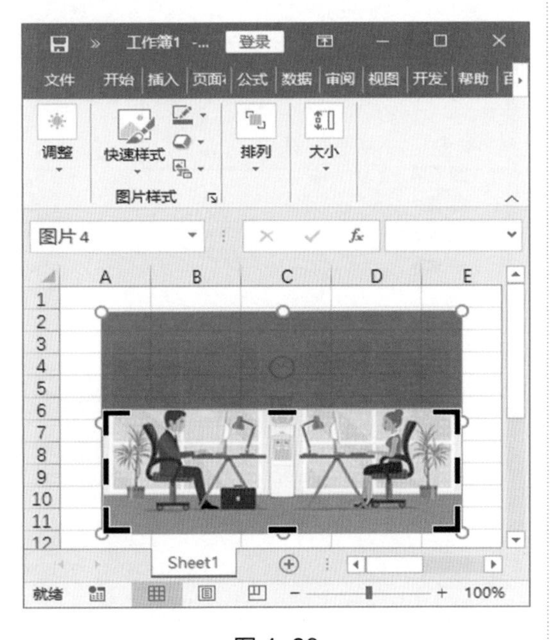

图 4-36

第 6 步 按 Enter 键或者单击表格任意空白处都可以完成裁剪操作，如图 4-37 所示。

图 4-37

4.3.2 抠图

在表格中插入图片后，如果要删除图片的背景，只保留图片的主体部分，可以使用【删除背景】命令。本节将介绍为表格中图片抠图的案例。

<< 扫码获取配套视频课程，本节视频课程播放时长约为 3 分 01 秒。

操作步骤

第 1 步 打开“抠图”工作簿，双击选中图片，❶在【格式】选项卡中单击【调整】下拉按钮，❷在弹出的菜单中单击【删除背景】按钮，如图 4-38 所示。

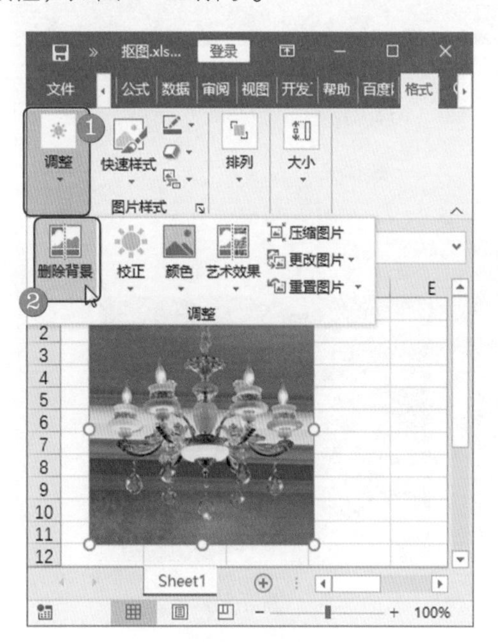

图 4-38

第 3 步 可按相同的方法不断调节，直到所有想保留的区域保持本色、想删除的区域处于变色状态，在图片以外任意位置单击即可删除背景，如图 4-40 所示。

第 2 步 进入背景删除状态，变色的区域为即将被删除的部分，本色的区域为要保留的部分。如果图片中有想保留的区域也变色了，则单击【标记要保留的区域】按钮，当鼠标指针变成笔的形状时，在变色区域上拖动，即可让其恢复本色，如图 4-39 所示。

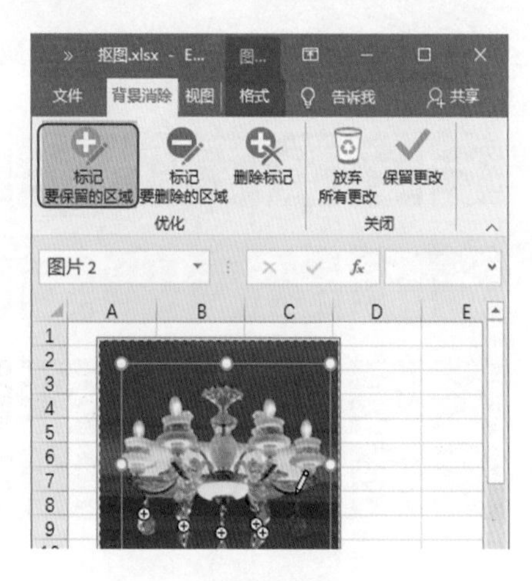

图 4-39

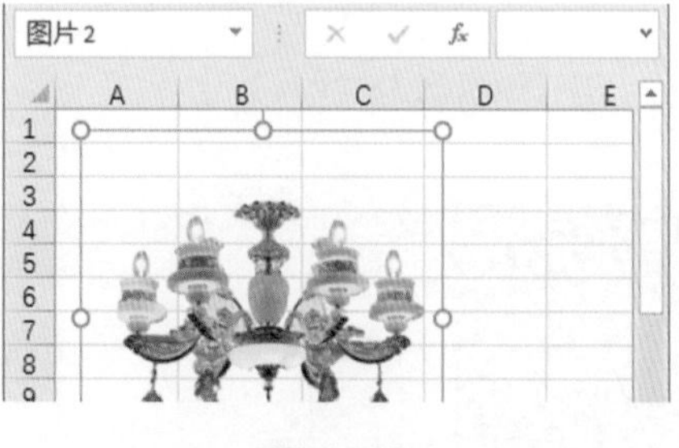

图 4-40

4.3.3 颜色修正

为了让表格得到更加完美的设计效果，可以重新修改插入图片的颜色饱和度以及色调等。本节将介绍在“颜色修正”工作簿中调整表格图片饱和度的案例。

<< 扫码获取配套视频课程，本节视频课程播放时长约为 25 秒。

操作步骤

第 1 步 打开“颜色修正”工作簿，双击选中图片，❶在【格式】选项卡下的【调整】组中单击【颜色】下拉按钮，❷在弹出的列表中选择【颜色饱和度】栏下的“饱和度：300%”，如图 4-41 所示。

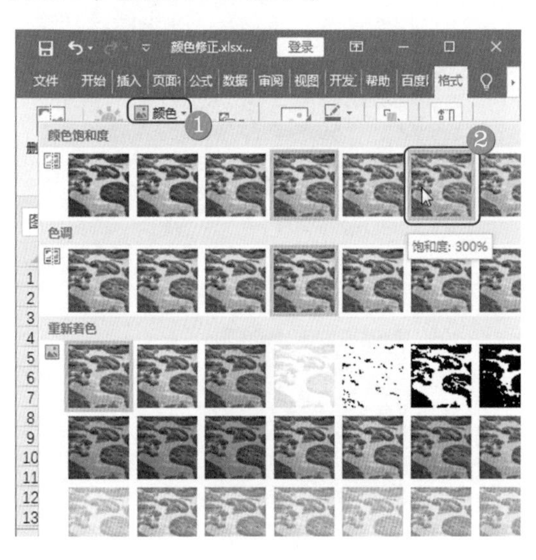

图 4-41

第 2 步 可以看到图片的颜色饱和度增强了，如图 4-42 所示。

图 4-42

4.3.4 套用图片样式

完成图片插入后，为了让图片符合表格设计要求并和表格内容更好地融合，可以重新设置图片的样式。Excel 内置了一些可供一键套用的图片样式，省去了逐步设置的麻烦。本节将介绍为表格图片应用样式的案例。

<< 扫码获取配套视频课程，本节视频课程播放时长约为 21 秒。

操作步骤

第 1 步 打开“套用图片样式”工作簿，双击选中图片，❶在【格式】选项卡下的【图片样式】组中单击【快速样式】下拉按钮，❷在弹出的列表中选择“剪去对角，白色”样式，如图 4-43 所示。

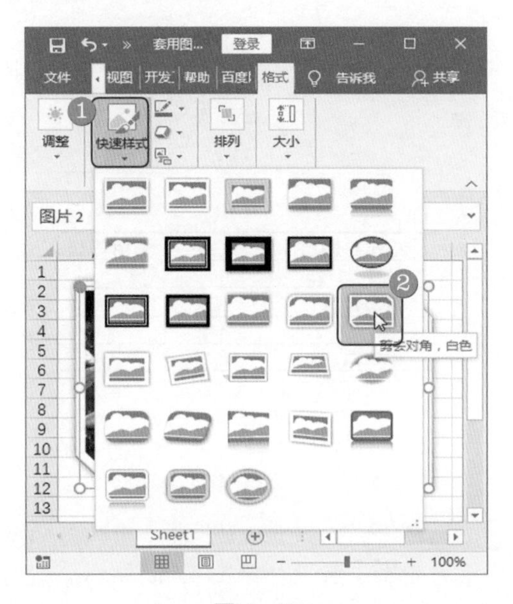

图 4-43

第 2 步 可以看到图片添加了样式，如图 4-44 所示。

图 4-44

知识拓展

如果【快速样式】列表中的效果不能满足实际需求，用户还可以重新为图片指定边框效果、填充效果，以及三维立体效果。

4.3.5 绘制并设置形状

编辑表格的过程中经常需要使用一些特殊形状来表达数据。本节将介绍为“信用等级表”绘制形状的案例，本案例将使用【插入】→【形状】命令。

<< 扫码获取配套视频课程，本节视频课程播放时长约为 44 秒。

操作步骤

第 1 步 选中 H4 单元格，❶在【插入】选项卡中单击【插图】下拉按钮，❷在弹出的菜单中单击【形状】下拉按钮，❸在列表中选择【心形】，如图 4-45 所示。

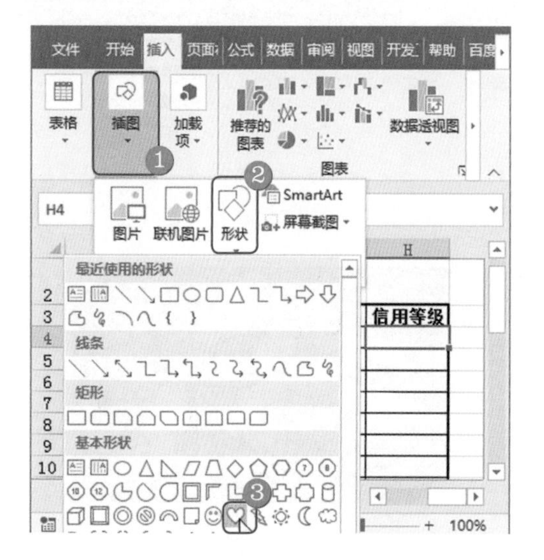

图 4-45

第 3 步 双击选中形状，❶在【格式】选项卡中单击【形状样式】下拉按钮，❷单击【形状填充】下拉按钮，❸选择红色，如图 4-47 所示。

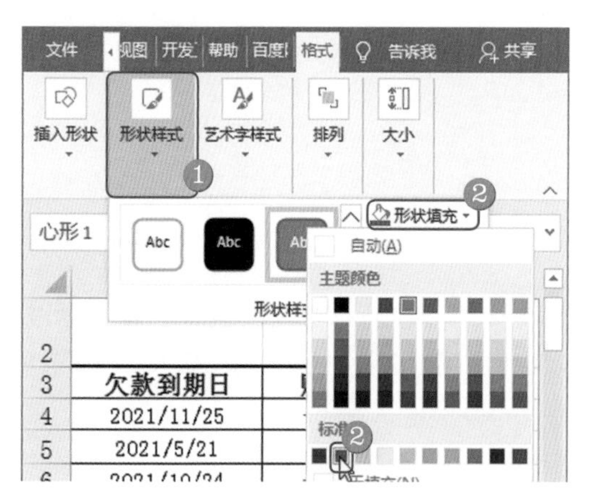

图 4-47

第 2 步 按住鼠标左键拖动，绘制一个心形图形，释放鼠标左键完成绘制，如图 4-46 所示。

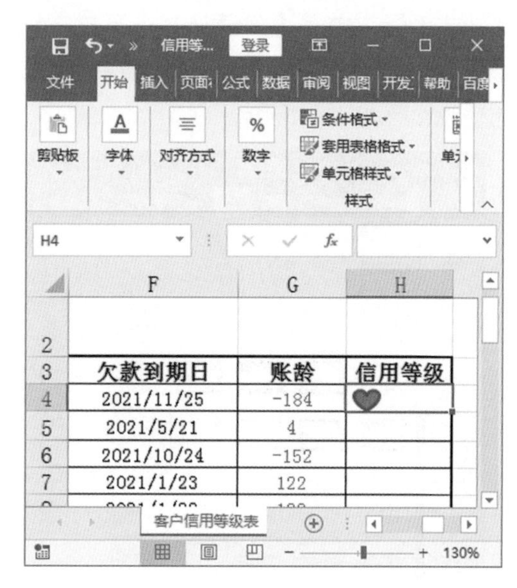

图 4-46

第 4 步 ❶单击【形状轮廓】下拉按钮，❷选择【无轮廓】选项，如图 4-48 所示。

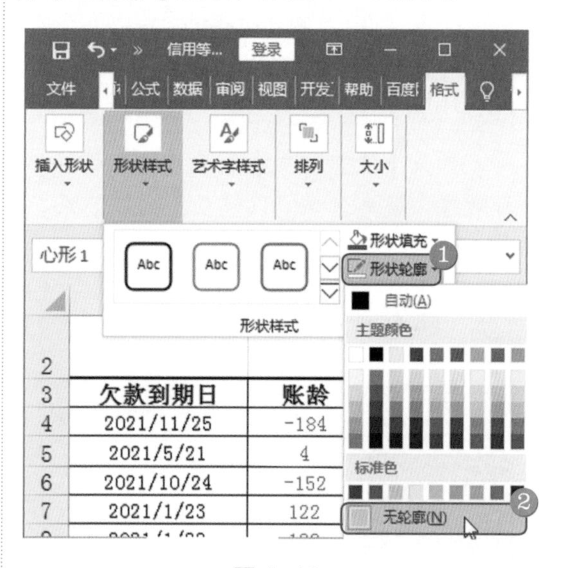

图 4-48

第 5 步 得到的心形形状如图 4-49 所示。

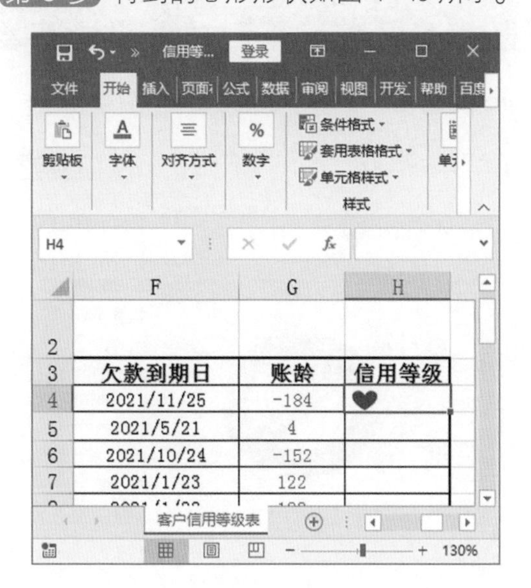

图 4-49

第 6 步 另外复制 2 个相同的心形图形，如图 4-50 所示。

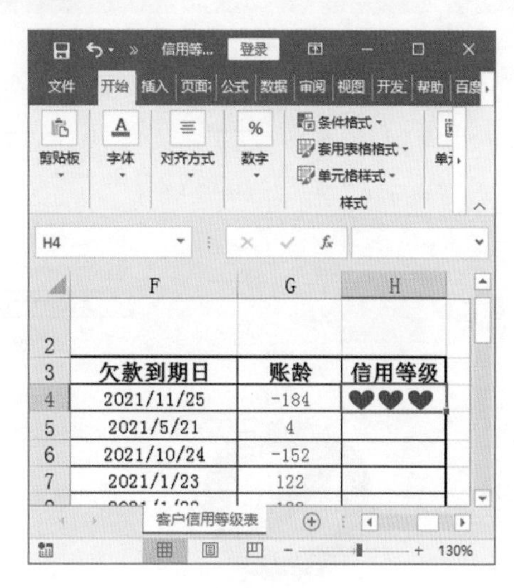

图 4-50

知识拓展

用户还可以为形状设置效果，如为形状添加阴影、映像、发光、柔化边缘、棱台、三维旋转，以及预设等效果。

4.3.6 设置多个形状快速对齐

在利用多对象（图片、图形、文本框等）完成一项设计时，会牵涉多对象对齐的问题。本节将介绍为表格中的多个形状设置对齐的案例。

<< 扫码获取配套视频课程，本节视频课程播放时长约为 31 秒。

操作步骤

第 1 步 选中所有形状，❶在【格式】选项卡中单击【排列】下拉按钮，❷在弹出的菜单中单击【对齐】下拉按钮，❸在弹出的下拉菜单中选择【垂直居中】菜单项，如图 4-51 所示。

第 2 步 保持多形状的选中状态，❶继续在【格式】选项卡中单击【排列】下拉按钮，❷在弹出的菜单中单击【对齐】下拉按钮，❸在弹出的下拉菜单中选择【横向分布】菜单项，如图 4-52 所示。

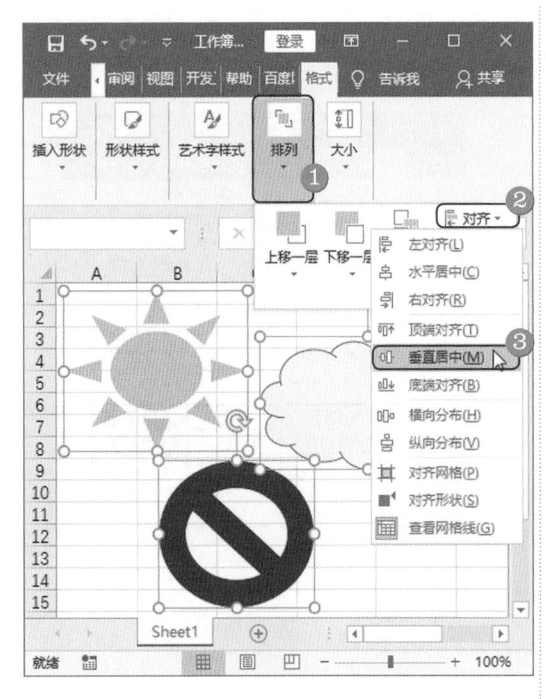

图 4-51

第 3 步 经过上面两次对齐后，即可让多个图形保持水平并且具有相同的间距，如图 4-53 所示。

■ 经验之谈

【对齐】列表中包括【左对齐】、【水平居中】、【右对齐】、【顶端对齐】、【垂直居中】、【底端对齐】、【横向分布】、【纵向分布】、【对齐网格】、【对齐形状】等对齐选项供用户选择。

图 4-52

图 4-53

4.3.7 插入并添加 SmartArt 图形

本节将介绍为“日常安排表”创建流程图表达新产品推广流程的案例。本案例将使用【插入】→【插图】命令，适用于需要在表格中插入 SmartArt 图形的工作场景。

<< 扫码获取配套视频课程，本节视频课程播放时长约为 1 分 44 秒。

操作步骤

第 1 步 打开表格，❶在【插入】选项卡中单击【插图】下拉按钮，❷单击 SmartArt 按钮，如图 4-54 所示。

图 4-54

第 2 步 弹出【选择 SmartArt 图形】对话框，❶选择【流程】选项，❷在右侧选择【基本流程】样式，❸单击【确定】按钮，如图 4-55 所示。

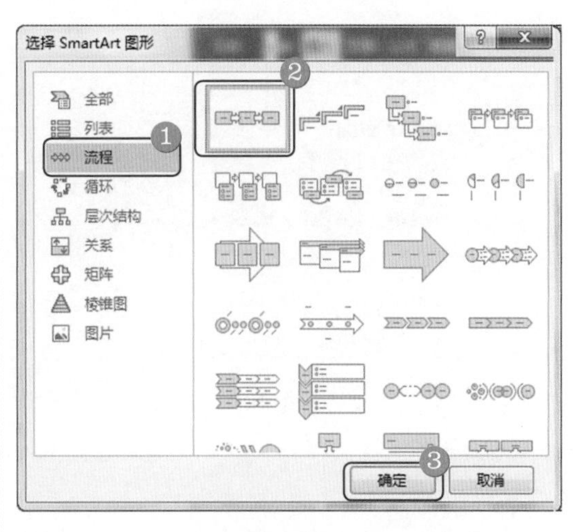

图 4-55

第 3 步 可以看到表格中插入了 SmartArt 图形，单击图形中的“文本”，进入文本编辑状态，在文本框中输入文字，如图 4-56 所示。

图 4-56

第 4 步 所有文本都输入完成后，如果想要表达的信息需要更多形状，选中图形，❶在【设计】选项卡中单击【创建图形】下拉按钮，❷单击【添加形状】下拉按钮，❸选择【在后面添加形状】菜单项，如图 4-57 所示。

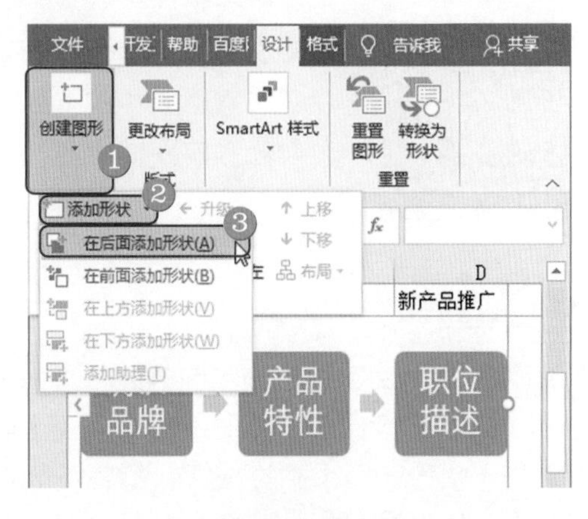

图 4-57

第 5 步 可以看到又增添了一个空白形状，如图 4-58 所示。

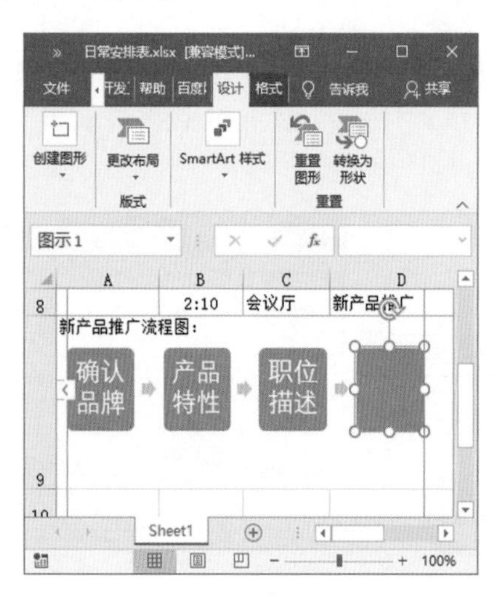

图 4-58

第 6 步 输入内容即可，如图 4-59 所示。

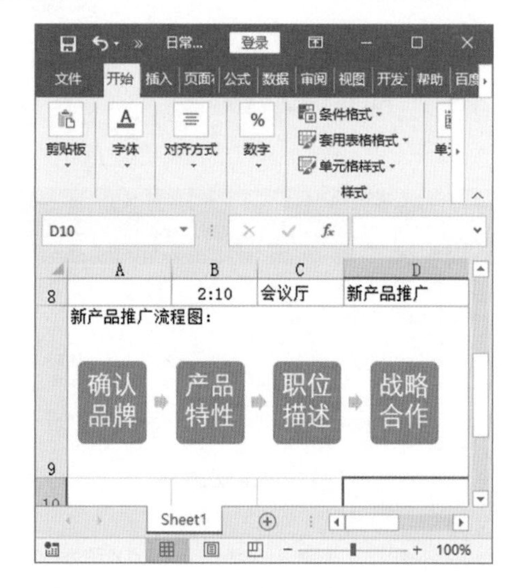

图 4-59

知识拓展

除了上面介绍的使用【设计】→【创建图形】命令来添加图形外，用户还可以使用鼠标右键单击图形，在弹出的快捷菜单中选择【添加图形】菜单项，在弹出的子菜单中可以选择是在选中图形的前面、后面还是上方、下方插入新图形。

4.3.8 更改 SmartArt 图形布局和样式

在编辑 SmartArt 图形的过程中可以快速、轻松地切换布局。本节将介绍更改 SmartArt 图形布局的案例，适用于需要更改 SmartArt 图形布局和样式的工作场景。

<< 扫码获取配套视频课程，本节视频课程播放时长约为 45 秒。

操作步骤

第 1 步 打开与本节标题相同的表格，选中图形，❶在【设计】选项卡下的【版式】组中单击【更改布局】下拉按钮，❷在列表中选择【其他布局】选项，如图 4-60 所示。

第 2 步 弹出【选择 SmartArt 图形】对话框，❶选择【流程】选项，❷在右侧选择【基本 V 形流程】样式，❸单击【确定】按钮，如图 4-61 所示。

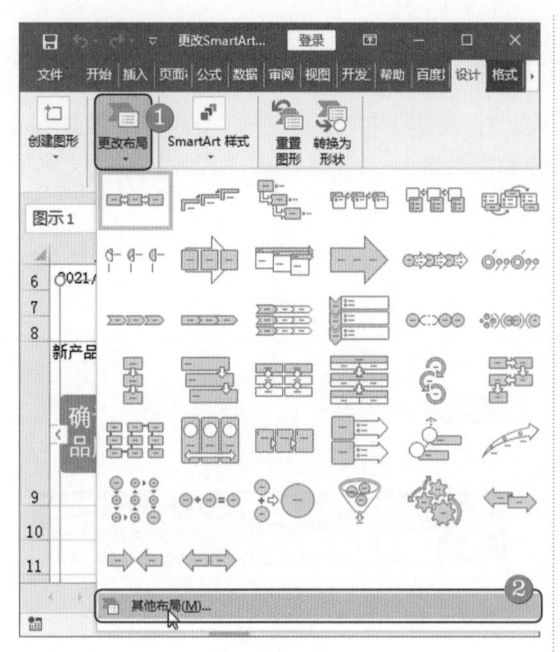

图 4-60

第 3 步 ❶在【设计】选项卡中单击【SmartArt 样式】下拉按钮，❷在列表中选择【优雅】选项，如图 4-62 所示。

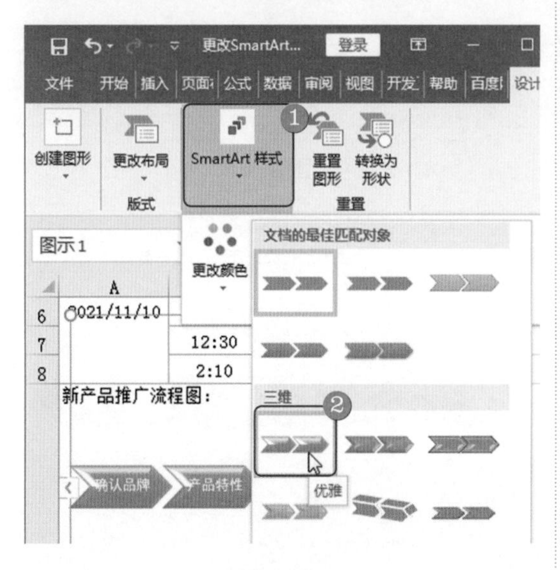

图 4-62

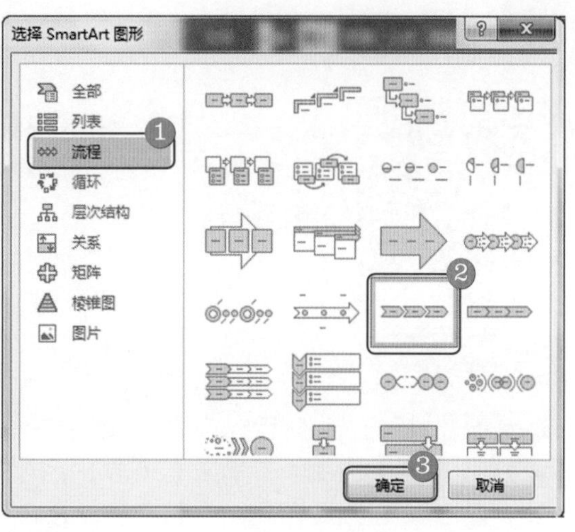

图 4-61

第 4 步 SmartAr 图形的布局和样式已经更改，如图 4-63 所示。

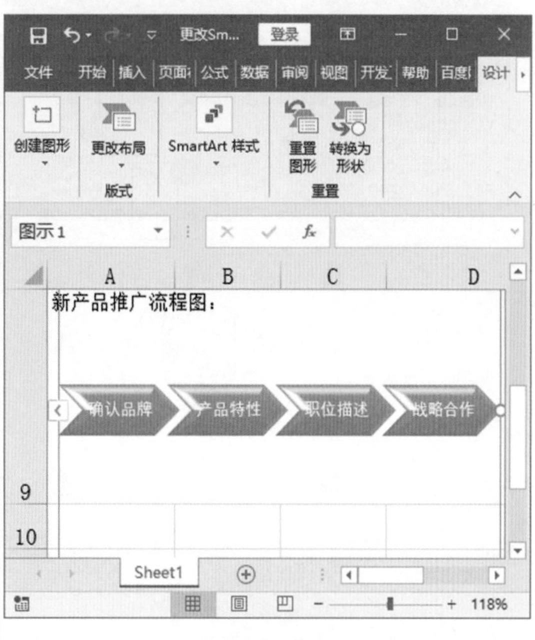

图 4-63

4.3.9 插入艺术字

艺术字是一种文本样式，对于表格中的一些特殊文本可以为其应用此效果。本节将介绍插入艺术字的案例，需要使用【插入】→【文本】命令。

<< 扫码获取配套视频课程，本节视频课程播放时长约为 40 秒。

操作步骤

第 1 步 打开与本节标题相同的表格，❶在【插入】选项卡中单击【文本】下拉按钮，❷在弹出的菜单中单击【艺术字】下拉按钮，❸在列表中选择一种艺术字样式，如图 4-64 所示。

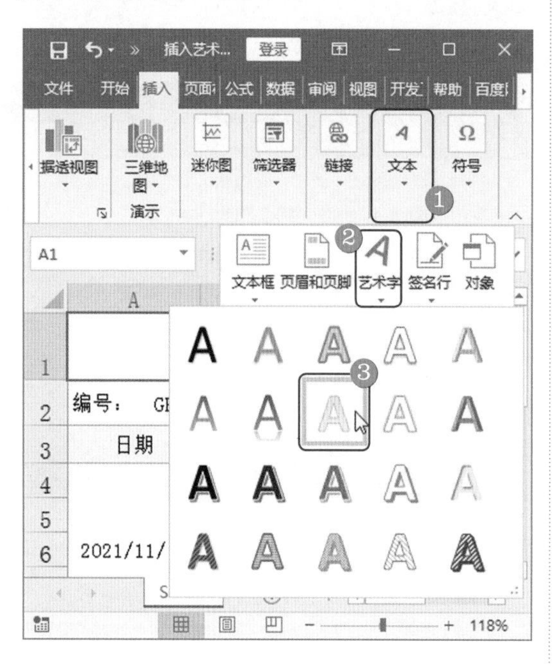

图 4-64

第 2 步 在表格中已经插入“请在此放置您的文字”文本框，如图 4-65 所示。

图 4-65

第 3 步 输入文字内容，即可完成插入艺术字的操作，如图 4-66 所示。

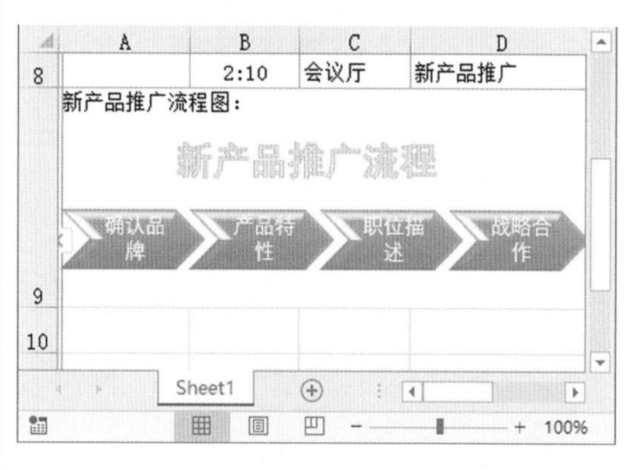

图 4-66

第5章

使用条件格式标识数据

本章主要介绍了 Excel 自带的条件格式类型、创建条件格式规则、图形条件格式、利用公式创建条件格式方面的知识与技巧，同时还讲解了管理条件格式的技巧。通过本章的学习，读者可以掌握使用条件格式标识数据方面的知识，为深入学习 Excel 知识奠定基础。

用手机扫描二维码
获取本章学习素材

5.1 Excel 自带的条件格式类型

条件格式是 Excel 的一项重要功能，如果指定的单元格满足了特定条件，Excel 就会将底纹、字体、颜色等格式应用到该单元格中，一般会突出显示满足条件的数据。本节将介绍使用 Excel 自带的条件格式突出显示数据的各种案例。

5.1.1 突出显示语文成绩在 90 分以上的数据

本节将介绍在“成绩表”中以特殊格式突出显示语文成绩在 90 分以上的数据案例，本案例需要使用【突出显示单元格规则】中的【大于】命令。

<< 扫码获取配套视频课程，本节视频课程播放时长约为 40 秒。

操作步骤

第 1 步 选中 C3:C12 单元格区域，❶在【开始】选项卡下的【样式】组中单击【条件格式】下拉按钮，❷选择【突出显示单元格规则】菜单项，❸选择【大于】菜单项，如图 5-1 所示。

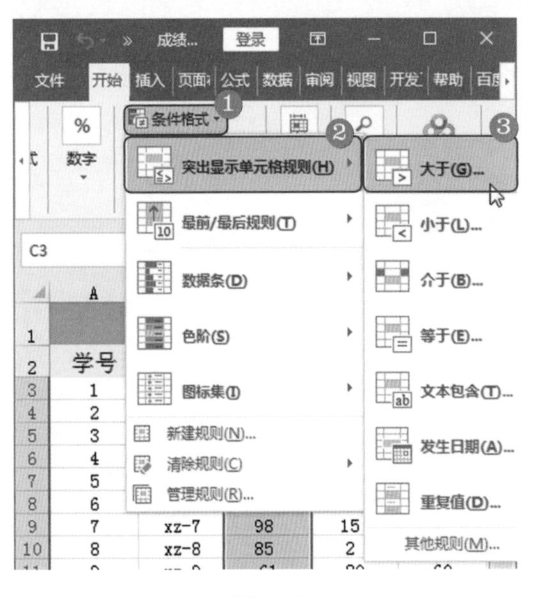

图 5-1

第 2 步 弹出【大于】对话框，❶在【为大于以下值的单元格设置格式】文本框中输入数值，❷在【设置为】下拉列表框中选择【绿填充色深绿色文本】选项，❸单击【确定】按钮，如图 5-2 所示。

图 5-2

第 3 步 可以看到分数在 90 分以上的语文成绩显示为绿填充色深绿色文本，如图 5-3 所示。

■ 经验之谈

【设置为】下拉列表中包括【浅红填充色深红色文本】、【黄填充色深黄色文本】、【绿填充色深绿色文本】、【浅红色填充】、【红色文本】、【红色边框】及【自定义格式】等选项可供用户选择。

	学生成绩表				
2	学号	姓名	语文	数学	自然
3	1	xz-1	75	100	85
4	2	xz-2	85	56	80
5	3	xz-3	82	75	85
6	4	xz-4	87	52	83
7	5	xz-5	91	40	83
8	6	xz-6	95	27	83
9	7	xz-7	98	15	83
10	8	xz-8	85	2	83
11	9	xz-9	61	80	60
12	10	xz-10	85	60	60
13					

三班

图 5-3

5.1.2 突出显示平均分在 80~100 分之间的数据

本节将介绍在“成绩表 1”中以特殊格式突出显示平均分在 80~100 分之间的数据案例，本案例需要使用【突出显示单元格规则】中的【介于】命令。

<< 扫码获取配套视频课程，本节视频课程播放时长约为 45 秒。

操作步骤

第 1 步 选中 H3:H12 单元格区域，❶在【开始】选项卡下的【样式】组中单击【条件格式】下拉按钮，❷选择【突出显示单元格规则】菜单项，❸选择【介于】菜框项，如图 5-4 所示。

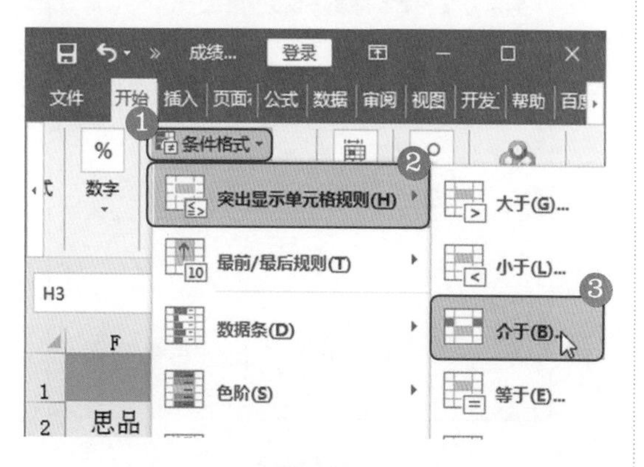

图 5-4

第 2 步 弹出【介于】对话框，❶在【为介于以下值之间的单元格设置格式】文本框中输入数值，❷在【设置为】下拉列表框中选择【浅红填充色深红色文本】选项，❸单击【确定】按钮，如图 5-5 所示。

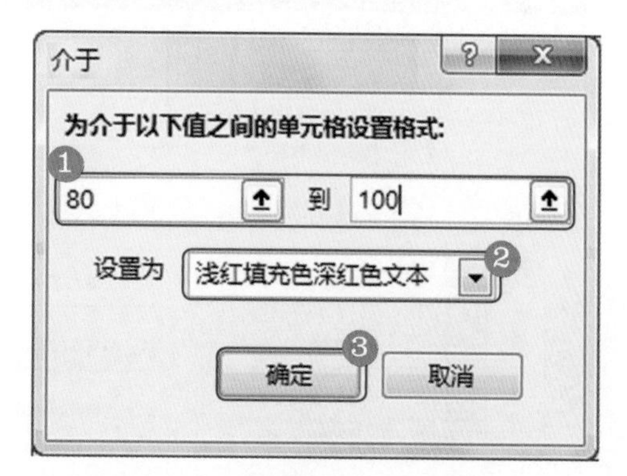

图 5-5

第 3 步 此时平均分在 80~100 分之间的数据显示为浅红填充色深红色文本，如图 5-6 所示。

2	思品	历史	平均分
3	80	80	84.00
4	75	60	71.20
5	90	90	84.40
6	92	87	80.13
7	97	92	80.47
8	71	97	74.53
9	70	69	67.00
10	60	83	62.67
11	63	60	64.80
12	64	61	66.00

图 5-6

5.1.3 设置包含某文本时显示特殊格式

本节将介绍在“成绩表 2”中以特殊格式突出显示包含“桃园”的数据案例，本案例需要使用【突出显示单元格规则】中的【文本包含】命令。

<< 扫码获取配套视频课程，本节视频课程播放时长约为 44 秒。

操作步骤

第 1 步 选中 B2:B15 单元格区域，❶在【开始】选项卡下的【样式】组中单击【条件格式】下拉按钮，❷选择【突出显示单元格规则】菜单项，❸选择【文本包含】菜单项，如图 5-7 所示。

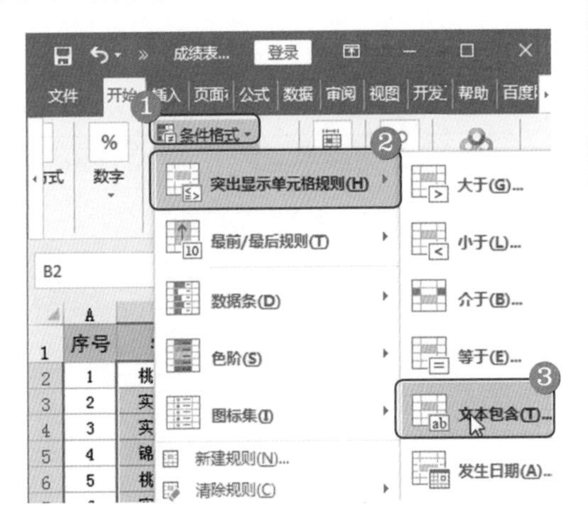

图 5-7

第 2 步 弹出【文本中包含】对话框，❶在【为包含以下文本的单元格设置格式】文本框中输入内容，❷在【设置为】下拉列表框中选择【浅红填充色深红色文本】选项，❸单击【确定】按钮，如图 5-8 所示。

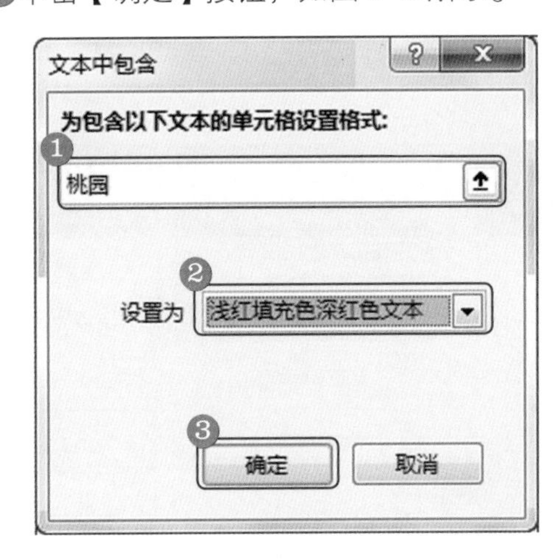

图 5-8

第 3 步 此时可以看到学校名称中包含“桃园”的数据显示为浅红填充色深红色文本，如图 5-9 所示。

1	序号	学校	姓名	语文	数学	英语	平均分
2	1	桃园二中	王一帆	82	79	93	84.67
3	2	实验中学	王辉会	81	80	70	77.00
4	3	实验中学	邓敏	77	76	65	72.67
5	4	锦鸿中学	吕梁	91	77	79	82.33
6	5	桃园二中	庄美尔	90	88	90	89.33
7	6	实验中学	刘小龙	90	67	62	73.00
8	7	锦鸿中学	刘萌	56	91	91	79.33
9	8	实验中学	李凯	76	82	77	78.33
10	9	桃园二中	李德印	88	90	87	88.33
11	10	桃园二中	张泽宇	96	68	86	83.33
12	11	锦鸿中学	张雯	89	65	81	78.33
13	12	桃园三中	陆路	66	82	77	75.00
14	13	桃园三中	陈小芳	90	88	70	82.67
15	14	实验中学	陈晓	68	90	79	79.00

图 5-9

5.1.4 突出显示重复值班的人员

本节将介绍在“值班表”中以特殊格式突出显示重复值班人员的案例，本案例需要使用【突出显示单元格规则】中的【重复值】命令。

<< 扫码获取配套视频课程，本节视频课程播放时长约为 40 秒。

操作步骤

第 1 步 选中 B2:B15 单元格区域，❶在【开始】选项卡下的【样式】组中单击【条件格式】下拉按钮，❷选择【突出显示单元格规则】菜单项，❸选择【重复值】菜单项，如图 5-10 所示。

图 5-10

第 2 步 弹出【重复值】对话框，❶在【为包含以下类型值的单元格设置格式】下拉列表框中选择【重复】选项，❷在【设置为】下拉列表框中选择【浅红填充色深红色文本】选项，❸单击【确定】按钮，如图 5-11 所示。

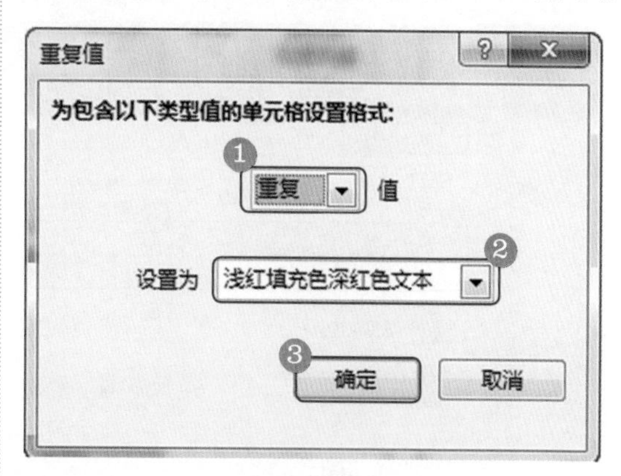

图 5-11

第 3 步 可以看到重复值班的人员姓名显示为浅红填充色深红色文本，如图 5-12 所示。

■ 经验之谈

如果要统计只值班过一次的员工，在【为包含以下类型值的单元格设置格式】下拉列表框中选择【唯一】选项即可。

	A	B	C	D	E
1	值班日期	值班人员			
2	2021/10/1	周薇			
3	2021/10/2	杨佳			
4	2021/10/3	刘励			
5	2021/10/4	张智志			
6	2021/10/5	宋云飞			
7	2021/10/6	杨佳			
8	2021/10/7	王伟			
9	2021/10/8	李欣			
10	2021/10/9	周软伟			
11	2021/10/10	杨旭伟			
12	2021/10/11	周薇			
13	2021/10/12	李想			
14	2021/10/13	杨佳			

图 5-12

5.1.5 突出显示平均成绩排名前 5 的数据

本节将介绍在“成绩表 3”中以特殊格式突出显示平均成绩排名前 5 的数据案例，本案例需要使用【最前 / 最后规则】中的【前 10 项】命令。

<< 扫码获取配套视频课程，本节视频课程播放时长约为 40 秒。

操作步骤

第 1 步 选中 G2:G15 单元格区域，❶在【开始】选项卡下的【样式】组中单击【条件格式】下拉按钮，❷选择【最前 / 最后规则】菜单项，❸选择【前 10 项】菜单项，如图 5-13 所示。

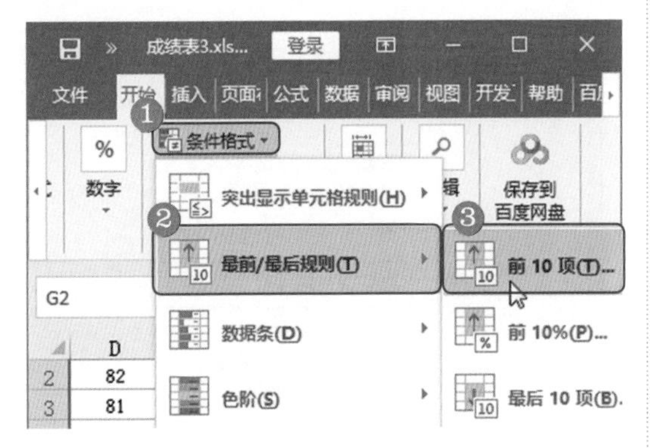

图 5-13

第 2 步 弹出【前 10 项】对话框，❶在【为值最大的那些单元格设置格式】微调框中输入数值，❷在【设置为】下拉列表框中选择【浅红填充色深红色文本】选项，❸单击【确定】按钮，如图 5-14 所示。

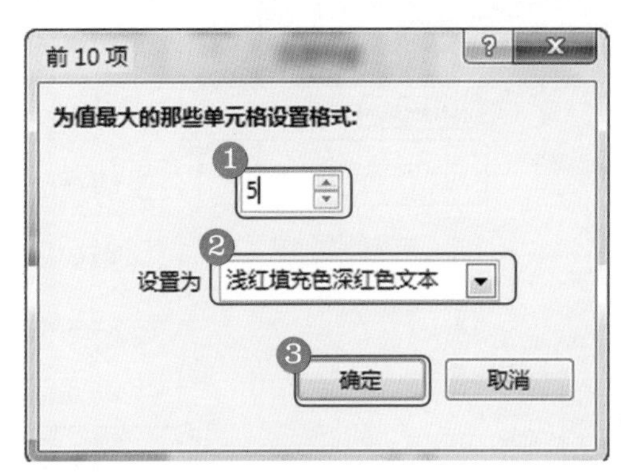

图 5-14

第 3 步 可以看到平均成绩排名前 5 的学生成绩显示为浅红填充色深红色文本，如图 5-15 所示。

	A	B	C	D	E	F	G
1	序号	学校	姓名	语文	数学	英语	平均分
2	1	桃园二中	王一帆	82	79	93	84.67
3	2	实验中学	王婷会	81	80	70	77.00
4	3	实验中学	邓敏	77	76	65	72.67
5	4	鹤鸿中学	吕梁	91	77	79	82.33
6	5	桃园二中	庄美尔	90	88	90	89.33
7	6	实验中学	刘小龙	90	67	62	73.00
8	7	鹤鸿中学	刘萌	56	91	91	79.33
9	8	实验中学	李凯	76	82	77	78.33
10	9	桃园二中	李德印	88	90	87	88.33
11	10	桃园二中	张泽宇	96	68	86	83.33
12	11	鹤鸿中学	张董	89	65	81	78.33
13	12	桃园三中	陆路	66	82	77	75.00
14	13	桃园三中	陈小芳	90	88	70	82.67
15	14	实验中学	陈晓	68	90	79	79.00

图 5-15

5.1.6 突出显示空气质量指数低于平均值的数据

本节将介绍在“空气质量表”中以特殊格式突出显示空气质量指数低于平均值的数据案例，本案例需要使用【最前 / 最后规则】中的【低于平均值】命令。

<< 扫码获取配套视频课程，本节视频课程播放时长约为 34 秒。

操作步骤

第 1 步 选中 C2:C14 单元格区域，❶在【开始】选项卡下的【样式】组中单击【条件格式】下拉按钮，❷选择【最前 / 最后规则】菜单项，❸选择【低于平均值】菜单项，如图 5-16 所示。

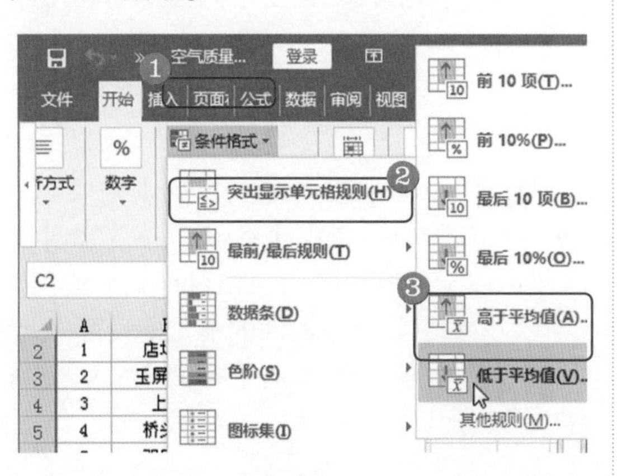

图 5-16

第 2 步 弹出【低于平均值】对话框，❶在【针对选定区域，设置为】下拉列表框中选择【浅红填充色深红色文本】选项，❷单击【确定】按钮，如图 5-17 所示。

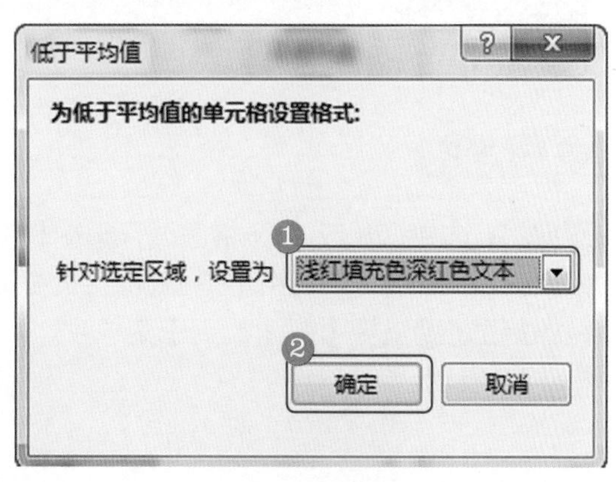

图 5-17

第 3 步 可以看到空气质量指数低于平均值的空气质量指数显示为浅红填充色深红色文本，如图 5-18 所示。

■ 经验之谈

【最前 / 最后规则】子菜单中包括【前 10 项】、【前 10%】、【最后 10 项】、【最后 10%】、【高于平均值】及【低于平均值】等选项可供用户选择。

图 5-18

5.2 创建条件格式规则

除了直接使用【突出显示单元格规则】和【最前 / 最后规则】两项规则中的子项外，用户还可以打开【新建格式规则】对话框创建自己的条件格式规则。

5.2.1 突出显示学校名称中不包含“湛江市”的数据

本节将介绍在“排名表”中以特殊格式突出显示学校名称中不包含“湛江市”的数据案例，本案例需要使用文本筛选中的排除文本的规则。

<< 扫码获取配套视频课程，本节视频课程播放时长约为 1 分 18 秒。

操作步骤

第 1 步 选中 C2:C21 单元格区域，❶在【开始】选项卡下的【样式】组中单击【条件格式】下拉按钮，❷选择【新建规则】菜单项，如图 5-19 所示。

第 2 步 弹出【新建格式规则】对话框，❶在【选择规则类型】列表框中选择【只为包含以下内容的单元格设置格式】选项，❷在【只为满足以下条件的单元格设置格式】区域设置内容，❸单击【格式】按钮，如图 5-20 所示。

图 5-19

第 3 步 弹出【设置单元格格式】对话框，❶在【字体】选项卡中设置【字形】为【倾斜】，❷在【颜色】列表框中选择白色，如图 5-21 所示。

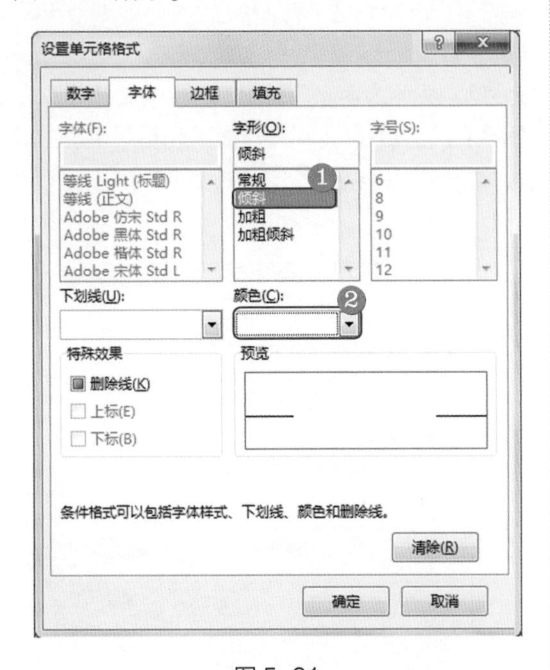

图 5-21

图 5-20

第 4 步 切换至【填充】选项卡，❶在【背景色】区域中选择一种颜色，❷单击【确定】按钮，如图 5-22 所示。

图 5-22

第 5 步 此时可以看到不包含“湛江市”的所有学校名称显示为金色底纹填充、白色倾斜字体，如图 5-23 所示。

图 5-23

5.2.2 突出显示缺考的成绩

本节将介绍在“成绩表 4”中以特殊格式突出显示缺考成绩的数据案例，本案例需要使用空值筛选知识点，适用于需要突出显示空值的工作场景。

<< 扫码获取配套视频课程，本节视频课程播放时长约为 1 分钟。

操作步骤

第 1 步 选中 C2:F23 单元格区域，❶在【开始】选项卡下的【样式】组中单击【条件格式】下拉按钮，❷选择【新建规则】菜单项，如图 5-24 所示。

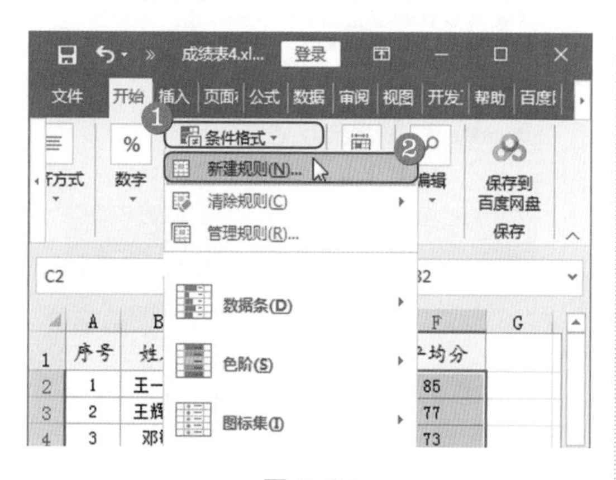

图 5-24

第 2 步 弹出【新建格式规则】对话框，❶在【选择规则类型】列表框中选择【只为包含以下内容的单元格设置格式】选项，❷在【只为满足以下条件的单元格设置格式】区域设置内容，❸单击【格式】按钮，如图 5-25 所示。

图 5-25

第 3 步 弹出【设置单元格格式】对话框，❶在【填充】选项卡下的【背景色】区域中选择一种颜色，❷单击【确定】按钮，如图 5-26 所示。

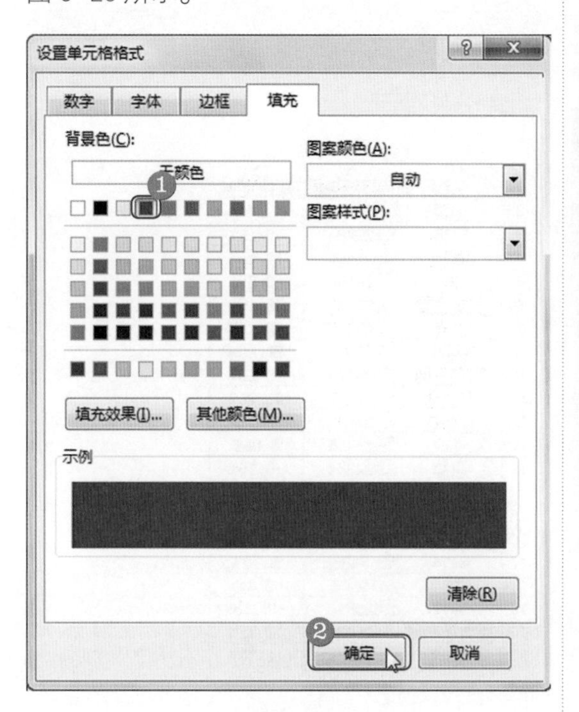

图 5-26

第 4 步 此时可以看到单元格区域中的所有空值显示为指定颜色的填充效果，如图 5-27 所示。

	A	B	C	D	E	F	G	H
1	序号	姓名	语文	数学	英语	平均分		
2	1	王一帆	82	79	93	85		
3	2	王海会		80		77		
4	3	邓敏	77	76	65	73		
5	4	吕梁	91	77	79	82		
6	5	庄美尔	90	88	90	89		
7	6	刘小龙	90	67	62	73		
8	7	刘萌	56	91	91	79		
9	8	李凯		82	77	78		
10	9	李德印	88	90		88		
11	10	张泽宇	96	68	86	83		
12	11	张奔	89	65	81	78		
13	12	陆路	66	82	77	75		
14	13	陈小芳	90	88	70	83		
15	14	陈晓	68	90		79		
16	15	陈曦	88	92	72	84		
17	16	罗成佳	71	77	88	79		
18	17	姜旭旭		88	84	88		
19	18	崔衡	78	86	70	78		
20	19	蒋云	90	91	88			
21	20	蔡晶	82	88	69	80		
22	21	廖凯	69	80	56	68		
23	22	董晶	70	88	91	83		

图 5-27

5.3 图形条件格式

【条件格式】中的图形有【数据条】、【色阶】和【图标集】，本节通过几个案例介绍图形条件格式在实际工作中的应用。

5.3.1 使用数据条长度突出显示当月销量

本节将介绍在“销量表”中以数据条长度突出显示当月销量的案例，本案例需要使用【条件格式】→【数据条】命令，适用于需要让数据在单元格中产生条形图效果的工作场景。

<< 扫码获取配套视频课程，本节视频课程播放时长约为 28 秒。

操作步骤

第 1 步 选中 B2:B21 单元格区域，❶在【开始】选项卡下的【样式】组中单击【条件格式】下拉按钮，❷选择【数据条】菜单项，❸在展开的列表中选择一种样式，如图 5-28 所示。

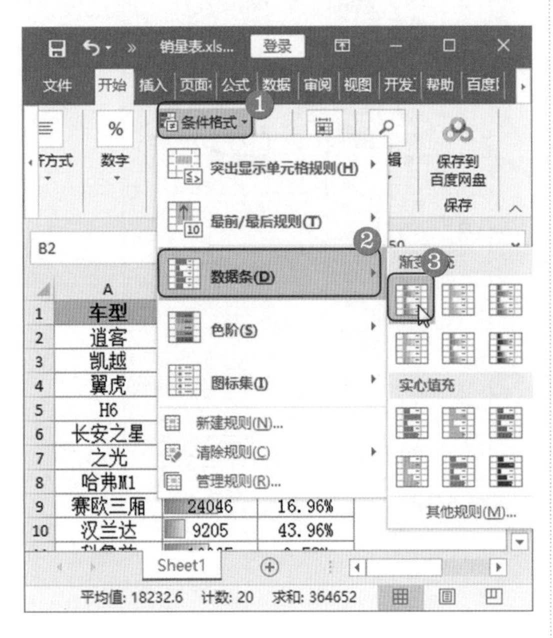

图 5-28

第 2 步 可以看到 B 列的每一个单元格当中都显示了一个条形图，并且根据数值的大小显示了不同的长度，根据这些数据条的图形可以对各种车型的销量有一个直观的了解，如图 5-29 所示。

	A	B	C
1	车型	当月销量	环比增长
2	逍客	9550	-11.33%
3	凯越	22483	-9.18%
4	翼虎	9248	17.18%
5	H6	14164	-9.59%
6	长安之星	22133	55.15%
7	之光	40077	-19.05%
8	哈弗M1	12315	21.20%
9	赛欧三厢	24046	16.96%
10	汉兰达	9205	43.96%
11	科鲁兹	19965	9.52%
12	途观	16485	8.06%
13	速腾	24064	-0.10%
14	荣光	21255	-33.02%
15	ix35	12710	5.86%
16	宝来	21676	4.88%
17	RAV4	7436	5.70%
18	Q5	9365	-2.44%
19	朗逸	25610	-16.13%
20	福克斯两厢	26631	17.72%
21	CR-V	16234	11.73%

图 5-29

知识拓展

如果在上述基础上希望 B 列单元格只显示数据条图形，不显示具体数值，可以执行【条件格式】→【管理规则】命令，打开【条件格式规则管理器】对话框，单击【编辑规则】按钮，打开【编辑格式规则】对话框，勾选【仅显示数据条】复选框。

5.3.2 使用色阶显示气温的分布规律

【条件格式】中的【色阶】命令可以通过不同颜色的渐变过渡来实现数据可视化，让数据更容易读懂。本节将介绍在“气温表”中使用【色阶】命令显示气温分布规律的案例。

<< 扫码获取配套视频课程，本节视频课程播放时长约为 28 秒。

操作步骤

第 1 步 选中 B2:M9 单元格区域，❶在【开始】选项卡下的【样式】组中单击【条件格式】下拉按钮，❷选择【色阶】菜单项，❸在展开的列表中选择一种样式，如图 5-30 所示。

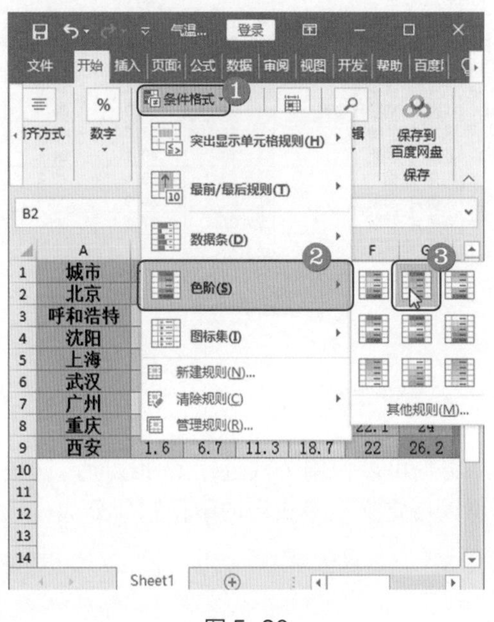

图 5-30

第 2 步 可以看到选中的区域显示不同的颜色，并且根据数值的大小依次按照红色→黄色→绿色的顺序显示过渡渐变，通过这些颜色的显示，可以非常直观地展现数据分布和规律，可以非常明显地了解到第 5 ~ 8 行的城市夏季温度和持续时间长度明显高于第3、4 行的城市，如图 5-31 所示。

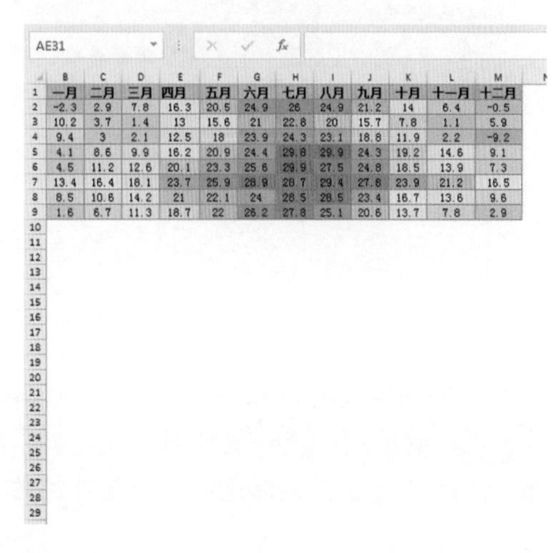

	B	C	D	E	F	G	H	I	J	K	L	M
1	一月	二月	三月	四月	五月	六月	七月	八月	九月	十月	十一月	十二月
2	-2.3	2.9	7.8	16.3	20.5	24.9	26	24.9	21.2	14	6.4	-0.5
3	10.2	3.7	1.4	13	15.6	21	22.8	20	15.7	7.8	1.1	5.9
4	9.4	3	2.1	12.5	18	23.9	24.3	23.1	18.8	11.9	2.2	-9.2
5	4.1	8.6	9.9	16.2	20.9	24.4	29.8	29.9	24.3	19.2	14.6	9.1
6	4.5	11.2	12.6	20.1	23.3	25.6	29.9	27.5	24.8	18.5	13.9	7.3
7	13.4	16.4	18.1	23.7	25.9	28.9	28.7	29.4	27.8	23.9	21.2	16.5
8	8.5	10.6	14.2	21	22.1	24	28.5	28.5	23.4	16.7	13.6	9.6
9	1.6	6.7	11.3	18.7	22	26.2	27.8	25.1	20.6	13.7	7.8	2.9

图 5-31

5.3.3 使用图标集展现球员数据

除了使用数据条和色阶展现数值大小外，还可以使用图标集来展现分段数据，根据不同的数值等级来显示不同的图标图案。本节将介绍在“球员数据统计表”中使用【图标集】命令显示数据的案例。

<< 扫码获取配套视频课程，本节视频课程播放时长约为 27 秒。

操作步骤

第 1 步 选中 B2:B21 单元格区域，❶在【开始】选项卡下的【样式】组中单击【条件格式】下拉按钮，❷选择【图标集】菜单项，❸在展开的列表中选择一种样式，如图 5-32 所示。

第 2 步 可以看到 Excel 会根据数据大小的不同级别，分别显示不同的星形图案，如图 5-33 所示。

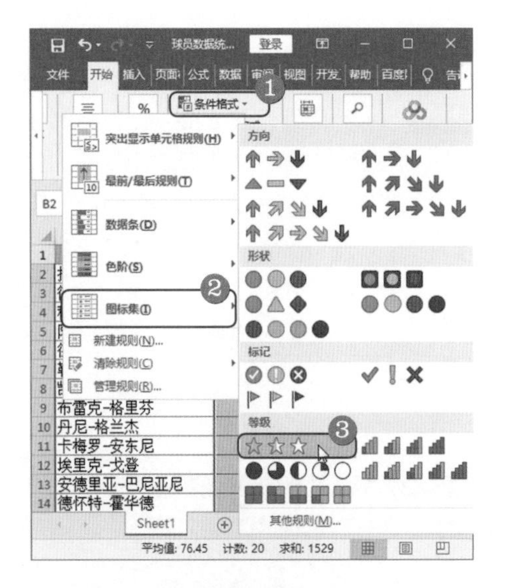

图 5-32

	A	B	C	D
1	球员姓名	出场场次	出场时间	场均得分
2	拉玛库斯-阿尔德里奇	☆ 81	39.2	21.8
3	德隆-威廉姆斯	☆ 65	37.7	20.1
4	科比-布莱恩特	☆ 82	33.7	25.3
5	阿玛雷-斯塔德迈尔	☆ 79	36.6	25.3
6	德维恩-韦德	☆ 76	37	25.5
7	勒布朗-詹姆斯	☆ 79	38.6	26.7
8	凯文-马丁	☆ 80	32.3	23.5
9	布雷克-格里芬	☆ 82	37.4	22.5
10	丹尼-格兰杰	☆ 79	34.8	20.5
11	卡梅罗-安东尼	☆ 77	35.4	25.6
12	埃里克-戈登	☆ 56	37.4	22.3
13	安德里亚-巴尼亚尼	☆ 66	35.4	21.4
14	德怀特-霍华德	☆ 78	37.4	22.8
15	拉塞尔-威斯布鲁克	☆ 82	34.5	21.9
16	凯文-杜兰特	☆ 78	38.8	27.7
17	蒙塔-艾利斯	☆ 80	40.1	24.1
18	凯文-乐福	☆ 73	35.4	20.2
19	布鲁克-洛佩斯	☆ 82	34.9	20.4
20	德里克-罗斯	☆ 81	37.2	25
21	德克-诺维茨基	☆ 73	34.2	23

图 5-33

5.4 利用公式创建条件格式

当无法直接应用 Excel 中提供的条件格式时，用户可以使用公式进行条件判断，这是一项非常灵活的应用功能，只要对公式足够了解就可以自定义很多实用的条件判断公式，从而更加灵活地从数据表中标记出符合条件的数据。

5.4.1 设计到期提醒和预警

“项目进度表”用来定期跟踪项目的进展情况，为了使其更加智能化和人性化，希望它能够根据系统当前的日期，可以在每个项目截止日期前一周开始自动高亮警示，到验收日期之后显示灰色，表示项目周期已结束。

<< 扫码获取配套视频课程，本节视频课程播放时长约为 1 分 55 秒。

第 1 步 选中 A2:E15 单元格区域，❶在【开始】选项卡下的【样式】组中单击【条件格式】下拉按钮，❷选择【新建规则】菜单项，如图 5-34 所示。

第 2 步 弹出【新建格式规则】对话框，❶选择【使用公式确定要设置格式的单元格】选项，❷在【为符合此公式的值设置格式】文本框中输入公式，❸单击【格式】按钮，如图 5-35 所示。

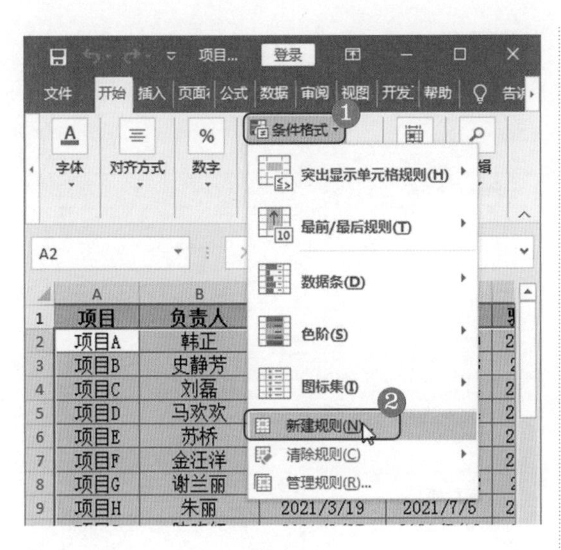

图 5-34

第 3 步 弹出【设置单元格格式】对话框，❶在【填充】选项卡的【背景色】区域中选择一种颜色，❷单击【确定】按钮，如图 5-36 所示。

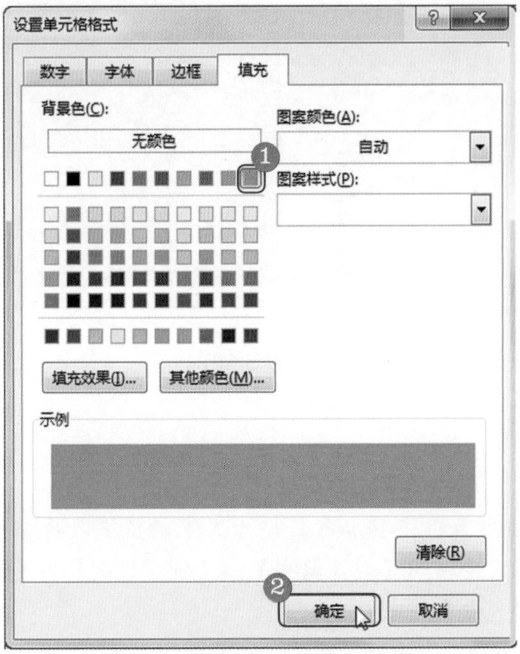

图 5-36

图 5-35

第 4 步 继续参照第 1 步和第 2 步，添加一个新的自定义规则，再单击【格式】按钮，如图 5-37 所示。

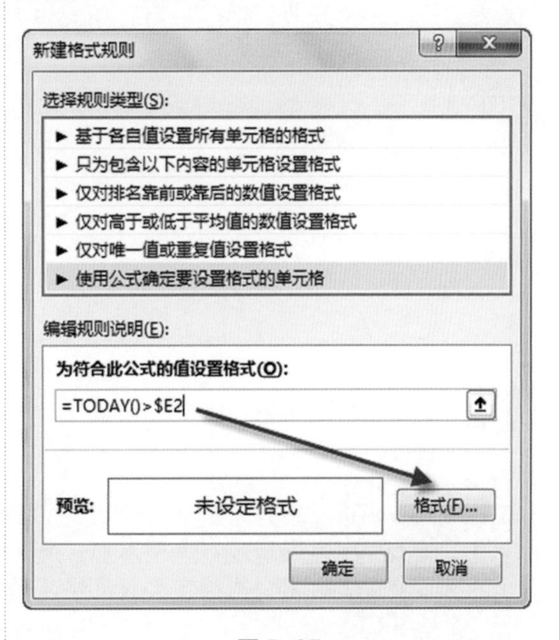

图 5-37

第 5 步 弹出【设置单元格格式】对话框，在【填充】选项卡的【背景色】区域中选择一种颜色，如图 5-38 所示。

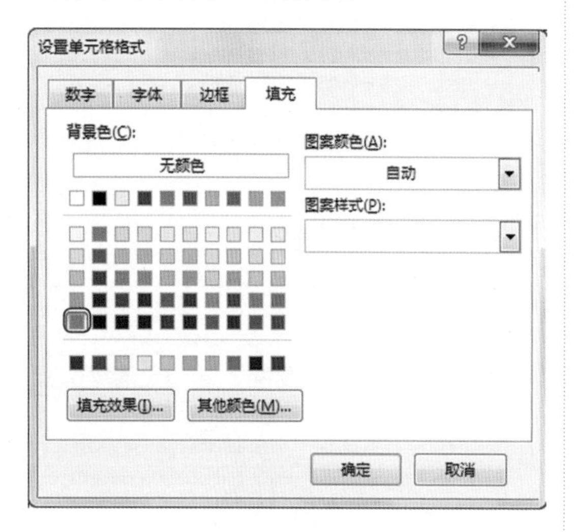

图 5-38

第 6 步 切换至【字体】选项卡，❶选择白色作为字体颜色，❷单击【确定】按钮，如图 5-39 所示。

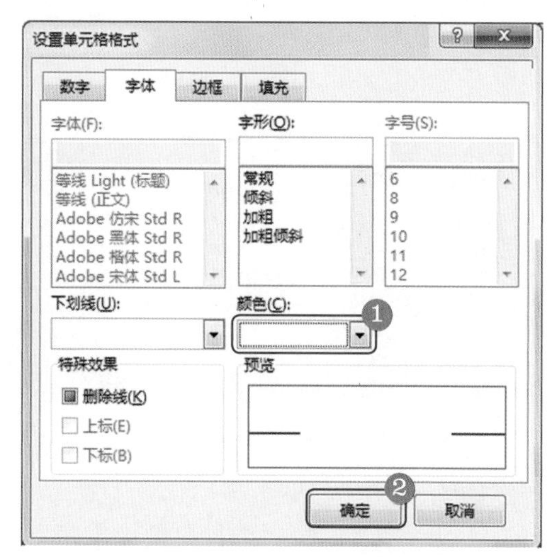

图 5-39

第 7 步 可以看到表格中对于当前系统日期来说，已经标出了还有一周即将截止的项目，因为还没有超过验收日期的项目，所以没有以灰色背景白色文本显示的项目，如图 5-40 所示。

项目	负责人	启动时间	截止时间	验收时间
项目A	韩正	2021/4/20	2021/8/20	2021/9/11
项目B	史静芳	2021/4/17	2021/5/23	2021/7/1
项目C	刘磊	2021/2/11	2021/7/14	2021/8/17
项目D	马欢欢	2021/3/22	2021/8/14	2021/9/18
项目E	苏桥	2021/4/10	2021/8/5	2021/8/20
项目F	金汪洋	2021/2/27	2021/6/9	2021/7/10
项目G	谢兰丽	2021/2/2	2021/8/12	2021/9/2
项目H	朱丽	2021/3/19	2021/7/5	2021/7/23
项目I	陈晓红	2021/2/25	2021/7/13	2021/8/9
项目J	雷芳	2021/2/16	2021/6/24	2021/7/14
项目K	吴明	2021/1/28	2021/8/2	2021/8/27
项目L	李琴	2021/2/17	2021/7/17	2021/8/22
项目M	张永立	2021/1/13	2021/5/21	2021/6/18
项目N	周玉彬	2021/3/2	2021/8/9	2021/8/23

图 5-40

5.4.2 标记周末日期

本节将介绍在“加班日期表”中将加班日期为周末的数据以特殊格式标记出来的案例，本案例需要使用【条件格式】→【新建规则】→【使用公式确定要设置格式的单元格】命令。

<< 扫码获取配套视频课程，本节视频课程播放时长约为 49 秒。

操作步骤

第 1 步 选中 C2:C17 单元格区域，❶在【开始】选项卡下的【样式】组中单击【条件格式】下拉按钮，❷选择【新建规则】菜单项，如图 5-41 所示。

图 5-41

第 3 步 弹出【设置单元格格式】对话框，❶在【填充】选项卡的【背景色】区域中选择一种颜色，❷单击【确定】按钮，如图 5-43 所示。

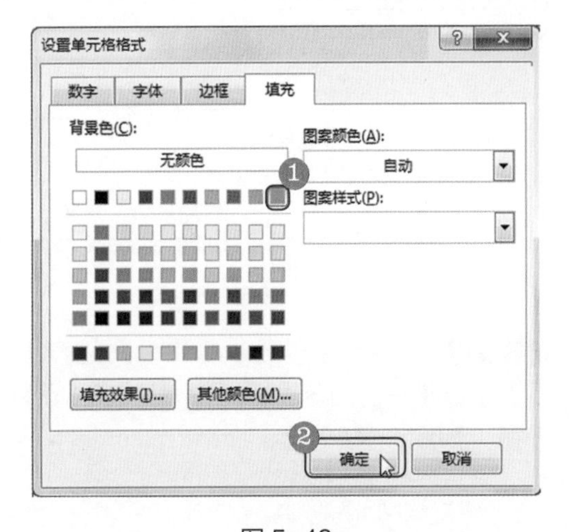

图 5-43

第 2 步 弹出【新建格式规则】对话框，❶选择【使用公式确定要设置格式的单元格】选项，❷在【为符合此公式的值设置格式】文本框中输入公式，❸单击【格式】按钮，如图 5-42 所示。

图 5-42

第 4 步 可以看到所有加班日期为周末的单元格被标记了填充效果，如图 5-44 所示。

	A	B	C	D
1	工号	姓名	加班日期	
2	NL-001	周薇	2021/11/17	
3	NL-002	杨佳	2021/11/18	
4	NL-003	刘勋	2021/11/19	
5	NL-004	张智志	2021/11/20	
6	NL-005	宋云飞	2021/11/21	
7	NL-002	杨佳	2021/11/22	
8	NL-007	王伟	2021/11/23	
9	NL-008	李欣	2021/11/24	
10	NL-009	周钦伟	2021/11/25	
11	NL-010	杨旭伟	2021/11/26	
12	NL-002	杨佳	2021/11/27	
13	NL-012	张虎	2021/11/28	
14	NL-002	杨佳	2021/11/29	
15	NL-014	王媛媛	2021/11/30	
16	NL-015	陈飞	2021/12/1	
17	NL-016	杨红	2021/12/2	

图 5-44

5.4.3 标记成绩优秀的学生姓名

本节将介绍在“成绩表 5”中将成绩优秀的学生姓名以特殊格式标记出来的案例，本案例需要使用【条件格式】→【新建规则】→【使用公式确定要设置格式的单元格】命令。

<< 扫码获取配套视频课程，本节视频课程播放时长约为 1 分 16 秒。

操作步骤

第 1 步 选中 B2:B17 单元格区域，❶在【开始】选项卡下的【样式】组中单击【条件格式】下拉按钮，❷选择【新建规则】菜单项，如图 5-45 所示。

图 5-45

第 2 步 弹出【新建格式规则】对话框，❶选择【使用公式确定要设置格式的单元格】选项，❷在【为符合此公式的值设置格式】文本框中输入公式，❸单击【格式】按钮，如图 5-46 所示。

图 5-46

第 3 步 弹出【设置单元格格式】对话框，❶在【数字】选项卡的【分类】列表框中选择【自定义】选项，❷在【类型】文本框中输入“@（优秀）”，如图 5-47 所示。

第 4 步 切换至【填充】选项卡，❶在【背景色】区域中选择一种颜色，❷单击【确定】按钮，如图 5-48 所示。

图 5-47

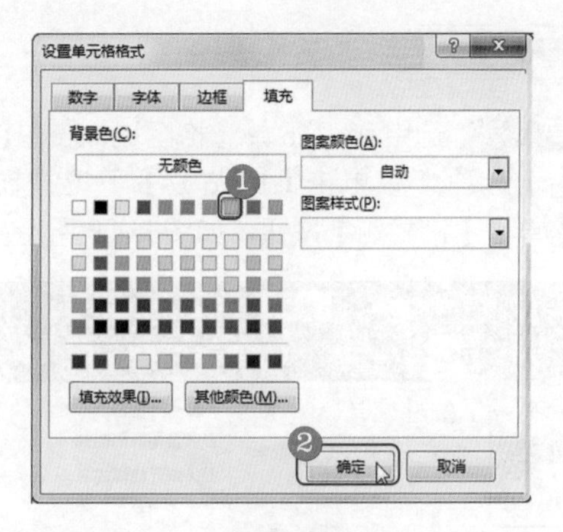

图 5-48

第 5 步 可以看到指定学生姓名旁边添加了“（优秀）”字样并显示了指定的特殊格式，如图 5-49 所示。

	A	B	C	D
1	准考证号	姓名	总分	
2	20210910	周薇(优秀)	600	
3	20210911	杨佳	550	
4	20210912	刘勋	500	
5	20210913	张智志(优秀)	622	
6	20210914	宋云飞(优秀)	690	
7	20210915	杨佳	490	
8	20210916	王伟(优秀)	598	
9	20210917	李欣(优秀)	701	
10	20210918	周钦伟	544	
11	20210919	杨旭伟	509	
12	20210920	杨佳(优秀)	580	
13	20210921	张虎(优秀)	609	
14	20210922	杨佳	499	
15	20210923	王媛媛	488	
16	20210924	陈飞(优秀)	610	
17	20210925	杨红(优秀)	655	

图 5-49

■ 经验之谈

首先使用 AVERAGE 函数计算 C2 ：C17 单元格区域的平均值，再将 C2 ：C17 单元格区域中的值与其比较，然后将大于这个平均值的数据所在单元格进行特殊标记。

5.5 管理条件格式

当建立了多个条件后，用户可以在【条件格式规则管理器】对话框中查看、修改、删除或者重新编辑表格中指定的条件格式，也可以复制条件格式规则，避免重复设置。

5.5.1 复制与删除条件格式规则

本节将介绍在“面试成绩表”中复制条件格式并删除多余的条件格式案例，本案例需要使用格式刷命令进行复制操作，需要打开【条件格式规则管理器】对话框删除格式规则。

<< 扫码获取配套视频课程，本节视频课程播放时长约为 54 秒。

操作步骤

第 1 步 选中 D2:D15 单元格区域，❶在【开始】选项卡中单击【剪贴板】下拉按钮，❷单击【格式刷】按钮，如图 5-50 所示。

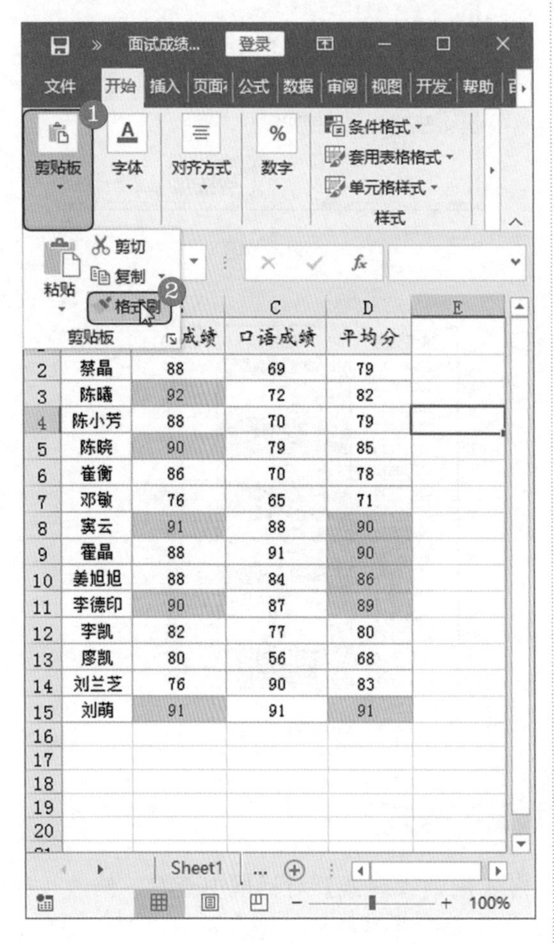

图 5-50

第 3 步 ❶在【开始】选项卡下的【样式】组中单击【条件格式】下拉按钮，❷选择【管理规则】菜单项，如图 5-52 所示。

第 2 步 进入格式刷取状态，此时鼠标指针旁边出现一个刷子形状，直接刷取要复制相同条件格式规则的单元格 B2:B15，释放鼠标左键完成格式复制，此时可以看到“面试成绩”应用了和“平均分”相同的条件格式规则，即排名前五的成绩显示突出格式，如图 5-51 所示。

图 5-51

第 4 步 弹出【条件格式规则管理器】对话框，❶在条件格式规则列表中选中要删除的规则，❷单击【删除规则】按钮，如图 5-53 所示。

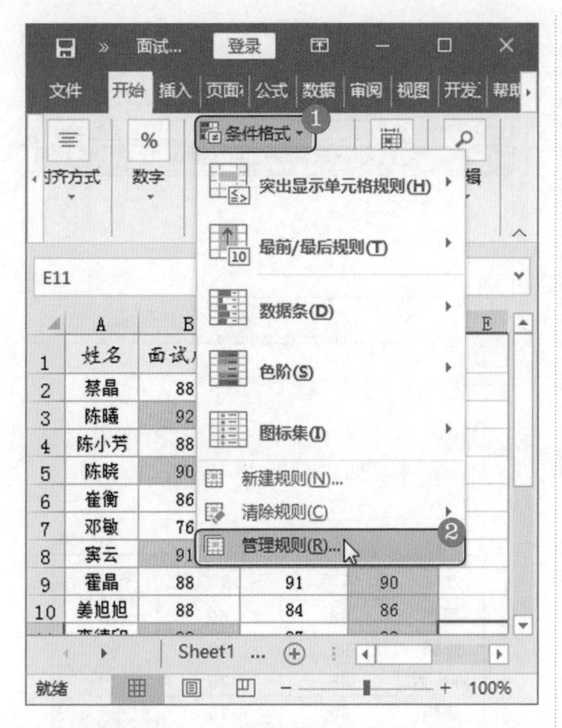

图 5-52

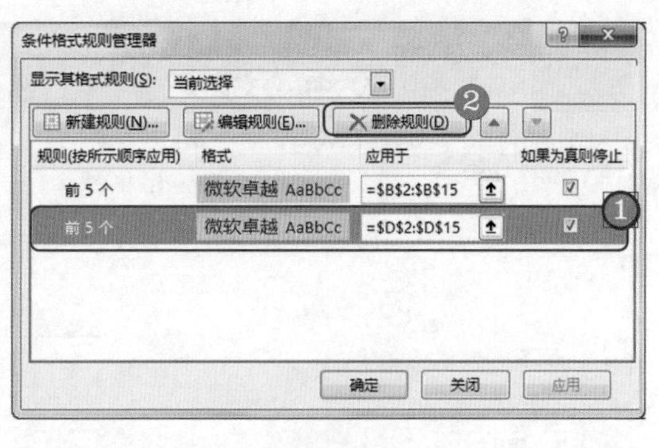

图 5-53

图 5-54

第 5 步 可以看到选中的格式规则已经被删除，如图 5-54 所示。

5.5.2 重新编辑规则

本节将介绍把“面试成绩表”中平均分排名前五的记录特殊显示的条件格式改为排名前十特殊显示的案例，本案例需要打开【条件格式规则管理器】对话框，编辑格式规则。

<< 扫码获取配套视频课程，本节视频课程播放时长约为 38 秒。

操作步骤

第 1 步 打开表格，❶在【开始】选项卡下的【样式】组中单击【条件格式】下拉按钮，❷选择【管理规则】菜单项，如图 5-55 所示。

第 2 步 弹出【条件格式规则管理器】对话框，❶在条件格式规则列表中选中要编辑的规则，❷单击【编辑规则】按钮，如图 5-56 所示。

图 5-55

第 3 步　弹出【编辑格式规则】对话框，❶重新设置【对以下排列的数值设置格式】为“最高 10”，❷单击【确定】按钮，如图 5-57 所示。

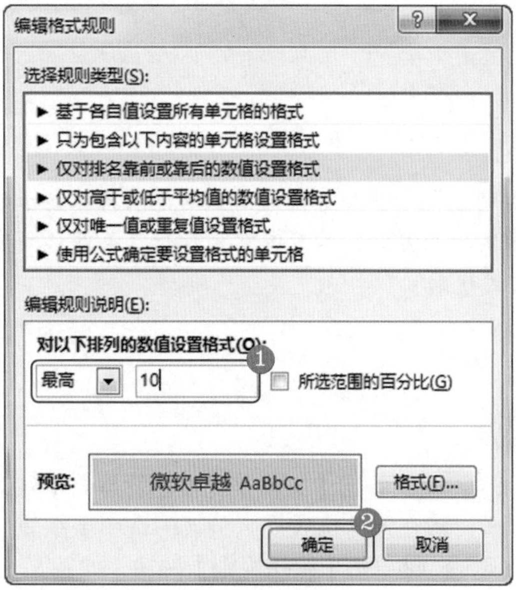

编辑格式规则

选择规则类型(S):

- ▶ 基于各自值设置所有单元格的格式
- ▶ 只为包含以下内容的单元格设置格式
- ▶ 仅对排名靠前或靠后的数值设置格式
- ▶ 仅对高于或低于平均值的数值设置格式
- ▶ 仅对唯一值或重复值设置格式
- ▶ 使用公式确定要设置格式的单元格

编辑规则说明(E):

对以下排列的数值设置格式(O):

最高　10　所选范围的百分比(G)

预览:　微软卓越 AaBbCc　格式(F)...

确定　取消

图 5-57

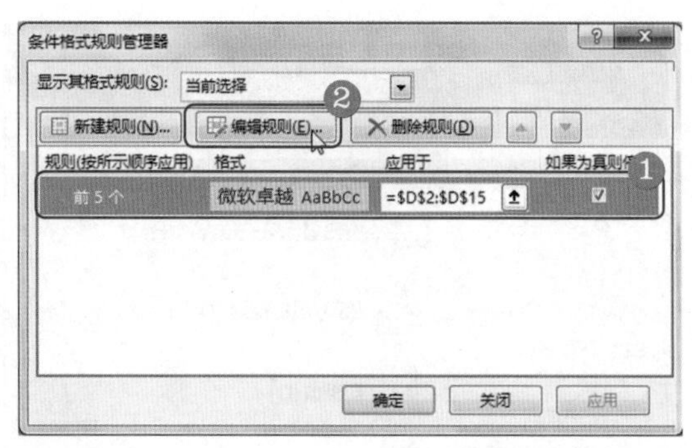

图 5-56

第 4 步　返回表格，可以看到所选单元格已经应用了新规则，如图 5-58 所示。

	A	B	C	D
1	姓名	面试成绩	口语成绩	平均分
2	蔡晶	88	69	79
3	陈曦	92	72	82
4	陈小芳	88	70	79
5	陈晓	90	79	85
6	崔衡	86	70	78
7	邓敏	76	65	71
8	窦云	91	88	90
9	霍晶	88	91	90
10	姜旭旭	88	84	86
11	李德印	90	87	89
12	李凯	82	77	80
13	廖凯	80	56	68
14	刘兰芝	76	90	83
15	刘萌	91	91	91
16				

图 5-58

第6章

数据筛选

本章主要介绍了筛选数值和文本信息、日期筛选、高级筛选的应用方面的知识与技巧，同时还讲解了筛选技巧的应用。通过本章的学习，读者可以掌握数据筛选方面的知识，为深入学习 Excel 知识奠定基础。

用手机扫描二维码
获取本章学习素材

6.1 筛选数值和文本信息

数值筛选是数据分析时最常用的筛选方式，如以支出费用、成绩、销售额等作为字段进行筛选。文本筛选，顾名思义，是针对文本数据的筛选，该功能可以实现模糊查找某种类型的数据、筛选出包含或者不包含某种文本的指定数据，以及使用搜索筛选器筛选指定数据等。

6.1.1 筛选费用支出大于 5000 元的记录

本例在“费用明细表”中统计了不同部门的费用支出情况，下面需要将费用支出在5000元以上的记录单独筛选出来，这里可以使用“大于”筛选功能。

<< 扫码获取配套视频课程，本节视频课程播放时长约为 41 秒。

操作步骤

第 1 步 选中表格中的任意单元格，❶在【数据】选项卡中单击【排序和筛选】下拉按钮，❷单击【筛选】按钮，如图 6-1 所示。

图 6-1

第 2 步 表格列标识添加了自动筛选按钮，❶单击【支出金额】列标识右侧的下拉按钮，❷选择【数字筛选】菜单项，❸选择【大于】子菜单项，如图 6-2 所示。

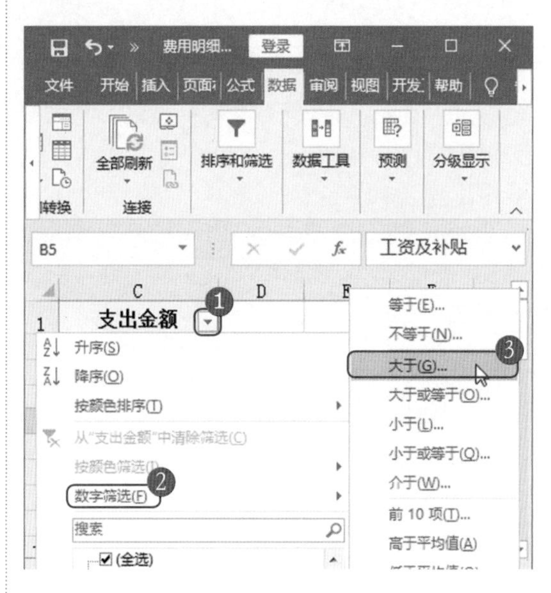

图 6-2

第 3 步 打开【自定义自动筛选方式】对话框，❶在【支出金额】列表框中选择【大于】选项，❷在后面的文本框中输入数值，❸单击【确定】按钮，如图 6-3 所示。

图 6-3

第 4 步 返回到表格，Excel 自动将支出金额在 5000 元以上的记录筛选出来，如图 6-4 所示。

	A	B	C
1	部门名称	类别	支出金额
2	总经理办	办公及通讯费	6700.00
4	总经理办	差旅交通费	6227.00
5	总经理办	工资及补贴	8740.00
13	财务办公室	社保费	5400.00
23	行政办公室	其它杂项	5008.00
29	销售部	工资及补贴	22123.00
31	仓库	办公及通讯费	8000.00
32	仓库	车辆费用	5511.50
33	仓库	运费	5900.00
34	仓库	装卸费	7900.00
36	仓库	工资及补贴	10631.00
37	备注		110988.93

图 6-4

6.1.2 筛选出总分前 5 的记录

本例在“成绩表”中统计了学生的总成绩，可以使用“前 10 项”功能将总分排名前 5 的记录筛选出来。本案例适用于需要筛选前 N 项的工作场景。

<< 扫码获取配套视频课程，本节视频课程播放时长约为 41 秒。

操作步骤

第 1 步 选中任意单元格，❶在【数据】选项卡中单击【排序和筛选】下拉按钮，❷单击【筛选】按钮，如图 6-5 所示。

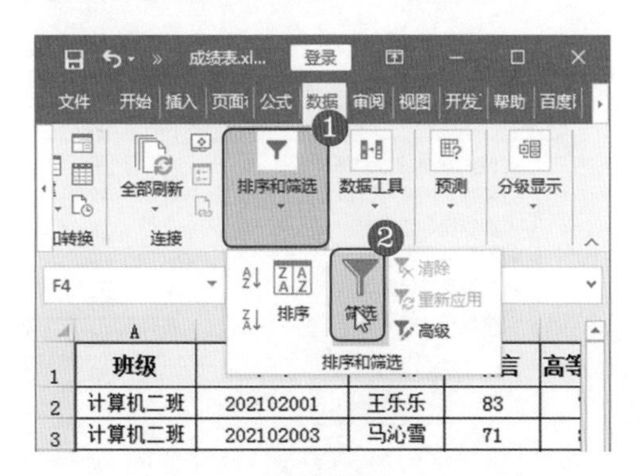

图 6-5

第 2 步 表格列标识添加了自动筛选按钮，❶单击【总分】列标识右侧的下拉按钮，❷选择【数字筛选】菜单项，❸选择【前 10 项】子菜单项，如图 6-6 所示。

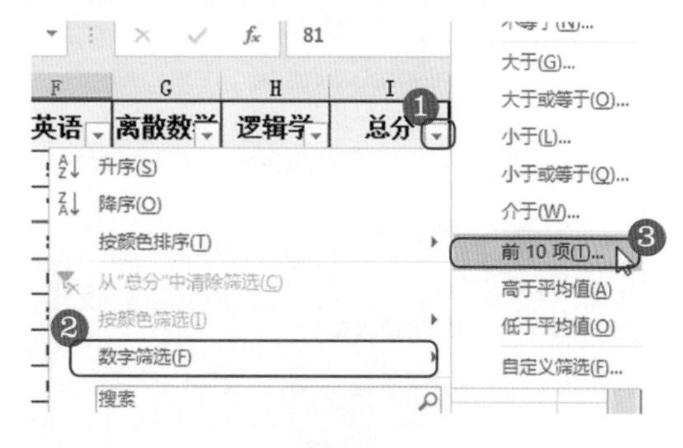

图 6-6

第 3 步 打开【自动筛选前 10 个】对话框，❶在【显示】区域下的三个列表框中设置条件，❷单击【确定】按钮，如图 6-7 所示。

图 6-7

第 4 步 返回到表格，Excel 自动将总分排名前 5 的记录筛选出来，如图 6-8 所示。

班级	学号	姓名	C语言	高等数	英语	离散数	逻辑学	总分
计算机一班	202102004	左子健	88	95	81	79	95	438
计算机一班	202102005	陈潇	93	95	63	78	80	409
计算机一班	202102021	吴志刚	83	89	82	94	88	436
计算机二班	202102008	王玲玲	87	58	95	83	83	406
计算机一班	202102008	李媛媛	76	63	78	93	93	403

图 6-8

6.1.3 筛选风衣的库存记录

文本筛选功能可以筛选出“包含”“不包含”“开头是”或者“结尾是”某个文本的记录。本案例需要在“库存表”中筛选出品名有“风衣”文字的库存记录。

<< 扫码获取配套视频课程，本节视频课程播放时长约为 29 秒。

操作步骤

第 1 步 选中任意单元格，❶在【数据】选项卡中单击【排序和筛选】下拉按钮，❷单击【筛选】按钮，如图 6-9 所示。

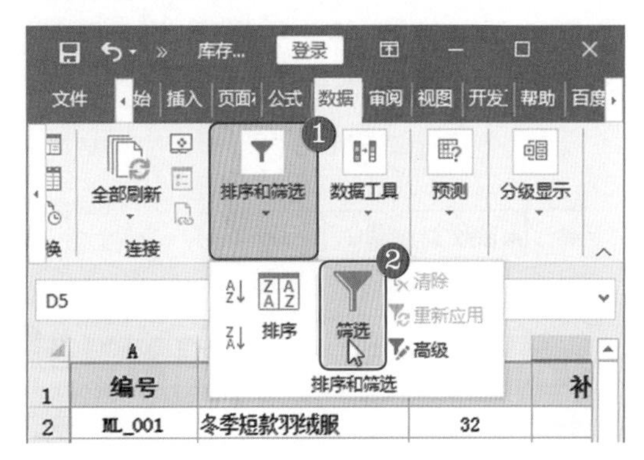

图 6-9

第 2 步 表格列标识添加了自动筛选按钮，❶单击【品名】列标识右侧的下拉按钮，❷在搜索框中输入“风衣”，❸单击【确定】按钮，如图 6-10 所示。

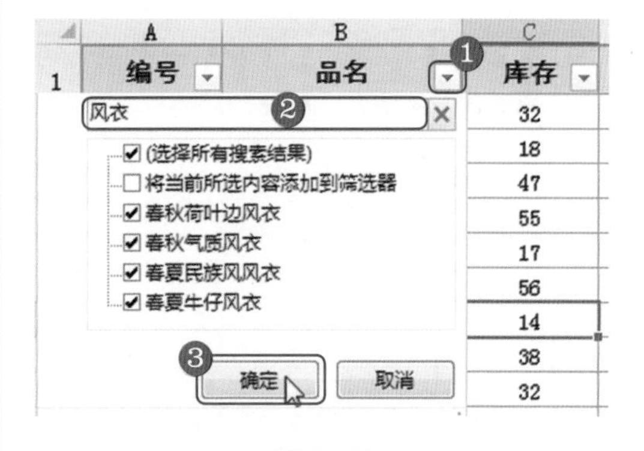

图 6-10

第 3 步 返回到表格，Excel自动将品名包含“风衣”的记录筛选了出来，如图 6-11 所示。

	A	B	C	D
1	编号	品名	库存	补充提示
5	ML_004	春秋荷叶边风衣	55	充足
11	ML_010	春秋气质风衣	55	充足
16	ML_015	春夏民族风风衣	17	补货
20	ML_019	春夏牛仔风衣	32	准备
21				
22				

图 6-11

6.1.4 筛选出所有非冬季的其他商品

在进行文本筛选时也可以实现排除某文本的筛选，本案例需要在“库存表 1”中筛选出除了冬季服装之外的所有商品库存记录。本案例将使用“不包含”功能自动剔除包含指定文本的记录。

<< 扫码获取配套视频课程，本节视频课程播放时长约为 36 秒。

操作步骤

第 1 步 选中任意单元格，❶在【数据】选项卡中单击【排序和筛选】下拉按钮，❷单击【筛选】按钮，如图 6-12 所示。

图 6-12

第 2 步 表格列标识添加了自动筛选按钮，❶单击“品名”列标识右侧的下拉按钮，❷选择【文本筛选】菜单项，❸选择【不包含】子菜单项，如图 6-13 所示。

图 6-13

第 3 步 打开【自定义自动筛选方式】对话框，❶在【品名】区域下的列表框中设置条件，❷单击【确定】按钮，如图 6-14 所示。

图 6-14

第 4 步 返回到表格，Excel 自动将品名中不包含“冬季”文字的商品记录筛选了出来，如图 6-15 所示。

	A	B	C	D
1	编号	品名	库存	补充提示
3	ML_002	春秋低领毛衣	18	补货
4	ML_003	春秋毛呢短裙	47	充足
5	ML_004	春秋风衣	55	充足
6	ML_005	春秋长款毛呢外套	17	补货
8	ML_007	春秋荷花袖外套	14	补货
9	ML_008	春秋混搭超值三件套	38	准备
10	ML_009	春秋低腰牛仔裤	32	准备
11	ML_010	春秋气质风衣	55	充足
13	ML_012	夏装连衣裙	18	补货
14	ML_013	夏季蕾丝短袖上衣	47	充足
15	ML_014	夏季牛仔短裤	55	充足
16	ML_015	春夏民族风半身裙	17	补货
19	ML_018	夏季吊带衫	38	准备
21				

图 6-15

6.1.5 将筛选结果中的某文本再次排除

本案例需要在“杂志订购表”中在“杂志名称”字段筛选出“周刊”类杂志，当搜索到所有“周刊”类杂志后，需要再次排除“人物周刊”杂志。本例可以使用搜索筛选器完成。

<< 扫码获取配套视频课程，本节视频课程播放时长约为 57 秒。

操作步骤

第 1 步 选中任意单元格，❶在【数据】选项卡中单击【排序和筛选】下拉按钮，❷单击【筛选】按钮，如图 6-16 所示。

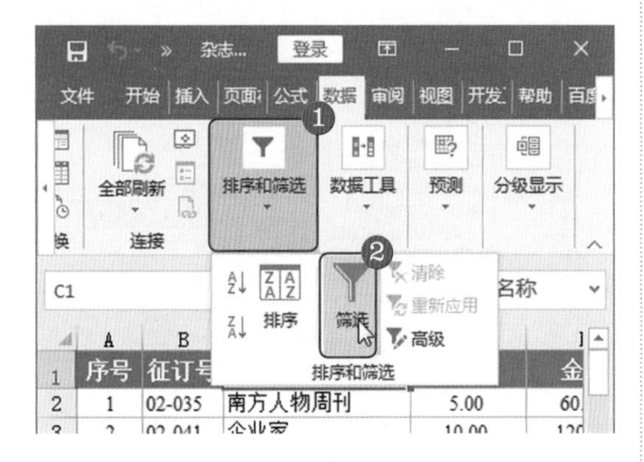

图 6-16

第 2 步 表格列标识添加了自动筛选按钮，❶单击“杂志名称”列标识右侧的下拉按钮，❷在搜索框中输入“周刊”，❸单击【确定】按钮，如图 6-17 所示。

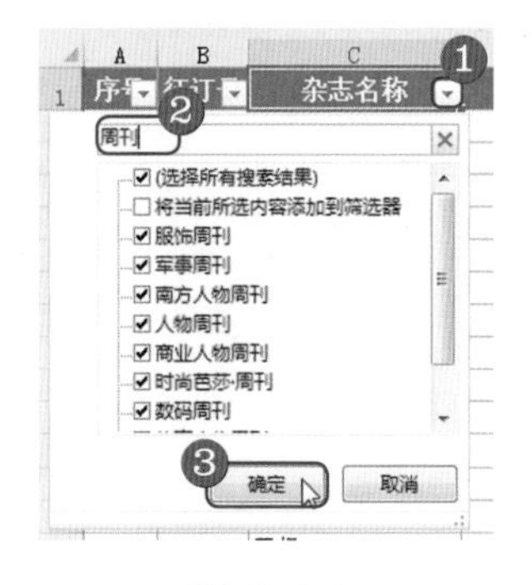

图 6-17

第 3 步 Excel 自动将所有包含“周刊”的杂志记录筛选了出来，如图 6-18 所示。

C1 杂志名称

	A	B	C	D	E
1	序号	征订号	杂志名称	单价	金额
2	1	02-035	南方人物周刊	5.00	60.00
7	6	02-091	人物周刊	8.00	96.00
13	12	02-346	服饰周刊	23.80	285.60
16	15	02-349	数码周刊	20.00	240.00
18	17	02-378	军事周刊	8.80	105.60
21	20	02-436	体育周刊	16.00	192.00
24	23	04-011	体育人物周刊	6.50	78.00
35	34	80-738	时尚芭莎·周刊	20.00	240.00
37	36	82-806	商业人物周刊	20.00	240.00

图 6-18

第 5 步 此时 Excel 筛选出了不包括“人物周刊”的所有周刊记录，如图 6-20 所示。

第 4 步 ❶再次单击“杂志名称”列标识右侧的下拉按钮，❷在搜索框中输入“人物”，❸勾选【将当前所选内容添加到筛选器】复选框，❹单击【确定】按钮，如图 6-19 所示。

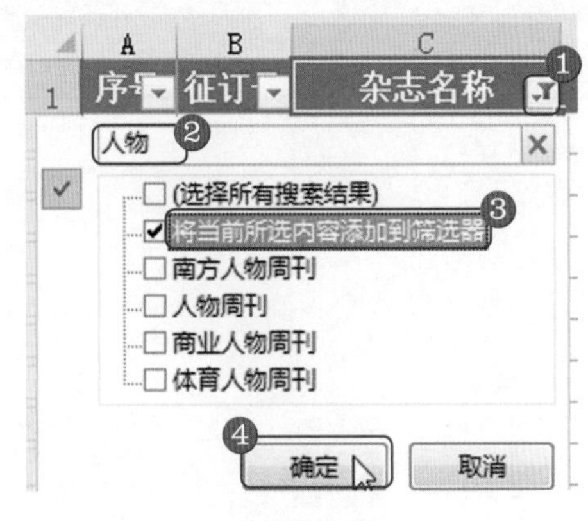

图 6-19

	A	B	C	D	E
1	序号	征订号	杂志名称	单价	金额
13	12	02-346	服饰周刊	23.80	285.60
16	15	02-349	数码周刊	20.00	240.00
18	17	02-378	军事周刊	8.80	105.60
21	20	02-436	体育周刊	16.00	192.00
35	34	80-738	时尚芭莎·周刊	20.00	240.00

图 6-20

6.2 日期筛选

使用日期筛选可以筛选出符合指定日期的所有记录，用户可以设置某个日期“之后”“之前”或者筛选出“今天”“昨天”“上月”“本周”的记录。

6.2.1 筛选出 7 月中旬之后的销售记录

本节将介绍在“销售表”中筛选出 7 月中旬之后的所有销售记录的案例，本案例需要使用【日期筛选】→【之后】命令，可以应用在需要日期筛选的工作场景。

<< 扫码获取配套视频课程，本节视频课程播放时长约为 41 秒。

操作步骤

第 1 步 选中任意单元格，❶在【数据】选项卡中单击【排序和筛选】下拉按钮，❷单击【筛选】按钮，如图 6-21 所示。

图 6-21

第 3 步 打开【自定义自动筛选方式】对话框，❶设置自定义筛选方式，❷单击【确定】按钮，如图 6-23 所示。

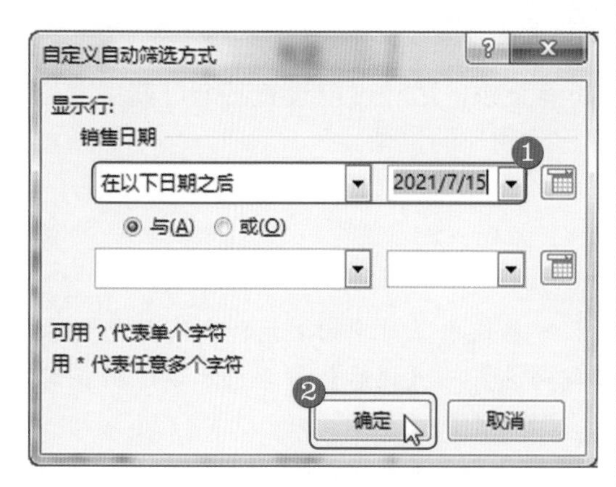

图 6-23

第 2 步 表格列标识添加了自动筛选按钮，❶单击“销售日期”列标识右侧的下拉按钮，❷选择【日期筛选】菜单项，❸选择【之后】子菜单项，如图 6-22 所示。

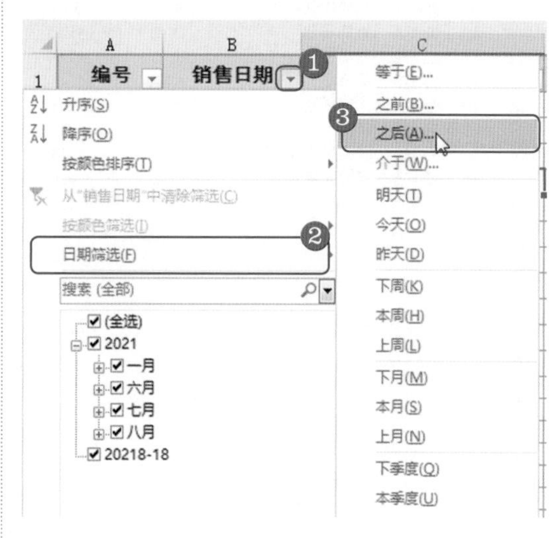

图 6-22

第 4 步 返回到表格，Excel 自动将 2021/7/15 之后销售的商品记录筛选了出来，如图 6-24 所示。

C5 春秋风衣

	A 编号	B 销售日期	C 品名	D 补充提示
8	ML_007	2021/8/1	春秋荷花袖外套	补货
9	ML_008	2021/8/2	春秋混搭超值三件套	准备
10	ML_009	2021/8/3	春秋低腰牛仔裤	准备
11	ML_010	2021/8/4	春秋气质风衣	充足
15	ML_014	2021/7/16	春秋风衣	准备
24	ML_023	2021/8/19	春夏民族风半身裙	充足

图 6-24

6.2.2 筛选本月借出的图书记录

本节将介绍在“图书借阅表”中根据借出日期筛选出本月所有借出记录的案例，本案例需要使用【日期筛选】→【本月】命令，可以应用在需要日期筛选的工作场景。

<< 扫码获取配套视频课程，本节视频课程播放时长约为 29 秒。

操作步骤

第 1 步 选中任意单元格，❶在【数据】选项卡中单击【排序和筛选】下拉按钮，❷单击【筛选】按钮，如图 6-25 所示。

图 6-25

第 2 步 表格列标识添加了自动筛选按钮，❶单击“借出日期”列标识右侧的下拉按钮，❷选择【日期筛选】菜单项，❸选择【本月】子菜单项，如图 6-26 所示。

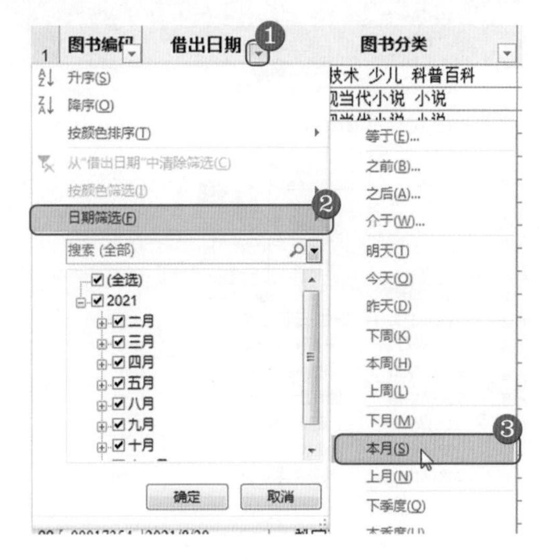

图 6-26

第 3 步 返回到表格，Excel 自动将在本月借出的图书记录筛选了出来，如图 6-27 所示。

图 6-27

6.2.3 筛选竣工日期为第 3 季度的记录

本节将介绍在“项目记录表”中根据竣工日期筛选出第 3 季度竣工的项目所有记录的案例，本案例需要使用【日期筛选】→【期间所有日期】→【第 3 季度】命令，可以应用在需要日期筛选的工作场景。

<< 扫码获取配套视频课程，本节视频课程播放时长约为 32 秒。

操作步骤

第 1 步 选中任意单元格，❶在【数据】选项卡中单击【排序和筛选】下拉按钮，❷单击【筛选】按钮，如图 6-28 所示。

图 6-28

第 2 步 表格列标识添加了自动筛选按钮，❶单击“竣工日期”列标识右侧的下拉按钮，❷依次选择【日期筛选】→【期间所有日期】→【第 3 季度】菜单项，如图 6-29 所示。

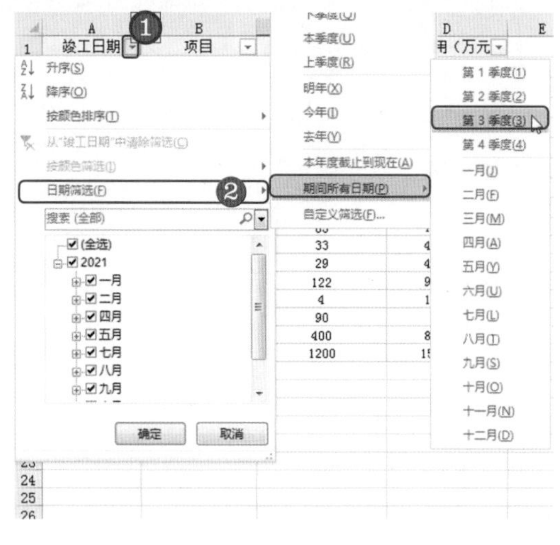

图 6-29

第 3 步 返回到表格，Excel 自动将第 3 季度竣工的项目记录筛选了出来，如图 6-30 所示。

	A	B	C	D
1	竣工日期	项目	面积（万平米）	设计费用（万元
4	2021/7/21	市办公大楼	90	900.576
7	2021/8/16	县城行政楼	900	340.50
13	2021/9/4	万家乐超市	122	900.00
15	2021/8/16	彩虹幼儿园	90	90.00

图 6-30

6.3 高级筛选的应用

自动筛选都是在原有表格上实现数据的筛选，被排除的记录行自动被隐藏；而使用高级筛选功能则可以将筛选出的结果存放在其他位置上，得到独立的分析结果，便于用户使用。在高级筛选方式下可以实现只满足一个条件的筛选(即“或”条件筛选)，也可以实现同时满足两个条件的筛选(即“与”条件筛选)。高级筛选中筛选条件的设置是至关重要的，它会决定筛选出的数据记录是否符合要求。

6.3.1 筛选销售 2 部需二次培训的人员

本节案例需要将“培训成绩表”中销售 2 部需要二次培训的人员数据筛选出来，即同时满足“销售 2 部”与“二次培训”两个条件。本案例将使用“与”条件筛选。

<< 扫码获取配套视频课程，本节视频课程播放时长约为 41 秒。

操作步骤

第 1 步 在 A20:B21 单元格区域中输入内容，❶在【数据】选项卡中单击【排序和筛选】下拉按钮，❷单击【高级】按钮，如图 6-31 所示。

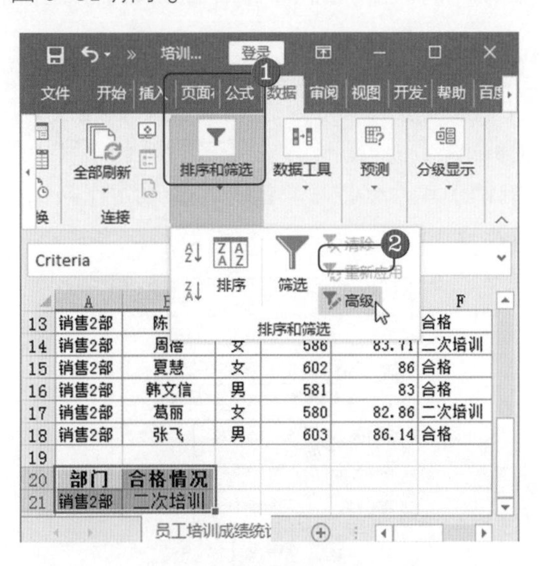

图 6-31

第 2 步 打开【高级筛选】对话框，❶选中【将筛选结果复制到其他位置】单选按钮，❷设置【列表区域】、【条件区域】和【复制到】单元格地址，❸单击【确定】按钮，如图 6-32 所示。

图 6-32

第 3 步 返回到表格，Excel 自动将销售 2 部中需要二次培训的人员记录筛选了出来，如图 6-33 所示。

19						
20	部门	合格情况				
21	销售2部	二次培训				
22						
23	部门	姓名	性别	总成绩	平均成绩	合格情况
24	销售2部	贺家乐	女	567	81	二次培训
25	销售2部	周蓓	女	586	83.71	二次培训
26	销售2部	葛丽	女	580	82.86	二次培训
27						

图 6-33

知识拓展

只要源数据表是标准的数据明细表，【高级筛选】对话框中的【列表区域】一般会自动显示为整个表格区域。如果默认的区域不正确或人为地想使用其他的数据区域，都可以单击后面的拾取器按钮回到数据表中重新选择。

6.3.2 筛选出满足多个条件中一个条件的数据

本节要筛选出“工资表”中基本工资大于等于 6000 元，奖金大于等于 1000 元，或者满勤奖大于等于 600 元的数据。本案例将使用“或”条件筛选。

<< 扫码获取配套视频课程，本节视频课程播放时长约为 41 秒。

操作步骤

第 1 步 在 G1:I4 单元格区域中输入内容，❶在【数据】选项卡中单击【排序和筛选】下拉按钮，❷单击【高级】按钮，如图 6-34 所示。

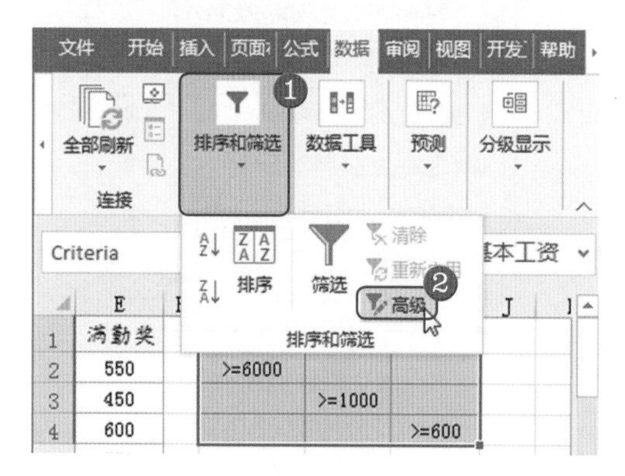

图 6-34

第 2 步 打开【高级筛选】对话框，❶选中【将筛选结果复制到其他位置】单选按钮，❷设置【列表区域】、【条件区域】和【复制到】单元格地址，❸单击【确定】按钮，如图 6-35 所示。

图 6-35

第 3 步 返回到表格，可以看到根据设定的条件区域将满足多条件（基本工资大于等于 6000 元、奖金大于等于 1000 元、满勤奖大于等于 600 元）的记录都筛选了出来，如图 6-36 所示。

	A	B	C	D	E	F	G	H	I	J	K
1	序号	姓名	基本工资	奖金	满勤奖		基本工资	奖金	满勤奖		
2	1	王一帆	1500	1200	550		>=6000				
3	2	王辉会	3000	600	450			>=1000			
4	3	邓敏	5000	600	600				>=600		
5	4	吕梁	3000	1200	550						
6	5	庄美尔	1500	600	550		序号	姓名	基本工资	奖金	满勤奖
7	6	刘小龙	5000	550	450		1	王一帆	1500	1200	550
8	7	刘萌	3000	1200	550		3	邓敏	5000	600	600
9	8	李凯	5000	550	600		4	吕梁	3000	1200	550
10	9	李德印	5000	1200	450		7	刘萌	3000	1200	550
11	10	张泽宇	1500	1200	550		8	李凯	5000	550	600
12	11	张董	1500	1200	600		9	李德印	5000	1200	450
13	12	陆路	5000	550	600		10	张泽宇	1500	1200	550
14	13	陈小芳	4500	1200	550		11	张董	1500	1200	600
15	14	陈晓	1500	550	450		12	陆路	5000	550	600
16	15	陈曦	5000	1200	450		13	陈小芳	4500	1200	550
17	16	罗成佳	5000	200	550		15	陈曦	5000	1200	450
18	17	姜旭旭	6000	600	600		17	姜旭旭	6000	600	600
19	18	崔衡	5000	900	600		18	崔衡	5000	900	600
20	19	窦云	4500	600	450		20	蔡晶	6000	900	450
21	20	蔡晶	6000	900	450		21	廖凯	5000	100	600

图 6-36

6.3.3 提取两列相同数据

本案例将在“初试成绩表”中把相同的姓名提取出来，以方便数据的核对。本案例将使用高级筛选功能辅助提取两列中的相同数据。

<< 扫码获取配套视频课程，本节视频课程播放时长约为 29 秒。

操作步骤

第 1 步 打开表格，❶在【数据】选项卡中单击【排序和筛选】下拉按钮，❷单击【高级】按钮，如图 6-37 所示。

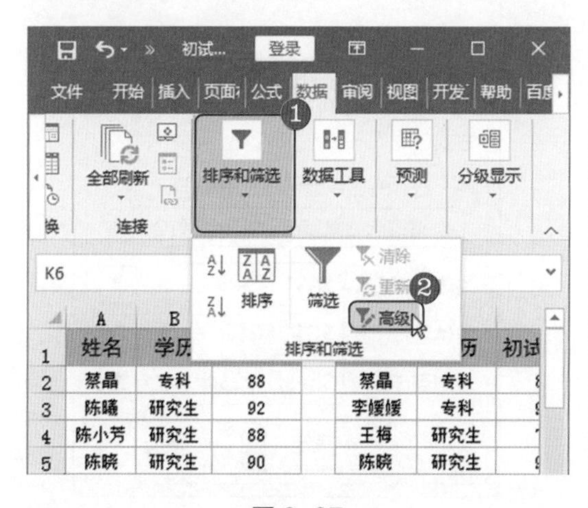

图 6-37

第 2 步 打开【高级筛选】对话框，❶选中【将筛选结果复制到其他位置】单选按钮，❷设置【列表区域】、【条件区域】和【复制到】单元格地址，❸单击【确定】按钮，如图 6-38 所示。

图 6-38

第 3 步 返回到表格，可以看到 A 列和 E 列中相同的姓名被筛选出来并显示在 I 列，如图 6-39 所示。

	A	B	C	D	E	F	G	H	I
1	姓名	学历	初试成绩		姓名	学历	初试成绩		姓名
2	蔡晶	专科	88		蔡晶	专科	88		蔡晶
3	陈曦	研究生	92		李媛媛	专科	90		陈晓
4	陈小芳	研究生	88		王梅	研究生	77		崔衡
5	陈晓	研究生	90		陈晓	研究生	90		姜旭旭
6	崔衡	研究生	86		崔衡	研究生	86		李凯
7	邓敏	研究生	76		丁梅	研究生	90		
8	窦云	高中	91		缪娟	高中	77		
9	霍晶	专科	88		孟建	本科	71		
10	姜旭旭	高职	88		姜旭旭	高职	88		
11	李德印	本科	90		梁美娟	本科	68		
12	李凯	专科	82		李凯	专科	82		
13	廖凯	研究生	80		李佳妮	专科	88		
14	刘兰芝	研究生	76		李玉	研究生	88		

图 6-39

6.3.4 使用通配符进行高级筛选

本案例将在“工资表 1”中以“陈”作为条件，筛选所有陈姓员工的工资记录，本案例将使用通配符进行高级筛选。

<< 扫码获取配套视频课程，本节视频课程播放时长约为 36 秒。

操作步骤

第 1 步 在 G1:G2 单元格区域设置好条件区域，❶在【数据】选项卡中单击【排序和筛选】下拉按钮，❷单击【高级】按钮，如图 6-40 所示。

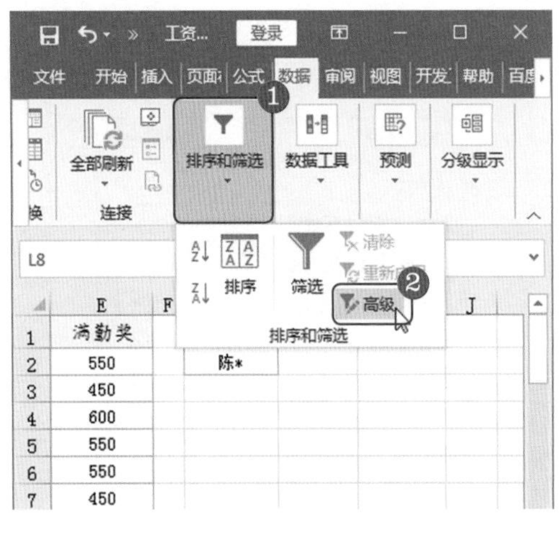

图 6-40

第 2 步 打开【高级筛选】对话框，❶选中【将筛选结果复制到其他位置】单选按钮，❷设置【列表区域】、【条件区域】和【复制到】单元格地址，❸单击【确定】按钮，如图 6-41 所示。

图 6-41

第 3 步 返回到表格，可以看到系统将所有姓“陈”的记录都筛选出来了，如图 6-42 所示。

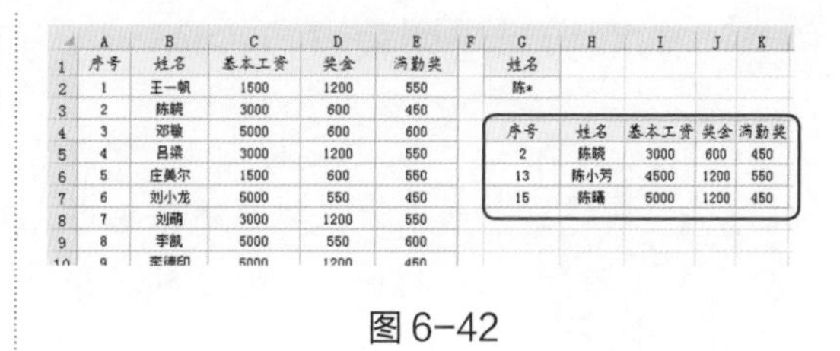

	A	B	C	D	E	F	G	H	I	J	K
1	序号	姓名	基本工资	奖金	满勤奖		姓名				
2	1	王一帆	1500	1200	550		陈*				
3	2	陈晓	3000	600	450						
4	3	邓敏	5000	600	600		序号	姓名	基本工资	奖金	满勤奖
5	4	吕梁	3000	1200	550		2	陈晓	3000	600	450
6	5	庄美尔	1500	600	550		13	陈小芳	4500	1200	550
7	6	刘小龙	5000	550	450		15	陈曦	5000	1200	450
8	7	刘萌	3000	1200	550						
9	8	李凯	5000	550	600						

图 6-42

6.4 筛选技巧的应用

除了前面介绍的几个常用筛选技巧，还有其他一些筛选技巧可以帮助用户在日常工作、学习中更加快速地对数据进行筛选。

6.4.1 快速筛选学历为研究生的数据

本案例将在“应聘表”中筛选出学历为研究生的数据。除了使用自动筛选的方法之外，本案例将介绍一种更便捷的方法，只需要选中单元格，右击鼠标，执行【按所选单元格的值筛选】命令即可。

<< 扫码获取配套视频课程，本节视频课程播放时长约为 19 秒。

操作步骤

第 1 步 选中 C3 单元格并单击鼠标右键，在弹出的快捷菜单中选择【筛选】→【按所选单元格的值筛选】菜单项，如图 6-43 所示。

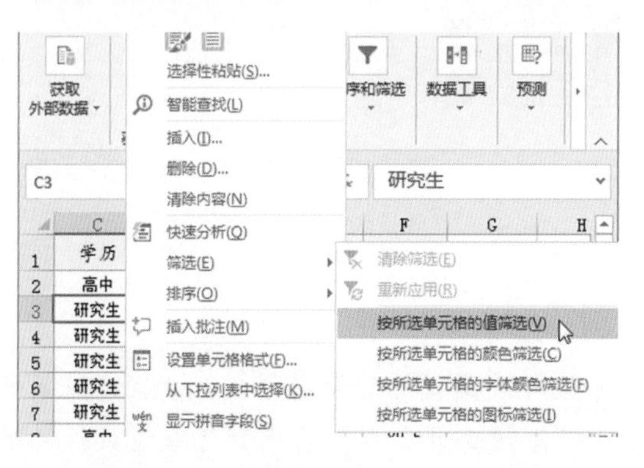

图 6-43

第 2 步 可以看到学历为研究生的所有记录被筛选出来，如图 6-44 所示。

	A	B	C	D
1	姓名	应聘职位代码	学历	面试成
3	陈曦	05资料员	研究生	92
4	陈小芳	04办公室主任	研究生	88
5	陈晓	03出纳员	研究生	90
6	崔衡	01销售总监	研究生	86
7	邓敏	04办公室主任	研究生	76
13	廖凯	06办公室文员	研究生	80

图 6-44

6.4.2 对双行标题列表进行筛选

“应聘表 1”中包含两行列标题，并且有的单元格已做合并处理，如果为数据区域任意单元格添加自动筛选按钮，自动筛选按钮会默认显示到第一行，导致无法对成绩进行筛选，本案例来解决双行标题列表的筛选问题。

<< 扫码获取配套视频课程，本节视频课程播放时长约为 18 秒。

操作步骤

第 1 步 选中第 2 行的行标题，❶在【数据】选项卡中单击【排序和筛选】下拉按钮，❷在弹出的菜单中单击【筛选】按钮，如图 6-45 所示。

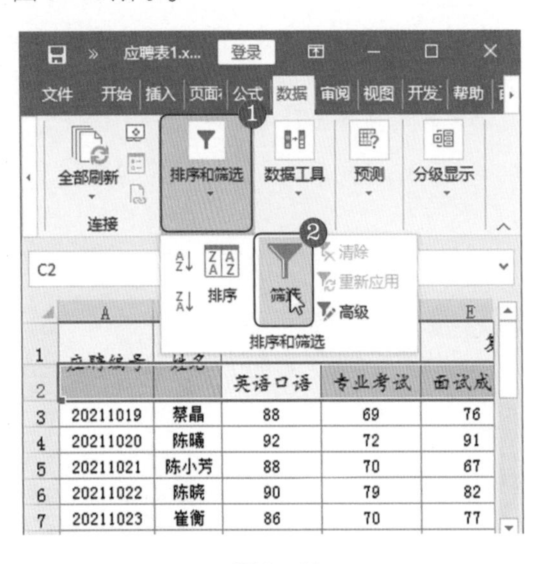

图 6-45

第 2 步 可以看到表格只在选中的区域添加了自动筛选按钮，按照之前介绍的方法对表格进行筛选即可，如图 6-46 所示。

图 6-46

6.4.3 筛选奇数行或偶数行的数据

如果想要筛选出表格中奇数行或偶数行的数据记录，按照常规的筛选方式是无法进行的。此时可以借助函数公式，将奇数行或偶数行的数据记录单独筛选出来。

<< 扫码获取配套视频课程，本节视频课程播放时长约为 51 秒。

操作步骤

第 1 步 打开“应聘表 2”，选中 F2 单元格，输入公式，如图 6-47 所示。

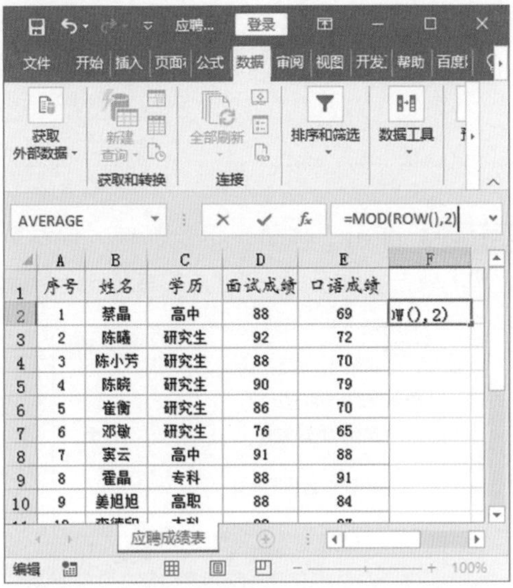

=MOD(ROW(),2)

图 6-47

第 3 步 为表格添加自动筛选按钮，选择 F2 单元格，❶单击右侧的自动筛选按钮，❷在打开的面板中勾选 0 复选框，❸单击【确定】按钮，如图 6-49 所示。

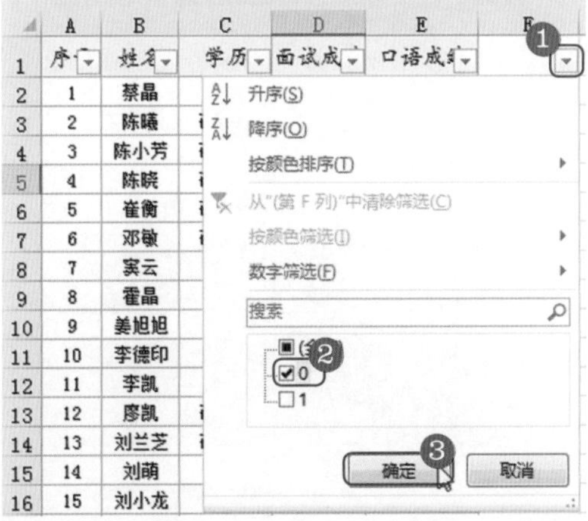

图 6-49

第 2 步 按 Enter 键后向下复制公式，得到一个由 0 和 1 组成的序列，如图 6-48 所示。

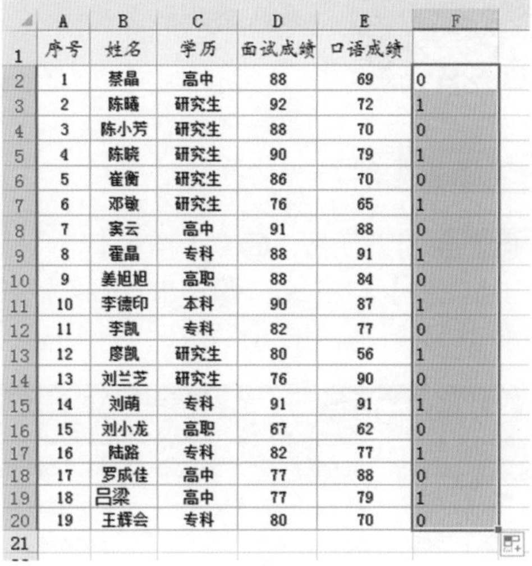

序号	姓名	学历	面试成绩	口语成绩	
1	蔡晶	高中	88	69	0
2	陈曦	研究生	92	72	1
3	陈小芳	研究生	88	70	0
4	陈晓	研究生	90	79	1
5	崔衡	研究生	86	70	0
6	邓敏	研究生	76	65	1
7	窦云	高中	91	88	0
8	霍晶	专科	88	91	1
9	姜旭旭	高职	88	84	0
10	李德印	本科	90	87	1
11	李凯	专科	82	77	0
12	廖凯	研究生	80	56	1
13	刘兰芝	研究生	76	90	0
14	刘萌	专科	91	91	1
15	刘小龙	高职	67	62	0
16	陆路	专科	82	77	1
17	罗成佳	高中	77	88	0
18	吕梁	高中	77	79	1
19	王辉会	专科	80	70	0

图 6-48

第 4 步 可以看到系统自动将奇数行的数据记录筛选了出来，如图 6-50 所示。

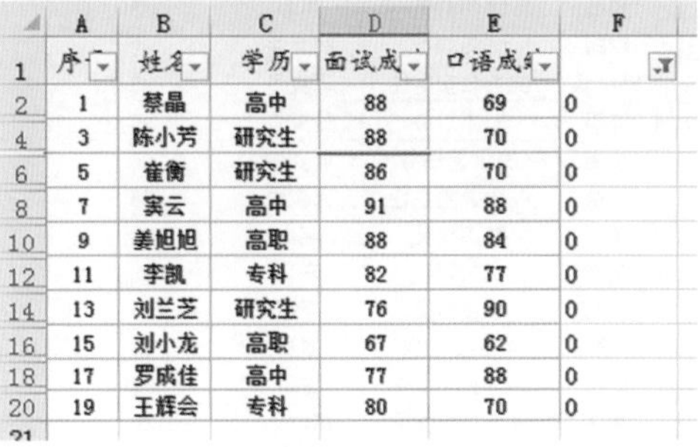

序号	姓名	学历	面试成绩	口语成绩	
1	蔡晶	高中	88	69	0
3	陈小芳	研究生	88	70	0
5	崔衡	研究生	86	70	0
7	窦云	高中	91	88	0
9	姜旭旭	高职	88	84	0
11	李凯	专科	82	77	0
13	刘兰芝	研究生	76	90	0
15	刘小龙	高职	67	62	0
17	罗成佳	高中	77	88	0
19	王辉会	专科	80	70	0

图 6-50

经验之谈

选择 F2 单元格，单击右侧的自动筛选按钮，在打开的面板中勾选 1 复选框，单击【确定】按钮即可筛选出偶数行的数据。

6.4.4 插入切片器辅助筛选

除了使用筛选功能筛选数据外，还可以使用“切片器”实现任意类型数据的筛选。本案例介绍在“应聘表 3”中通过创建表再插入切片器来筛选数据。

<< 扫码获取配套视频课程，本节视频课程播放时长约为 53 秒。

操作步骤

第 1 步 打开表格，❶在【插入】选项卡中单击【表格】下拉按钮，❷单击【表格】按钮，如图 6-51 所示。

图 6-51

第 2 步 弹出【创建表】对话框，保持默认设置，单击【确定】按钮，如图 6-52 所示。

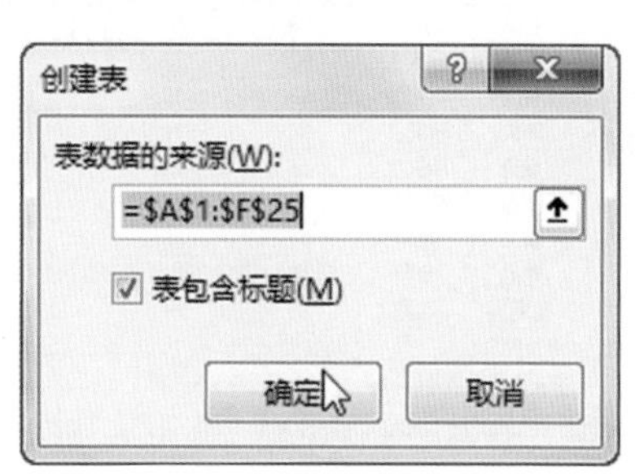

图 6-52

第 3 步 创建了一个表，❶在【设计】选项卡中单击【工具】下拉按钮，❷在弹出的菜单中单击【插入切片器】按钮，如图 6-53 所示。

图 6-53

第 4 步 弹出【插入切片器】对话框，❶勾选【应聘职位代码】和【学历】复选框，❷单击【确定】按钮，如图 6-54 所示。

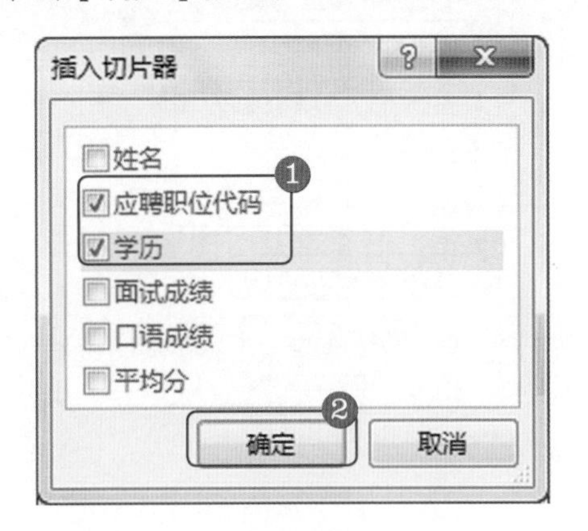

图 6-54

第 5 步 表格中插入两个切片器，首先在【应聘职位代码】切片器中选择【01 销售总监】选项，然后选择【学历】切片器中的【本科】选项，可以看到筛选出同时满足这两个条件的记录，如图 6-55 所示。

图 6-55

知识拓展

在 Excel 中，切片器无法在普通表格中使用，只能在数据透视表或超级表中使用。除了执行【设计】→【工具】→【插入切片器】命令插入切片器外，用户还可以按 Ctrl+T 组合键打开【插入切片器】对话框。

6.4.5 筛选不重复值

重复值是用户在处理数据时经常遇到的问题，使用高级筛选功能可以得到数据列表中的不重复值。本案例介绍在“出勤表”中将不重复的数据筛选出来并复制到其他区域的操作。

<< 扫码获取配套视频课程，本节视频课程播放时长约为 35 秒。

操作步骤

第 1 步 选中数据列表中的任意一个单元格，❶在【数据】选项卡中单击【排序和筛选】下拉按钮，❷单击【高级】按钮，如图 6-56 所示。

第 2 步 打开【高级筛选】对话框，❶选中【将筛选结果复制到其他位置】单选按钮，❷设置【列表区域】和【复制到】地址，❸勾选【选择不重复的记录】复选框，❹单击【确定】按钮，如图 6-57 所示。

图 6-56

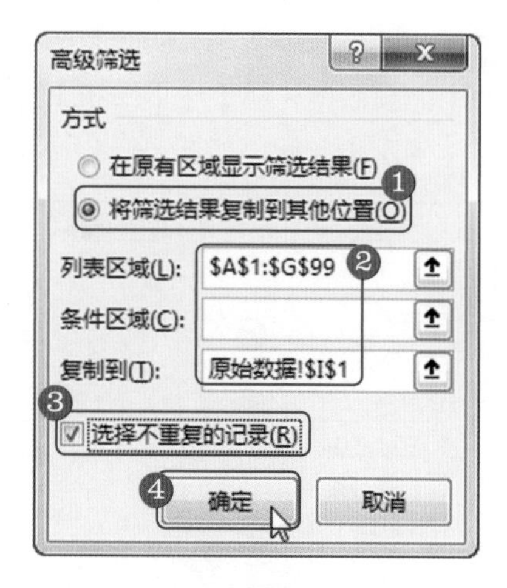

图 6-57

第 3 步 返回到表格，Excel 自动将不重复的数据筛选并复制在指定单元格区域，如图 6-58 所示。

部门名称	姓名	考勤日期	星期	实出勤	加班小时	刷卡时间
一厂充绒	王海霞	2021/6/29	四	8	3	07:32, 19:46
一厂充绒	王焕军	2021/6/29	四	8	3	06:56, 19:52
一厂充绒	王利娜	2021/6/29	四	8	3	07:32, 19:45
一厂充绒	王瑞霞	2021/6/29	四	8	3	07:26, 19:58
一厂充绒	王闪闪	2021/6/29	四	8	3	07:47, 19:47
一厂充绒	王淑香	2021/6/29	四	8	3	07:54, 20:01
一厂充绒	王文丽	2021/6/29	四	8	3	07:45, 19:46
一厂充绒	吴传贤	2021/6/29	四	8	2.5	07:50, 19:43
一厂充绒	姚道侠	2021/6/29	四	8	3	07:48, 19:51
一厂充绒	于洪秀	2021/6/29	四	8	2	07:42, 19:13
一厂充绒	于继芝	2021/6/29	四	8	2.5	07:39, 19:42
一厂充绒	张改荣	2021/6/29	四	8	3	07:32, 19:45
一厂充绒	张红红	2021/6/29	四	8	2.5	07:44, 19:40
一厂充绒	张金环	2021/6/29	四	8	3	07:48, 19:55
一厂充绒	张淑英	2021/6/29	四	8	2.5	07:43, 19:36
一厂充绒	张向争	2021/6/29	四	8	2	07:45, 19:15
一厂充绒	张燕芬	2021/6/29	四	8	3	07:18, 19:54
一厂充绒	赵海利	2021/6/29	四	8	3	07:47, 19:54
一厂充绒	赵龙	2021/6/29	四	8	3	07:19, 19:45
一厂充绒	赵纳纳	2021/6/29	四	8	3	07:46, 19:50
一厂充绒	赵小丽	2021/6/29	四	8	3	07:37, 19:51
一厂充绒	赵秀丽	2021/6/29	四	8	3	07:32, 19:53
一厂充绒	郑艳敏	2021/6/29	四	8	3	06:53, 19:56
一厂充绒	周可可	2021/6/29	四	8	2.5	07:49, 19:22
一厂充绒	周云芳	2021/6/29	四	8	3	07:26, 20:01
一厂机绣	陈玉凤	2021/6/29	四	8	2	07:43, 19:13
一厂机绣	付红娜	2021/6/29	四	8	3	07:33, 19:56
一厂机绣	高真真	2021/6/29	四	8	2	07:46, 19:13

图 6-58

第 7 章

数据排序和分类汇总

本章主要介绍了数据排序和分类汇总方面的知识与技巧，同时还讲解了合并计算的技巧。通过本章的学习，读者可以掌握数据排序和分类汇总方面的知识，为深入学习 Excel 知识奠定基础。

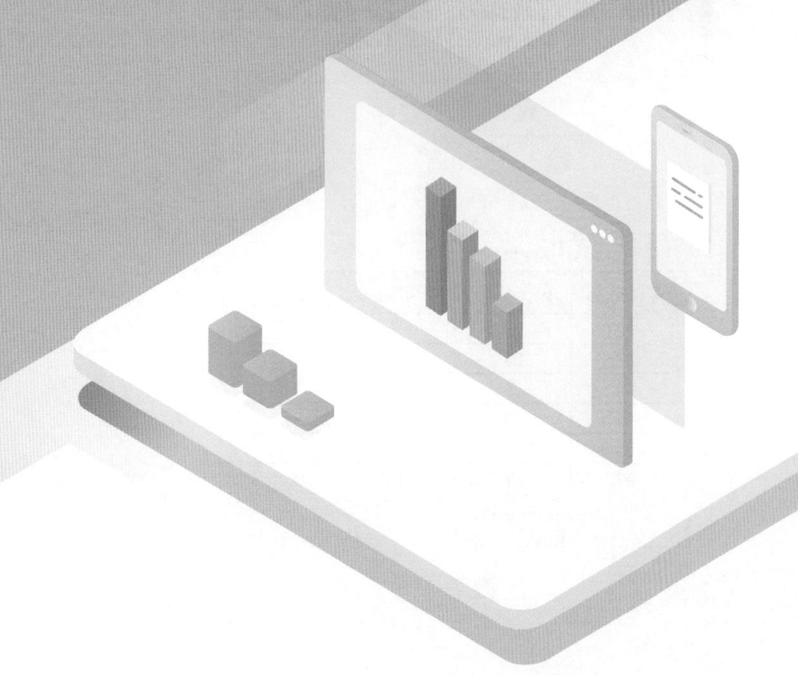

用手机扫描二维码
获取本章学习素材

7.1 数据排序

为了方便查看表格中的数据，用户可以按照一定的顺序对工作表中的数据进行重新排序。数据排序的方法主要包括单条件排序、多条件排序和自定义排序等。

7.1.1 按升序快速排序考试成绩

使用“降序”可以实现将数据从大到小或者从高到低的顺序排列；“升序”可以实现将数据从小到大或者从低到高的顺序排序。本案例将对“应聘成绩表”中的数据按“升序”排序。

<< 扫码获取配套视频课程，本节视频课程播放时长约为 17 秒。

操作步骤

第 1 步 选中 H 列中的任意单元格，如 H4，❶在【数据】选项卡中单击【排序和筛选】下拉按钮，❷单击【升序】按钮，如图 7-1 所示。

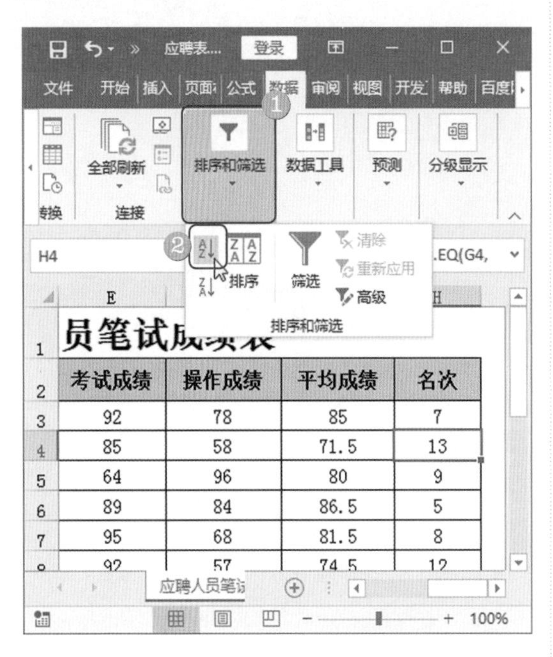

图 7-1

第 2 步 此时可以看到“名次”列中的数据按照从小到大排列，如图 7-2 所示。

应聘人员笔试成绩表

序号	姓名	性别	考试成绩	操作成绩	平均成绩	名次
10	王成婷	女	97	95	96	1
8	李明远	男	99	86	92.5	2
9	牧渔风	男	96	89	92.5	2
12	周学成	男	93	86	89.5	4
4	何晓丽	男	89	84	86.5	5
15	方小菲	男	95	77	86	6
1	刘辉	女	92	78	85	7
5	滕云	男	95	68	81.5	8
3	陈成	男	64	96	80	9
13	陶毅	女	75	85	80	9
14	于泽	男	68	84	76	11
6	胡斌	男	92	57	74.5	12
2	张明	男	85	58	71.5	13
11	张丽丽	女	95	47	71	14
7	钱诚	男	55	84	69.5	15
16	武宝宝	女	45	68	56.5	16

图 7-2

经验之谈

除了单击【升序】或【降序】按钮进行排序外，还可以执行【数据】→【排序和筛选】→【排序】命令，打开【排序】对话框进行排序设置。

7.1.2 按双关键字排序考试成绩

在本案例的“应聘成绩表1”中，需要设置“考试成绩”为主要关键字，再设置次要关键字为“操作成绩”，即按双关键字排序。

<< 扫码获取配套视频课程，本节视频课程播放时长约为35秒。

操作步骤

第1步 选择表格区域内的任意单元格，❶在【数据】选项卡中单击【排序和筛选】下拉按钮，❷单击【排序】按钮，如图7-3所示。

图7-3

第2步 弹出【排序】对话框，❶设置主要关键字和排序方式，❷单击【添加条件】按钮，如图7-4所示。

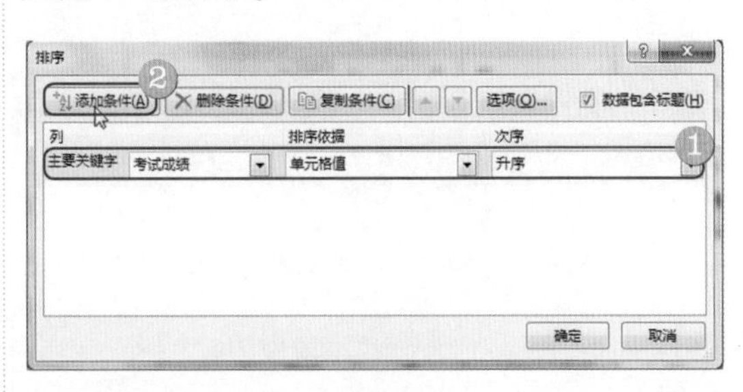

图7-4

第3步 ❶设置次要关键字和排序方式，❷单击【确定】按钮，如图7-5所示。

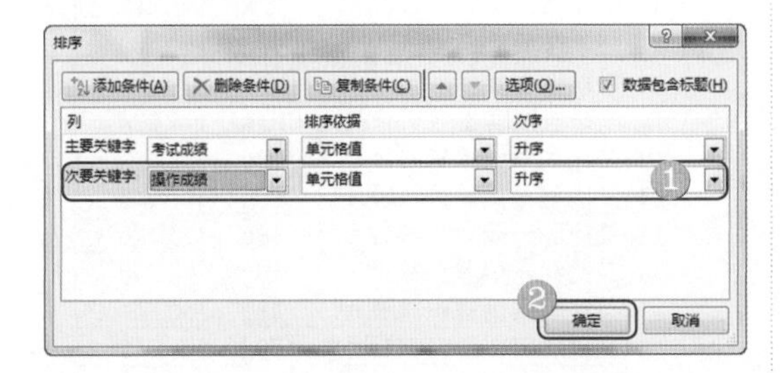

图7-5

第4步 返回表格，即可将数据首先按照“考试成绩”升序排序，再按照“操作成绩”升序排序，如图7-6所示。

应聘人员笔试成绩表

序号	姓名	性别	考试成绩	操作成绩	平均成绩	名次
16	武宝宝	女	45	68	56.5	16
7	钱诚	男	55	84	69.5	15
3	陈成	男	64	96	80	9
14	于泽	男	68	84	76	11
13	陶毅	女	75	85	80	9
2	张明	男	85	58	71.5	13
4	何晓丽	男	89	84	86.5	5
1	刘辉	女	92	78	85	7
6	胡斌	男	92	57	74.5	12
12	周学成	男	93	86	89.5	4
5	滕云	男	95	68	81.5	8
11	张丽丽	女	95	47	71	14
15	方小菲	男	95	77	86	6
9	牧渔风	男	96	89	92.5	2
10	王成婷	女	97	95	96	1
8	李明远	男	99	86	92.5	2

图7-6

7.1.3 自定义排序依据

本案例中需要将“产品库存表”中设置了底纹色的单元格排序到顶端，用户可以在【排序】对话框中设置排序条件。

<< 扫码获取配套视频课程，本节视频课程播放时长约为 31 秒。

操作步骤

第 1 步 选择表格区域内的任意单元格，❶在【数据】选项卡中单击【排序和筛选】下拉按钮，❷单击【排序】按钮，如图 7-7 所示。

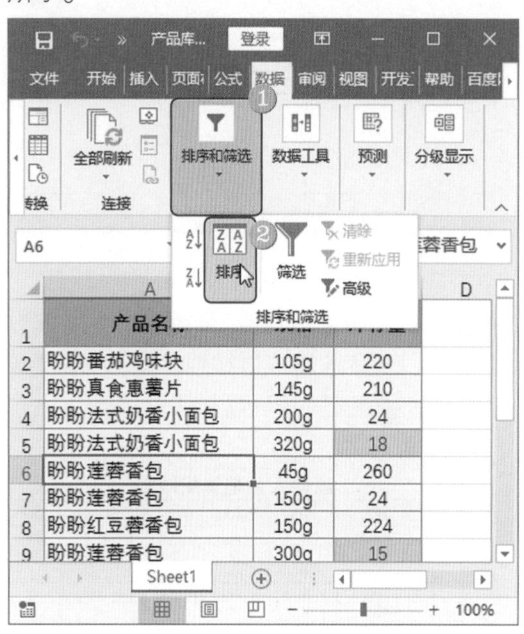

图 7-7

第 2 步 弹出【排序】对话框，❶设置主要关键字和排序方式，❷单击【确定】按钮，如图 7-8 所示。

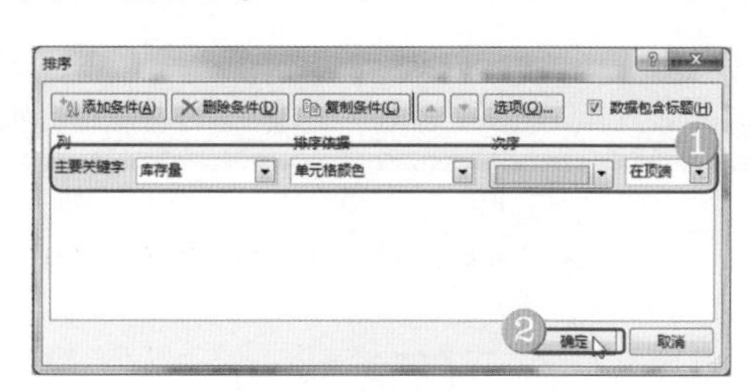

图 7-8

第 3 步 返回表格中，可以看到表格优先将底纹填充为粉色的数据排在上面，如图 7-9 所示。

	A	B	C
1	产品名称	规格	库存量
2	盼盼法式奶香小面包	320g	18
3	盼盼莲蓉香包	300g	15
4	盼盼红豆蓉香包	300g	9
5	艾比利风情烧烤味薯片	48g	19
6	艾比利风情烧烤味薯片	70g	12
7	盼盼番茄鸡味块	105g	220
8	盼盼真食惠薯片	145g	210
9	盼盼法式奶香小面包	200g	24
10	盼盼莲蓉香包	45g	260
11	盼盼莲蓉香包	150g	24
12	盼盼红豆蓉香包	150g	224
13	艾比利真情原味薯片	20g	26
14	艾比利激情香辣味薯片	20g	346
15	艾比利田园番茄味薯片	48g	120
16	艾比利真情原味薯片	48g	240
17	艾比利激情香辣味薯片	48g	28
18	艾比利田园番茄味薯片	70g	249

图 7-9

7.1.4 按笔划排序

默认情况下，Excel 对中文字符按照字母的顺序排序。然而，在中国用户的使用习惯中，对姓名一般按照笔划顺序来排列。本案例介绍在“津贴表”中将“姓名”字段按笔划顺序进行排序。

<< 扫码获取配套视频课程，本节视频课程播放时长约为 31 秒。

操作步骤

第 1 步 选中 A2:B17 单元格区域，执行【数据】→【排序和筛选】→【排序】命令，如图 7-10 所示。

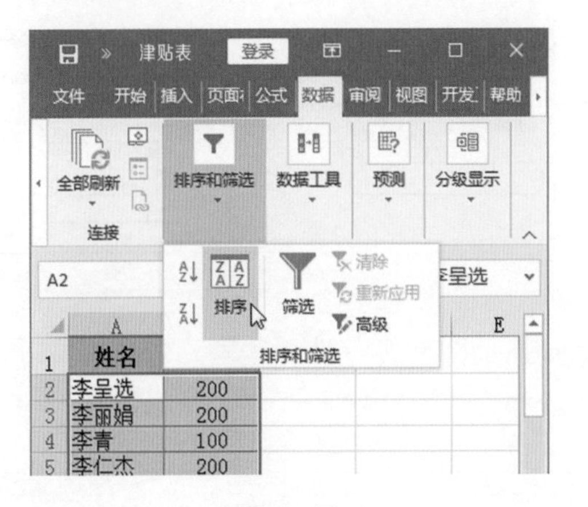

图 7-10

第 2 步 弹出【排序】对话框，❶设置主要关键字和排序方式，❷单击【选项】按钮，如图 7-11 所示。

图 7-11

第 3 步 弹出【排序选项】对话框，❶选中【笔划排序】单选按钮，❷单击【确定】按钮，如图 7-12 所示。

图 7-12

第 4 步 返回表格中，即可完成按照笔划排序表格的操作，如图 7-13 所示。

	A	B	C	D	E
1	姓名	津贴			
2	王俊东	600			
3	王浦泉	600			
4	牛召明	950			
5	刘蔚	400			
6	孙安才	400			
7	苏会志	150			
8	李仁杰	200			
9	李丽娟	200			
10	李呈选	200			
11	李青	100			
12	杨煦	100			
13	张威	400			
14	周小伦	150			
15	宗军强	100			
16	唐爱民	100			
17	容晓胜	100			
18					

图 7-13

7.1.5 自定义排序规则

Excel 中的排序都是按数值大小或文字的笔划顺序排列，但在实际应用中这类排序有时并不能满足数据分析需求。本案例介绍在“应聘统计表”中按学历从高到低进行排序。

<< 扫码获取配套视频课程，本节视频课程播放时长约为 1 分钟。

操作步骤

第 1 步 选择表格区域内的任意单元格，①在【数据】选项卡中单击【排序和筛选】下拉按钮，②单击【排序】按钮，如图 7-14 所示。

图 7-14

第 2 步 弹出【排序】对话框，①设置【主要关键字】为【列 D】，②设置【次序】为【自定义序列】，如图 7-15 所示。

图 7-15

第 3 步 弹出【自定义序列】对话框，①在【自定义序列】列表框中选择【新序列】选项，②在【输入序列】文本框中输入内容，③单击【添加】按钮，如图 7-16 所示。

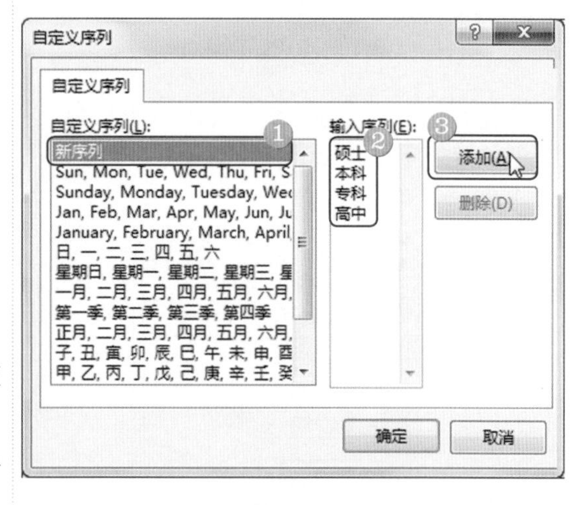

图 7-16

第 4 步 可以看到【自定义序列】列表中已经添加了刚刚设置的序列，单击【确定】按钮，如图 7-17 所示。

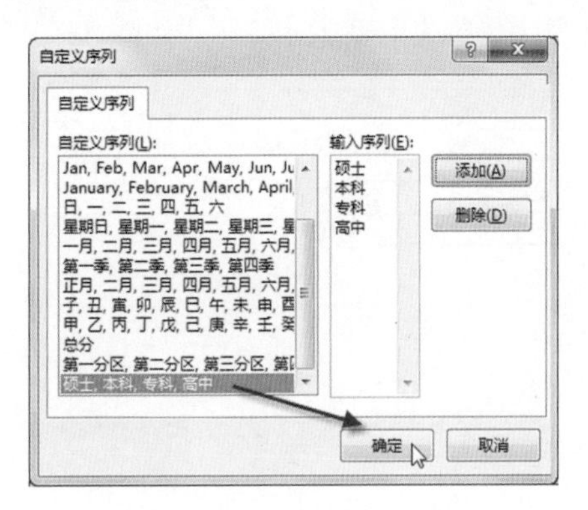

图 7-17

第 5 步 返回到表格中，Excel已将“学历”列按照自定义序列排序，如图 7-18 所示。

职位代码	职位名称	应聘人员	学历	专业	其他
01	营销经理	姜维	硕士	电子商务	有两年或以上工作经验
09	财务经理	窦灵	硕士	财务	有两年或以上工作经验
14	制造工程师	李勋	硕士	化工专业	有三年或以上工作经验
03	区域经理	柳依依	本科	市场营销	有两年或以上工作经验
05	客户经理	李雯雯	本科	企业管理	有两年或以上工作经验
10	会计师	王婷	本科	财务	有一年或以上工作经验
02	销售代表	李艾	专科	市场营销	30周岁以下
04	渠道/分销专员	王章	专科	电子商务/市场营销	有两年或以上工作经验
06	客户专员	张端端	专科	企业管理专	25周岁以下
08	美术指导	陈虎	专科	广告、设计	有两年或以上工作经验
12	生产主管	王彰	专科	化工	有三年或以上工作经验
07	文案策划	刘晓	高中		有两年或以上工作经验
11	出纳员	杨韩宇	高中		有一年或以上工作经验
13	采购员	陈世杰	专科以上	市场营销	22周岁以上

图 7-18

7.1.6 按行方向排序

Excel 不仅能够按照列的方向进行纵向排序，还可以按行的方向进行横向排序。本案例介绍在“项目表”中依次以“类别”和“项目”字段作为关键字使用按行方式来排序。

<< 扫码获取配套视频课程，本节视频课程播放时长约为 36 秒。

操作步骤

第 1 步 选中 B1:I5 单元格区域，执行【数据】→【排序和筛选】→【排序】命令，如图 7-19 所示。

图 7-19

第 2 步 弹出【排序】对话框，单击【选项】按钮，如图 7-20 所示。

图 7-20

第 3 步 弹出【排序选项】对话框，①选中【按行排序】单选按钮，②单击【确定】按钮，如图 7-21 所示。

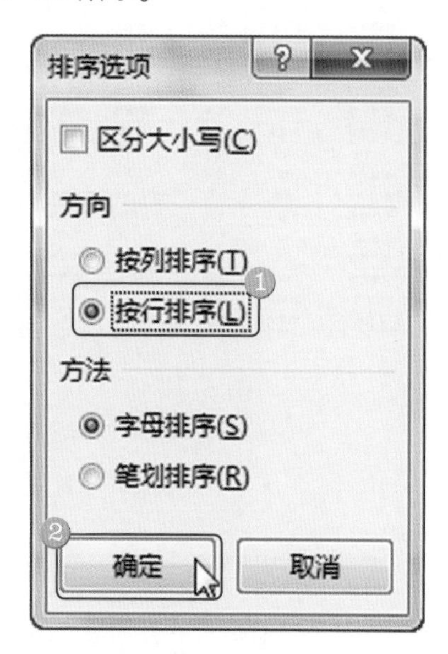

图 7-21

第 4 步 返回【排序】对话框，①设置【主要关键字】为【行 1】选项，②单击【添加条件】按钮，③设置【次要关键字】为【行 2】选项，④单击【确定】按钮，如图 7-22 所示。

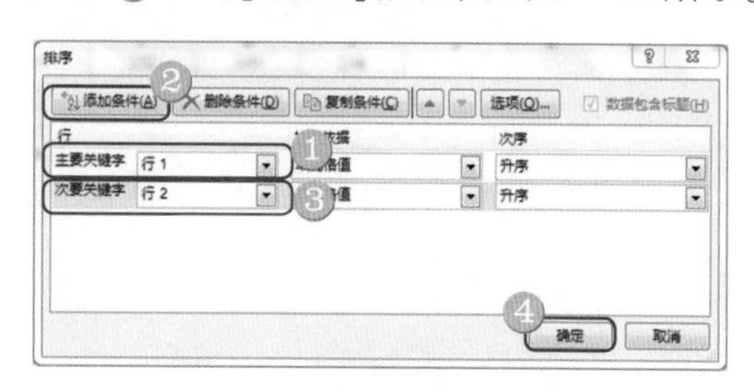

图 7-22

第 5 步 返回到表格中，完成数据表格按行方向排序的操作，如图 7-23 所示。

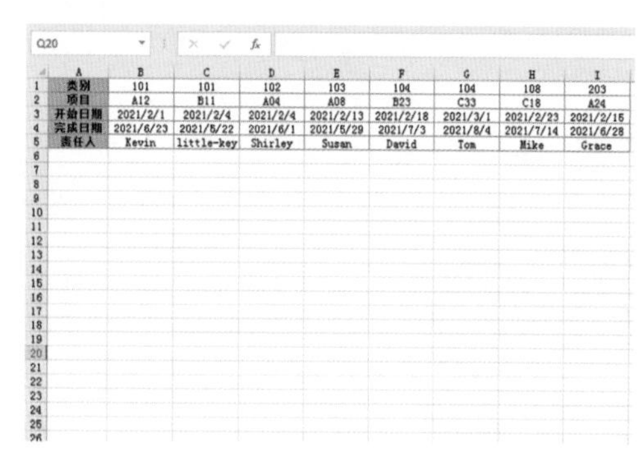

	A	B	C	D	E	F	G	H	I
1	类别	101	101	102	103	104	104	108	203
2	项目	A12	B11	A04	A08	B23	C33	C18	A24
3	开始日期	2021/2/1	2021/2/4	2021/2/4	2021/2/13	2021/2/18	2021/3/1	2021/2/23	2021/2/15
4	完成日期	2021/6/23	2021/5/22	2021/6/1	2021/5/29	2021/7/3	2021/8/4	2021/7/14	2021/6/28
5	责任人	Kevin	little-key	Shirley	Susan	David	Tom	Mike	Grace

图 7-23

7.1.7 排序字母和数字的混合内容

对于含有字母和数字混合内容的数据，用户如果希望先按字母的先后顺序排序，再按字母后面数字的大小升序排列，可以通过添加辅助列的方法来处理。

<< 扫码获取配套视频课程，本节视频课程播放时长约为 24 秒。

操作步骤

第 1 步 打开“排序字母和数字”工作簿，在 B1 单元格中输入公式“=LEFT(A1,1) & RIGHT("000" & RIGHT(A1,LEN(A1)-1),3)”，按 Enter 键完成输入，如图 7-24 所示。

第 2 步 将公式填充至 B10 单元格，如图 7-25 所示。

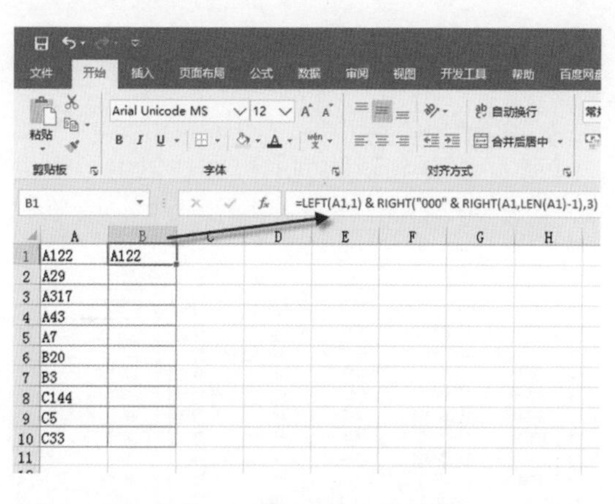

图 7-24

第 3 步 选中 B2 单元格，①在【数据】选项卡中单击【排序和筛选】下拉按钮，②单击【升序】按钮，如图 7-26 所示。

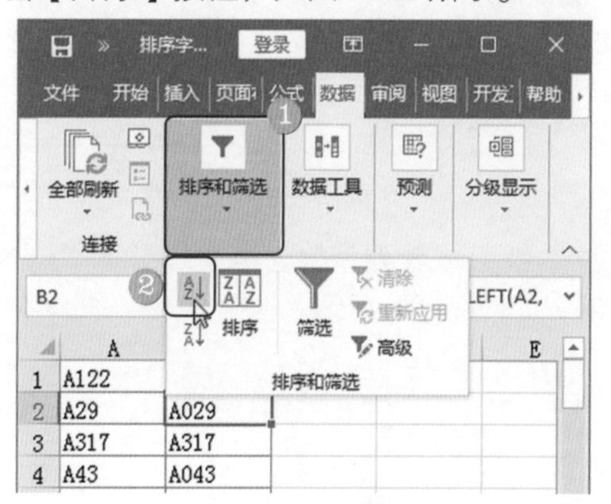

图 7-26

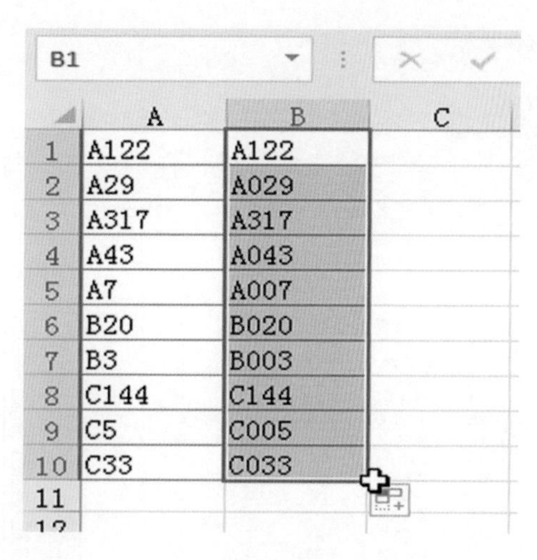

图 7-25

第 4 步 可以看到 A 列数据已经完成了先按字母的先后顺序排序，再按字母后面数字的大小升序排列的操作，如果不需要 B 列数值，可以将其删除，如图 7-27 所示。

	A	B	C	D	E
1	A7	A007			
2	A29	A029			
3	A43	A043			
4	A122	A122			
5	A317	A317			
6	B3	B003			
7	B20	B020			
8	C5	C005			
9	C33	C033			
10	C144	C144			
11					

Sheet1 100%

图 7-27

7.1.8 恢复排序前的数据

Excel 本身没有恢复表格排序前的顺序的功能，用户可以在进行排序前为表格添加辅助列来记录数据的原始顺序。本案例介绍在“应聘成绩表 2”中恢复排序前数据的操作方法。

<< 扫码获取配套视频课程，本节视频课程播放时长约为 45 秒。

操作步骤

第 1 步 分别在 G2、G3 单元格中输入 1 和 2，选中 G2:G3 单元格区域，拖动填充柄向下填充连续的序号，如图 7-28 所示。

	A	B	C	D	E	F	G
1	姓名	应聘职位代码	学历	面试成绩	口语成绩	平均分	
2	禁晶	05资料员	高中	88	69	78.5	1
3	陈曦	05资料员	研究生	92	72	82	2
4	陈小芳	04办公室主任	研究生	88	70	79	3
5	陈晓	03出纳员	研究生	90	79	84.5	4
6	崔衡	01销售总监	研究生	86	70	78	5
7	邓敏	04办公室主任	研究生	76	65	70.5	6
8	窦云	05资料员	高中	91	88	89.5	7
9	霍晶	02科员	专科	88	91	89.5	8
10	姜旭旭	05资料员	高职	88	84	86	9
11	李德印	01销售总监	本科	90	87	88.5	10
12	李凯	04办公室主任	专科	82	77	79.5	11
13	廖凯	06办公室文员	研究生	80	56	68	12
14	刘兰芝	03出纳员	研究生	76	90	83	13
15	刘萌	01销售总监	专科	91	91	91	14
16	刘小龙	05资料员	高职	67	62	64.5	15
17	陆路	04办公室主任	专科	82	77	79.5	16
18	罗成佳	01销售总监	高中	77	88	82.5	17
19	吕梁	05资料员	高中	77	79	78	18
20	王辉会	04办公室主任	专科	80	70	75	19
21	王一帆	01销售总监	本科	79	93	86	20
22	张海	05资料员	研究生	77	79	78	21
23	张奎	03出纳员	高中	65	81	73	22
24	张泽宇	05资料员	研究生	68	86	77	23
25	庄美尔	01销售总监	研究生	88	90	89	24
26							

图 7-28

第 2 步 按表格中的“平均分”列进行降序排序，可以看到辅助列的数据也发生了变化，如图 7-29 所示。

	A	B	C	D	E	F	G
1	姓名	应聘职位代码	学历	面试成绩	口语成绩	平均分	
2	刘萌	01销售总监	专科	91	91	91	14
3	窦云	05资料员	高中	91	88	89.5	7
4	霍晶	02科员	专科	88	91	89.5	8
5	庄美尔	01销售总监	研究生	88	90	89	24
6	李德印	01销售总监	本科	90	87	88.5	10
7	姜旭旭	05资料员	高职	88	84	86	9
8	王一帆	01销售总监	本科	79	93	86	20
9	陈晓	03出纳员	研究生	90	79	84.5	4
10	刘兰芝	03出纳员	研究生	76	90	83	13
11	罗成佳	01销售总监	高中	77	88	82.5	17
12	陈曦	05资料员	研究生	92	72	82	2
13	李凯	04办公室主任	专科	82	77	79.5	11
14	陆路	04办公室主任	专科	82	77	79.5	16
15	陈小芳	04办公室主任	研究生	88	70	79	3
16	禁晶	05资料员	高中	88	69	78.5	1
17	崔衡	01销售总监	研究生	86	70	78	5
18	吕梁	05资料员	高中	77	79	78	18
19	张海	05资料员	研究生	77	79	78	21
20	张泽宇	05资料员	研究生	68	86	77	23
21	王辉会	04办公室主任	专科	80	70	75	19
22	张奎	03出纳员	高中	65	81	73	22
23	邓敏	04办公室主任	研究生	76	65	70.5	6
24	廖凯	06办公室文员	研究生	80	56	68	12
25	刘小龙	05资料员	高职	67	62	64.5	15

图 7-29

第 3 步 选中辅助列中的任意单元格，①在【数据】选项卡中单击【排序和筛选】下拉按钮，②单击【升序】按钮，如图 7-30 所示。

应聘成... 登录
文件 开始 插入 页面 公式 数据 审阅 视图 开发 帮助
全部刷新 连接 排序和筛选 数据工具 预测 分级显示
G4
排序 筛选 清除 重新应用 高级
排序和筛选

	E			I
1	口语成绩			
2	91	91	14	
3	88	89.5	7	
4	91	89.5	8	
5	90	89	24	
6	87	88.5	10	
7	84	86	9	
8	93	86	20	

图 7-30

第 4 步 可以看到表格已经恢复了排序前的顺序，如图 7-31 所示。

	A	B	C	D	E	F	G
1	姓名	应聘职位代码	学历	面试成绩	口语成绩	平均分	
2	禁晶	05资料员	高中	88	69	78.5	1
3	陈曦	05资料员	研究生	92	72	82	2
4	陈小芳	04办公室主任	研究生	88	70	79	3
5	陈晓	03出纳员	研究生	90	79	84.5	4
6	崔衡	01销售总监	研究生	86	70	78	5
7	邓敏	04办公室主任	研究生	76	65	70.5	6
8	窦云	05资料员	高中	91	88	89.5	7
9	霍晶	02科员	专科	88	91	89.5	8
10	姜旭旭	05资料员	高职	88	84	86	9
11	李德印	01销售总监	本科	90	87	88.5	10
12	李凯	04办公室主任	专科	82	77	79.5	11
13	廖凯	06办公室文员	研究生	80	56	68	12
14	刘兰芝	03出纳员	研究生	76	90	83	13
15	刘萌	01销售总监	专科	91	91	91	14
16	刘小龙	05资料员	高职	67	62	64.5	15
17	陆路	04办公室主任	专科	82	77	79.5	16
18	罗成佳	01销售总监	高中	77	88	82.5	17
19	吕梁	05资料员	高中	77	79	78	18
20	王辉会	04办公室主任	专科	80	70	75	19
21	王一帆	01销售总监	本科	79	93	86	20
22	张海	05资料员	研究生	77	79	78	21
23	张奎	03出纳员	高中	65	81	73	22
24	张泽宇	05资料员	研究生	68	86	77	23
25	庄美尔	01销售总监	研究生	88	90	89	24

图 7-31

7.1.9 使用 RAND 函数对数据进行排序

在某些情况下需要对原始排列有序的数据随机打乱顺序。本案例介绍在“值班表”中利用 RAND 随机数产生函数和基本排序操作实现值班人员随机排序，但值班日期保持不变的操作。

<< 扫码获取配套视频课程，本节视频课程播放时长约为 59 秒。

操作步骤

第 1 步 在 C2 单元格中输入公式“=RAND( )”，按 Enter 键完成输入，如图 7-32 所示。

C2 =RAND()

	A	B	C	D
1	值班日期	值班人员		
2	2021/12/1	张智志	0.142514	
3	2021/12/2	杨佳		
4	2021/12/3	李欣		
5	2021/12/4	周薇		
6	2021/12/5	王伟成		
7	2021/12/6	陈飞		
8	2021/12/7	王媛媛		
9	2021/12/8	杨佳		
10	2021/12/9	周钦伟		
11	2021/12/10	宋云飞		
12	2021/12/11	杨佳		
13	2021/12/12	杨旭伟		
14	2021/12/13	刘勋		

图 7-32

第 2 步 向下复制公式，依次得到其他随机数，如图 7-33 所示。

	A	B	C
1	值班日期	值班人员	
2	2021/12/1	张智志	0.040153
3	2021/12/2	杨佳	0.120428
4	2021/12/3	李欣	0.083998
5	2021/12/4	周薇	0.503779
6	2021/12/5	王伟成	0.726554
7	2021/12/6	陈飞	0.335521
8	2021/12/7	王媛媛	0.725297
9	2021/12/8	杨佳	0.642969
10	2021/12/9	周钦伟	0.910133
11	2021/12/10	宋云飞	0.113418
12	2021/12/11	杨佳	0.794174
13	2021/12/12	杨旭伟	0.682935
14	2021/12/13	刘勋	0.28395
15			

图 7-33

第 3 步 选中 C2:C14 单元格区域，按 Ctrl+C 组合键进行复制，选中 C2 单元格，①在【开始】选项卡中单击【粘贴】下拉按钮，②选择【值】选项，即可将得到的随机数粘贴为数值格式（是为了得到一组随机数，否则这组辅助随机数会不断发生刷新），如图 7-34 所示。

第 4 步 选中 B2:C14 单元格区域，①在【数据】选项卡中单击【排序和筛选】下拉按钮，②单击【排序】按钮，如图 7-35 所示。

图 7-34

第 5 步 弹出【排序】对话框，❶设置主要关键字和排序方式，❷单击【确定】按钮，如图 7-36 所示。

图 7-36

图 7-35

第 6 步 此时可以看到表格中的“值班人员”已按照 C 列的辅助随机数实现随机重新排序且值班日期保持不变，如图 7-37 所示。

	A	B	C	D	E	F
1	值班日期	值班人员				
2	2021/12/1	王媛媛	0.05361			
3	2021/12/2	宋云飞	0.123064			
4	2021/12/3	李欣	0.30152			
5	2021/12/4	陈飞	0.323353			
6	2021/12/5	周钦伟	0.449644			
7	2021/12/6	张智志	0.548784			
8	2021/12/7	杨佳	0.626847			
9	2021/12/8	杨佳	0.63677			
10	2021/12/9	刘勋	0.699187			
11	2021/12/10	杨旭伟	0.732747			
12	2021/12/11	杨佳	0.797104			
13	2021/12/12	王伟成	0.828869			
14	2021/12/13	周薇	0.948587			
15						

Sheet3 (3)

平均值: 0.543852805 计数: 26 求和: 7.070086459

图 7-37

7.2 分类汇总

分类汇总可以为同一类别的记录自动添加合计或小计，如计算同一类数据的总和、平均值、最大值等，从而得到分散记录的合计数据。

7.2.1 更改汇总方式

默认的分类汇总统计方式为“求和”，本案例将介绍在“销售业绩表”中把汇总统计方式更改为求最大值产品的统计方式。

<< 扫码获取配套视频课程，本节视频课程播放时长约为28秒。

操作步骤

第1步 打开表格，❶在【数据】选项卡中单击【分级显示】下拉按钮，❷在弹出的菜单中单击【分类汇总】按钮，如图7-38所示。

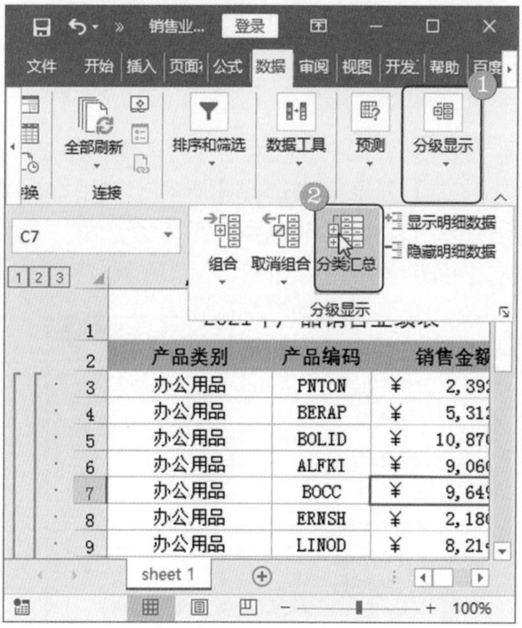

图7-38

第3步 此时可以看到汇总方式更改为求最大值，如图7-40所示。

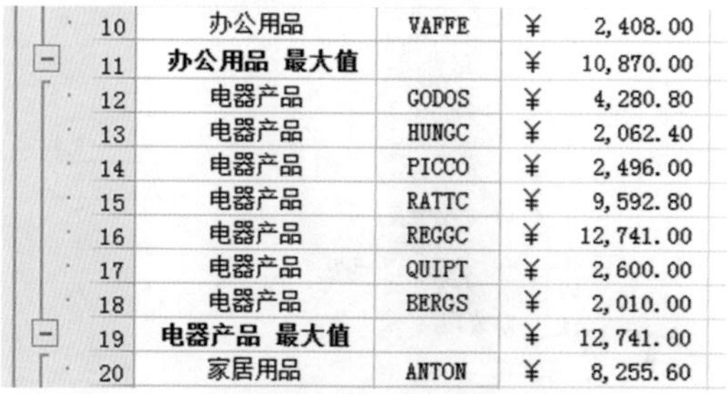

第2步 弹出【分类汇总】对话框，❶在【汇总方式】列表框中选择【最大值】选项，❷单击【确定】按钮，如图7-39所示。

图7-39

10	办公用品	VAFFE	¥	2,408.00
11	办公用品 最大值		¥	10,870.00
12	电器产品	GODOS	¥	4,280.80
13	电器产品	HUNGC	¥	2,062.40
14	电器产品	PICCO	¥	2,496.00
15	电器产品	RATTC	¥	9,592.80
16	电器产品	REGGC	¥	12,741.00
17	电器产品	QUIPT	¥	2,600.00
18	电器产品	BERGS	¥	2,010.00
19	电器产品 最大值		¥	12,741.00
20	家居用品	ANTON	¥	8,255.60

图7-40

知识拓展

本例“产品类别”中的数据提前执行了排序（降序、升序皆可）。如果表格未排序就进行分类汇总，其分类汇总结果是不准确的，因为相同的数据未排到一起，程序无法自动分类。所以，一定要先按想分类汇总统计的那个字段执行排序再进行分类汇总。

7.2.2 实现多统计结果的分类汇总

多种统计结果的分类汇总指的是同时显示多种统计结果，本案例将介绍在“销售业绩表 - 效果”中显示出分类汇总的求和值与最大值，可沿用上例已统计出的最大值，接着进行操作。

<< 扫码获取配套视频课程，本节视频课程播放时长约为 30 秒。

操作步骤

第 1 步 打开表格，❶在【数据】选项卡中单击【分级显示】下拉按钮，❷在弹出的菜单中单击【分类汇总】按钮，如图 7-41 所示。

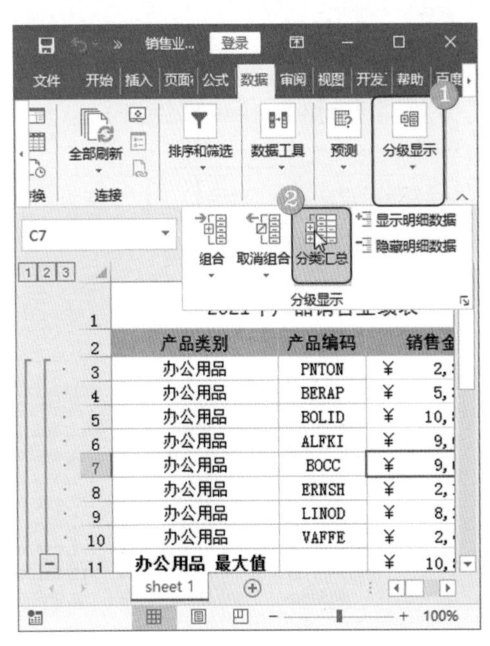

图 7-41

第 2 步 弹出【分类汇总】对话框，❶在【汇总方式】列表框中选择【求和】选项，❷取消勾选【替换当前分类汇总】复选框，❸单击【确定】按钮，如图 7-42 所示。

图 7-42

第 3 步 此时可以看到表格中的分类汇总结果是两项数据，如图 7-43 所示。

10	办公用品	VAFFE	¥	2,408.00
11	办公用品 汇总		¥	50,085.00
12	办公用品 最大值		¥	10,870.00
13	电器产品	GODOS	¥	4,280.80
14	电器产品	HUNGC	¥	2,062.40
15	电器产品	PICCO	¥	2,496.00
16	电器产品	RATTC	¥	9,592.80
17	电器产品	REGGC	¥	12,741.00
18	电器产品	QUIPT	¥	2,600.00
19	电器产品	BERGS	¥	2,010.00
20	电器产品 汇总		¥	35,783.00
21	电器产品 最大值		¥	12,741.00

图 7-43

7.2.3 创建多级分类汇总

本案例将介绍在“销售表”中以“系列”作为第一级分类，在同一“系列”下再按不同商品进行汇总。

<< 扫码获取配套视频课程，本节视频课程播放时长约为 55 秒。

操作步骤

第 1 步 打开表格，①在【数据】选项卡中单击【排序和筛选】下拉按钮，②单击【排序】按钮，如图 7-44 所示。

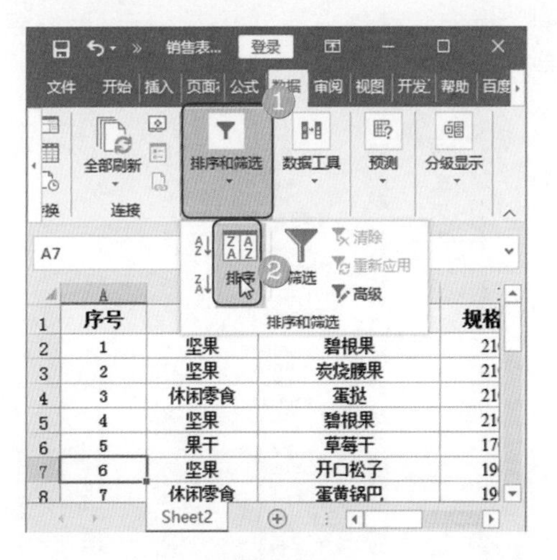

图 7-44

第 3 步 即可得到排序结果，如图 7-46 所示。

第 2 步 弹出【排序】对话框，①设置【主要关键字】为【系列】选项，②设置【次要关键字】为【商品】选项，③单击【确定】按钮，如图 7-45 所示。

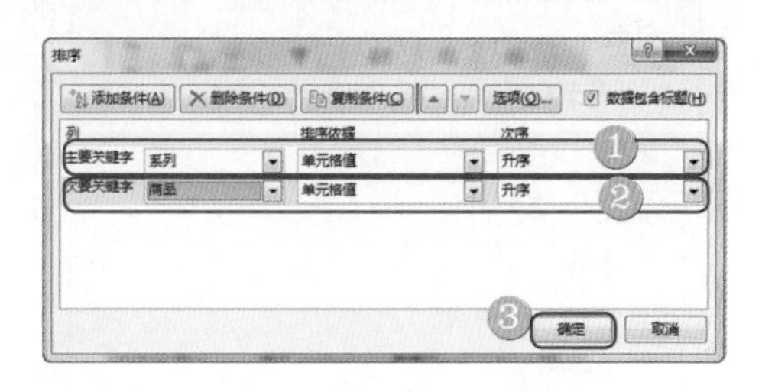

图 7-45

第 4 步 在【数据】选项卡中单击【分级显示】下拉按钮，在弹出的菜单中单击【分类汇总】按钮，打开【分类汇总】对话框，①设置【分类字段】为【系列】选项，②设置【汇总方式】为【求和】选项，③勾选【销量】复选框，④单击【确定】按钮，如图 7-47 所示。

	A	B	C	D	E	F
1	序号	系列	商品	规格重量	单价（元）	销量
2	5	果干	草莓干	170克	13.10	5
3	27	果干	草莓干	170克	13.10	7
4	28	果干	草莓干	170克	13.10	2
5	14	果干	黑加仑葡萄干	180克	10.90	8
6	25	果干	黑加仑葡萄干	180克	10.90	5
7	10	果干	芒果干	200克	10.10	2
8	12	果干	芒果干	200克	10.10	11
9	1	坚果	碧根果	210克	19.90	12
10	4	坚果	碧根果	210克	19.90	22
11	23	坚果	碧根果	210克	19.90	5
12	6	坚果	开口松子	190克	25.10	22
13	13	坚果	开口松子	190克	25.10	12
14	2	坚果	炭烧腰果	210克	24.90	11
15	16	坚果	炭烧腰果	210克	24.90	33
16	24	坚果	炭烧腰果	210克	21.90	10
17	11	坚果	夏威夷果	210克	24.90	5
18	22	坚果	夏威夷果	210克	24.90	17
19	7	休闲零食	蛋黄锅巴	190克	25.10	14
20	26	休闲零食	蛋黄锅巴	190克	25.10	11
21	21	休闲零食	蛋黄酥	120克	19.90	15
22	3	休闲零食	蛋挞	210克	21.90	12
23	15	休闲零食	地瓜干	400克	32.50	14
24	19	休闲零食	地瓜干	400克	32.50	10
25	8	休闲零食	奶酪包	170克	22.00	10
26	20	休闲零食	奶酪包	170克	22.00	25
27	9	休闲零食	奶油泡芙	300克	22.50	20
28	17	休闲零食	奶油泡芙	300克	22.50	12
29	18	休闲零食	奶油泡芙	300克	22.50	10

图 7-46

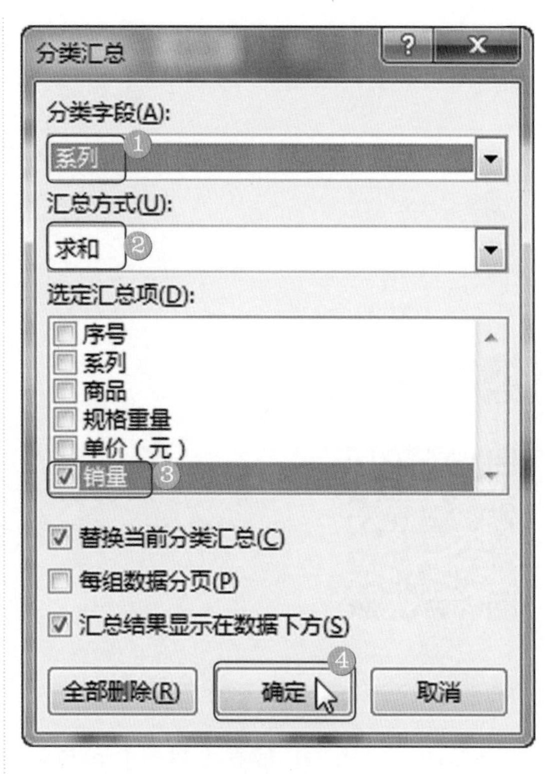

图 7-47

第 5 步 得到一级分类汇总结果，再次打开【分类汇总】对话框，❶设置【分类字段】为【商品】选项，❷取消勾选【替换当前分类汇总】复选框，❸单击【确定】按钮，如图 7-48 所示。

分类汇总
分类字段(A):
商品
汇总方式(U):
求和
选定汇总项(D):
序号
系列
商品
规格重量
单价（元）
销量
替换当前分类汇总(C)
每组数据分页(P)
汇总结果显示在数据下方(S)
全部删除(R)
确定
取消

图 7-48

第 6 步 得到多级分类汇总结果（先按“系列”得到总销量统计，再按“商品”得到总销量统计），如图 7-49 所示。

	A	B	C	D	E	F
1	序号	系列	商品	规格重量	单价（元）	销量
2	5	果干	草莓干	170克	13.10	5
3	27	果干	草莓干	170克	13.10	7
4	28	果干	草莓干	170克	13.10	2
5			草莓干 汇总			14
6	14	果干	黑加仑葡萄干	180克	10.90	8
7	25	果干	黑加仑葡萄干	180克	10.90	5
8			黑加仑葡萄干 汇总			13
9	10	果干	芒果干	200克	10.10	2
10	12	果干	芒果干	200克	10.10	11
11			芒果干 汇总			13
12		果干 汇总				40
13	1	坚果	碧根果	210克	19.90	12
14	4	坚果	碧根果	210克	19.90	22
15	23	坚果	碧根果	210克	19.90	5
16			碧根果 汇总			39
17	6	坚果	开口松子	190克	25.10	22
18	13	坚果	开口松子	190克	25.10	12
19			开口松子 汇总			34
20	2	坚果	炭烧腰果	210克	24.90	11
21	16	坚果	炭烧腰果	210克	24.90	33
22	24	坚果	炭烧腰果	210克	21.90	10
23			炭烧腰果 汇总			54
24	11	坚果	夏威夷果	210克	24.90	5
25	22	坚果	夏威夷果	210克	24.90	17
26			夏威夷果 汇总			22
27		坚果 汇总				149
28	7	休闲零食	蛋黄锅巴	190克	25.10	14
29	26	休闲零食	蛋黄锅巴	190克	25.10	11

图 7-49

7.2.4 制作带页小计工作表

有些表格数据量巨大，在打印时如果能在每一页最后加上本页小计，并在最后一页加上总计，表格会更具可读性。本案例将介绍在“商品销售表”中使用分类汇总功能将数据每隔 8 行自动进行小计并在最后加上总计的操作。

<< 扫码获取配套视频课程，本节视频课程播放时长约为 1 分 19 秒。

操作步骤

第 1 步 在“商品”列前面建立新列，命名为“辅助数字”，在 A2:A9 单元格区域中输入“1”，在 A10:A17 单元格区域中输入“2”，如图 7-50 所示。选中 A2:A17 单元格区域，拖动 A17 单元格右下角的填充柄向下填充至 A25 单元格，单击右下角的【复制】按钮，选择【复制单元格】菜单项。

	A	B	C	D	E
1	辅助数字	商品	规格重量	单价（元）	销量（克）
2	1	碧根果	210克	19.90	400
3	1	夏威夷果	210克	24.90	600
4	1	开口松子	190克	25.10	1000
5	1	奶油瓜子	130克	9.90	40
6	1	紫薯花生	110克	4.50	440
7	1	山核桃仁	120克	45.90	290
8	1	炭烧腰果	210克	21.90	4300
9	1	芒果干	200克	10.10	5000
10	2	草莓干	170克	13.10	500
11	2	猕猴桃干	400克	8.50	100
12	2	柠檬干	300克	8.60	1200
13	2	和田小枣	260克	8.80	9000
14	2	黑加仑葡萄干	180克	10.90	660
15	2	鸭锁骨	210克	9.50	900
16	2	酱鸡翅	210克	9.90	1200
17	2	蛋黄锅巴	190克	25.10	3000
18	2.3	南瓜子	130克	9.90	2000
19	2.394118	龙井酥	110克	4.50	4000
20	2.488235	蛋黄酥	120克	19.90	1100
21	2.582353	蛋挞	210克	21.90	4500
22	2.676471	面包	200克	10.10	5560

图 7-50

第 2 步 完成辅助列的设置，选中任意单元格，❶在【数据】选项卡中单击【分级显示】下拉按钮，❷在弹出的菜单中单击【分类汇总】按钮，如图 7-51 所示。

图 7-51

第 3 步 弹出【分类汇总】对话框，❶设置【分类字段】为【辅助数字】选项，【汇总方式】为【求和】选项，【选定汇总项】为【销量】选项，❷勾选【每组数据分页】复选框，❸单击【确定】按钮，如图 7-52 所示。

第 4 步 此时可以看到分类汇总结果被分为 3 页显示，每一页有 8 条明细记录，如图 7-53 所示。

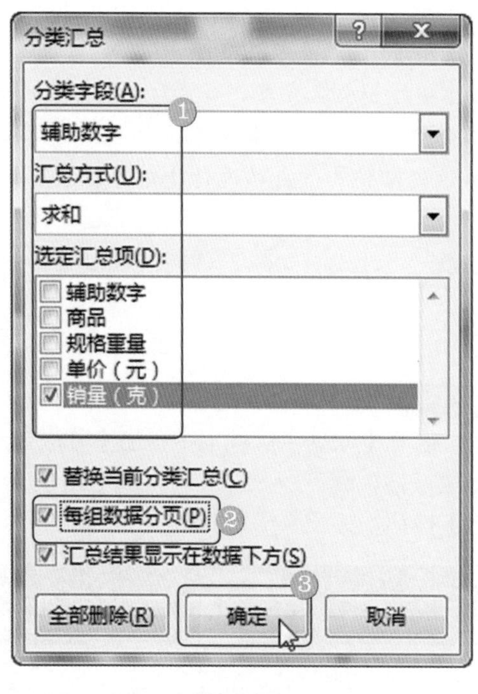

图 7-52

	A	B	C	D	E
1	辅助数字	商品	规格重量	单价（元）	销量（克）
2	1	碧根果	210克	19.90	400
3	1	夏威夷果	210克	24.90	600
4	1	开口松子	190克	25.10	1000
5	1	奶油瓜子	130克	9.90	40
6	1	紫薯花生	110克	4.50	440
7	1	山核桃仁	120克	45.90	290
8	1	炭烧腰果	210克	21.90	4300
9	1	芒果干	200克	10.10	5000
10	1 汇总				12070
11	2	草莓干	170克	13.10	500
12	2	猕猴桃干	400克	8.50	100
13	2	柠檬干	300克	8.60	1200
14	2	和田小枣	260克	8.80	9000
15	2	黑加仑葡萄干	180克	10.90	660
16	2	鸭锁骨	210克	9.50	900
17	2	酱鸡翅	210克	9.90	1200
18	2	蛋黄锅巴	190克	25.10	3000
19	2 汇总				16560
20	1	南瓜子	130克	9.90	2000
21	1	龙井酥	110克	4.50	4000
22	1	蛋黄酥	120克	19.90	1100
23	1	蛋挞	210克	21.90	4500
24	1	面包	200克	10.10	5560
25	1	奶酪包	170克	22.00	9800
26	1	地瓜干	400克	32.50	1990
27	1	奶油泡芙	300克	22.50	9000
28	1 汇总				37950
29	总计				66580

图 7-53

知识拓展

将 A 列隐藏，执行打印时就可以分页打印表格了。

7.2.5 只复制分类汇总结果

默认情况下，在对分类汇总数据进行复制粘贴时，会自动将明细数据全部粘贴过来。本案例将介绍在“销售业绩表 1”中只复制汇总结果的操作。

<< 扫码获取配套视频课程，本节视频课程播放时长约为 34 秒。

操作步骤

第 1 步 打开创建了分类汇总的表格，选中所有要复制的单元格区域，如图 7-54 所示。

第 2 步 按 F5 键打开【定位条件】对话框，❶选中【可见单元格】单选按钮，❷单击【确定】按钮，如图 7-55 所示。

	A	B	C	D	E	F
1	2021年产品销售业绩表					
2	产品类别	客户	第 1 季度	第 2 季度	第 3 季度	第 4 季度
15	办公用品 汇总					¥ 12,247.75
26	电器产品 汇总					¥ 4,438.15
41	家具用品 汇总					¥ 4,634.00
42	总计最大值					¥ 6,800.00
43	总计					¥ 21,319.90

图 7-54

第 3 步 即可将所选单元格区域中的所有可见单元格选中，然后按 Ctrl+C 组合键执行复制命令，如图 7-56 所示。

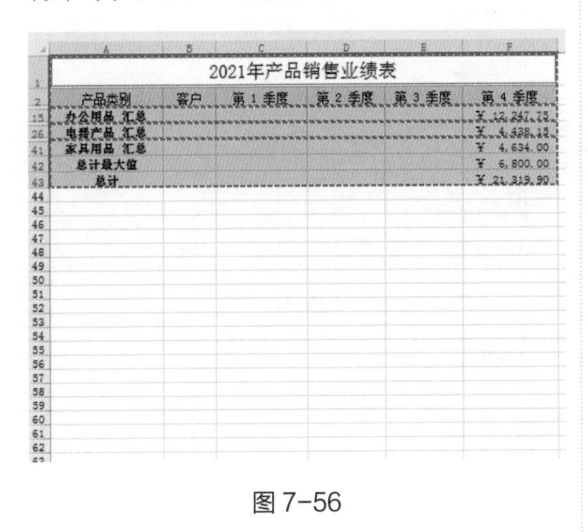

	A	B	C	D	E	F
1	2021年产品销售业绩表					
2	产品类别	客户	第 1 季度	第 2 季度	第 3 季度	第 4 季度
15	办公用品 汇总					¥ 12,247.75
26	电器产品 汇总					¥ 4,438.15
41	家具用品 汇总					¥ 4,634.00
42	总计最大值					¥ 6,800.00
43	总计					¥ 21,319.90

图 7-56

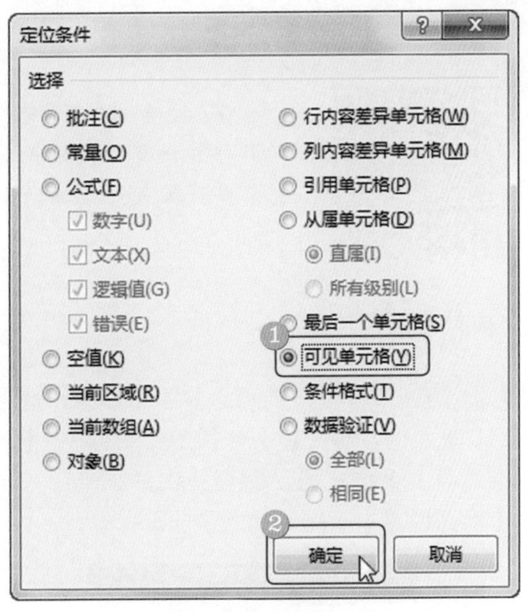

图 7-55

第 4 步 打开新工作表后，按 Ctrl+V 组合键执行粘贴命令，即可实现只将分类汇总结果粘贴到新表格中的操作，如图 7-57 所示。

	A	B	C	D	E	F
1	2021年产品销售业绩表					
2	产品类别	客户	第 1 季度	第 2 季度	第 3 季度	第 4 季度
3	办公用品 汇总					¥ 12,247.75
4	电器产品 汇总					¥ 4,438.15
5	家具用品 汇总					¥ 4,634.00
6	总计最大值					¥ 6,800.00
7	总计					¥ 21,319.90
8						

图 7-57

7.3 合并计算

合并计算能够将指定单元格区域中的数据按照项目的匹配，对同类数据进行汇总计算。数据汇总的方式包括求和、计数、平均值、最大值和最小值等。在合并计算中，用户只需要使用鼠标将需要汇总的数据选中并添加到引用位置中，即可对这些数据进行计算。

7.3.1 按类别合并计算

在“按类别合并”表中有两张结构相同的数据表：“表一”和“表二”，利用合并计算可以轻松地将这两张表进行合并汇总，本案例将介绍按类别合并计算表格数据的操作。

<< 扫码获取配套视频课程，本节视频课程播放时长约为 52 秒。

操作步骤

第 1 步 打开“按类别合并”工作簿，选中 B10 单元格，①在【数据】选项卡中单击【数据工具】下拉按钮，②在弹出的菜单中单击【合并计算】按钮，如图 7-58 所示。

图 7-58

第 2 步 打开【合并计算】对话框，①在【函数】列表框中选择【求和】选项，②单击【引用位置】文本框右侧的拾取器按钮，如图 7-59 所示。

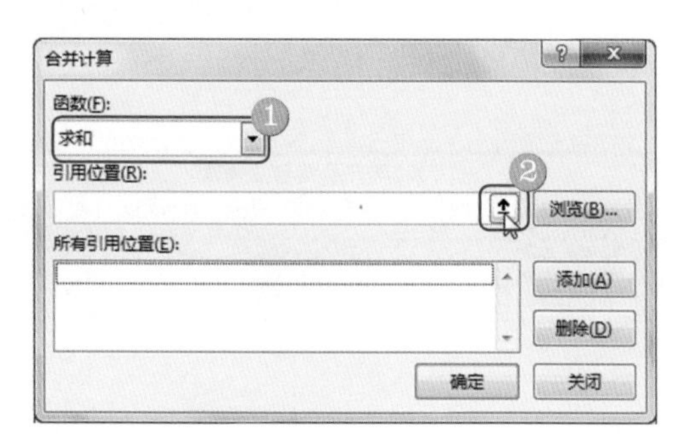

图 7-59

第 3 步 选中“表一”的 B2:D6 单元格区域，单击拾取器按钮，如图 7-60 所示。

图 7-60

第 4 步 返回【合并计算】对话框，单击【添加】按钮，可以看到在【所有引用位置】列表框中已经添加了表一的单元格位置，如图 7-61 所示。

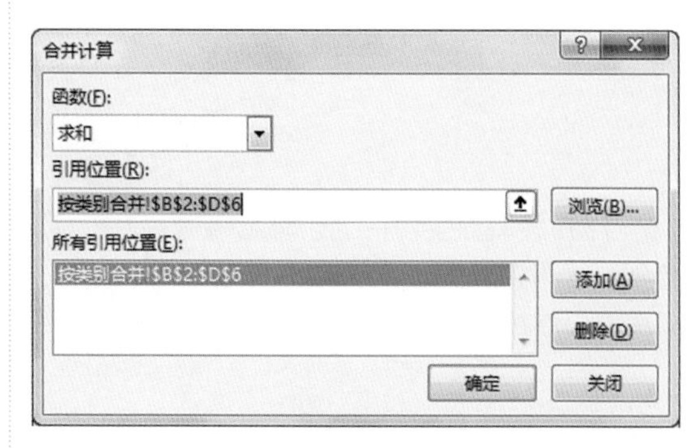

图 7-61

第 5步 再次单击拾取器按钮，使用同样方法将“表二”的 F2:H7 单元格区域添加到【所有引用位置】列表框中，❶勾选【首行】和【最左列】复选框，❷单击【确定】按钮，如图 7-62 所示。

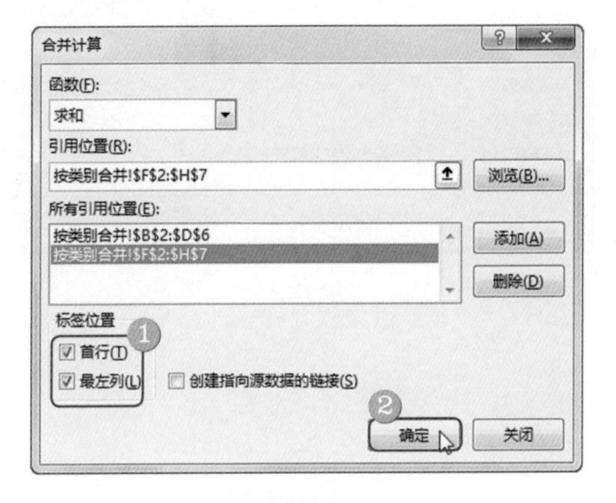

图 7-62

第 6 步 即可生成合并计算的“结果表”。通过以上步骤即可完成按类别合并计算的操作，如图 7-63 所示。

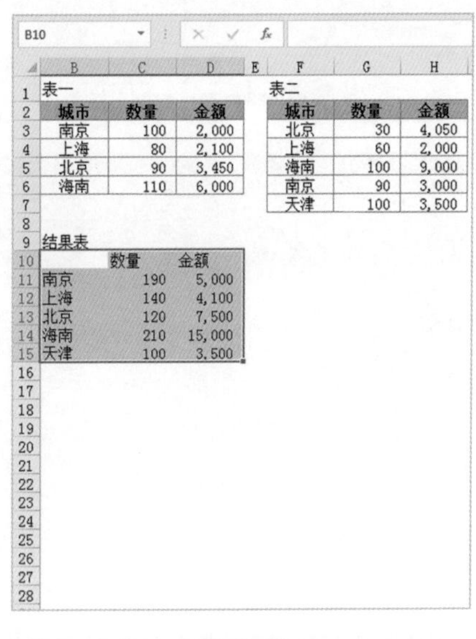

城市	数量	金额
南京	100	2,000
上海	80	2,100
北京	90	3,450
海南	110	6,000

城市	数量	金额
北京	30	4,050
上海	60	2,000
海南	100	9,000
南京	90	3,000
天津	100	3,500

	数量	金额
南京	190	5,000
上海	140	4,100
北京	120	7,500
海南	210	15,000
天津	100	3,500

图 7-63

■ 经验之谈

在使用按类别合并的功能时，数据源列表必须包含行或列标题，并且在【合并计算】对话框的【标签位置】区域中勾选相应的复选框。

7.3.2 按位置合并计算

合并计算功能，除了可以按类别合并计算外，还可以按数据表的数据位置进行合并计算。本案例将介绍按位置合并计算的操作。

<< 扫码获取配套视频课程，本节视频课程播放时长约为 51 秒。

操作步骤

第 1 步 打开“按位置合并”表格，选中 B10 单元格，❶在【数据】选项卡中单击【数据工具】下拉按钮，❷在弹出的菜单中单击【合并计算】按钮，如图 7-64 所示。

第 2 步 打开【合并计算】对话框，❶在【函数】列表框中选择【求和】选项，❷单击【引用位置】文本框右侧的拾取器按钮，如图 7-65 所示。

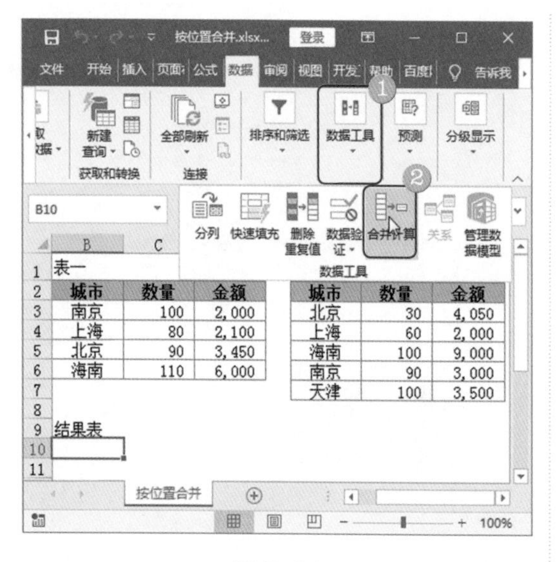

图 7-64

第 3 步 选中“表一”的 B2:D6 单元格区域，单击拾取器按钮，如图 7-66 所示。

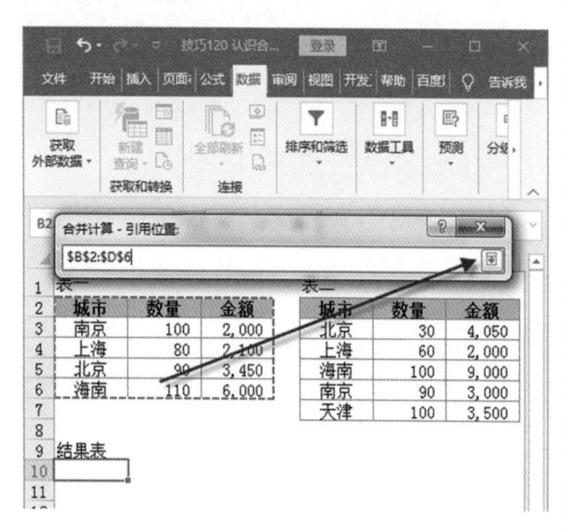

图 7-66

第 5 步 再次单击拾取器按钮，使用同样方法将“表二”的 F2:H7 单元格区域添加到【所有引用位置】列表框中，单击【确定】按钮，如图 7-68 所示。

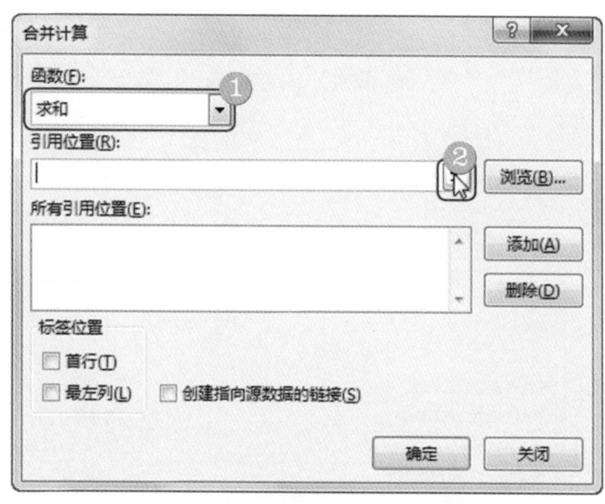

图 7-65

第 4 步 返回【合并计算】对话框，单击【添加】按钮，可以看到在【所有引用位置】列表框中已经添加了表一的单元格位置，如图 7-67 所示。

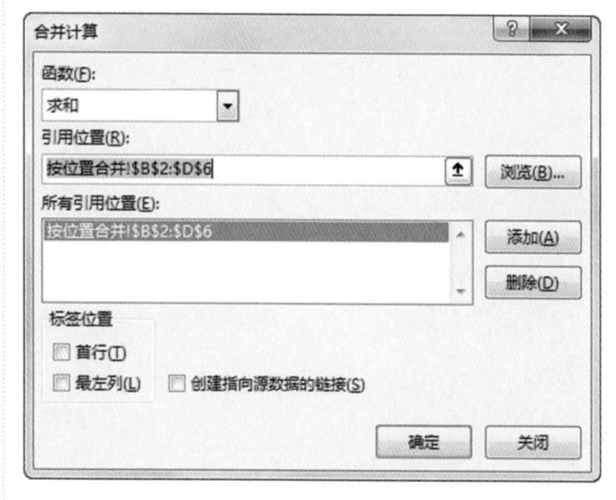

图 7-67

第 6 步 即可生成合并计算的“结果表”，通过以上步骤即可完成按位置合并计算的操作，如图 7-69 所示。

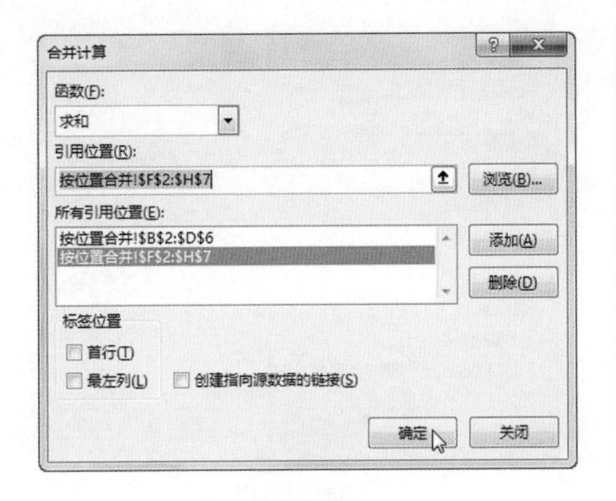

图 7-68

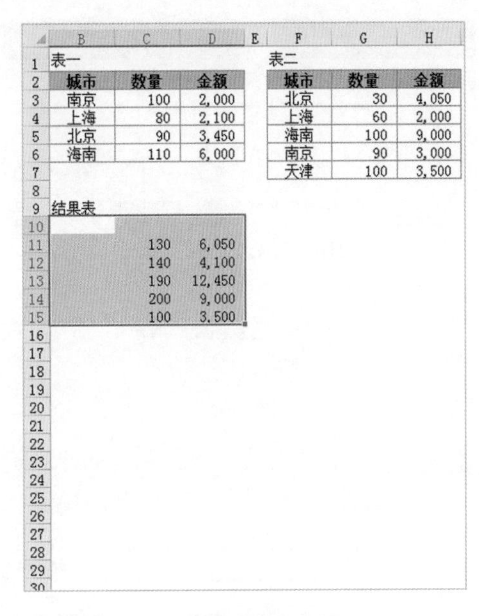

图 7-69

知识拓展

使用按位置合并的方式，Excel不关心多个数据源表的行列标题内容是否相同，而只是将数据源表格相同位置上的数据进行简单的合并计算。这种合并计算多用于数据源表结构完全相同情况下的数据合并。如果数据源表结构不同，则计算会出错。

7.3.3 合并计算多张表格数据并生成新表

若引用区域的列字段包含多个类别，用户可以利用合并计算功能将引用区域中的类别汇总到同一表格上。本案例将介绍在“销售表1”下的“汇总”表中，合并计算南京、上海、海口和珠海4个城市的销售数据的操作。

<< 扫码获取配套视频课程，本节视频课程播放时长约为1分16秒。

操作步骤

第1步 在“汇总”表中选中A3单元格，①在【数据】选项卡中单击【数据工具】下拉按钮，②在弹出的菜单中单击【合并计算】按钮，如图7-70所示。

第2步 打开【合并计算】对话框，①在【函数】列表框中选择【求和】选项，②单击【引用位置】文本框右侧的拾取器按钮，如图7-71所示。

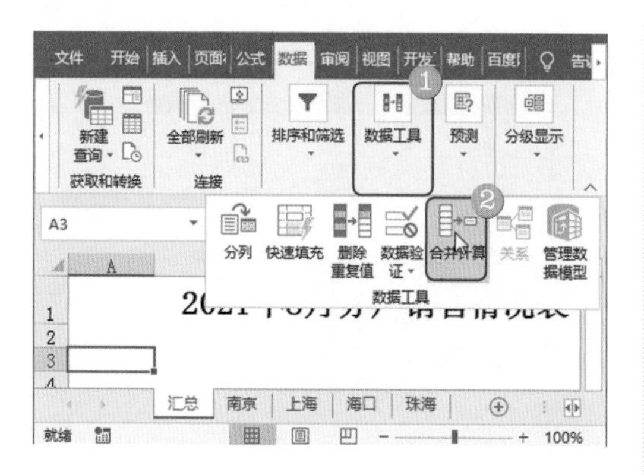

图 7-70

第 3 步 选中“南京”表中的 A3:B6 单元格区域，单击拾取器按钮，如图 7-72 所示。

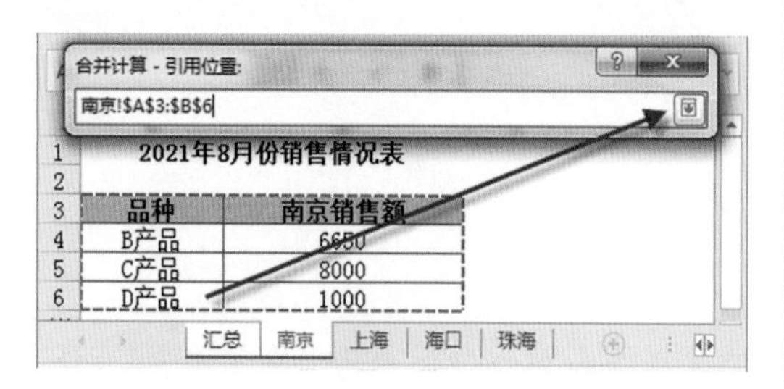

图 7-72

第 5 步 再次单击拾取器按钮，使用同样方法将“上海”“海口”和“珠海”表中的单元格添加到【所有引用位置】列表框中，❶勾选【首行】和【最左列】复选框，❷单击【确定】按钮，如图 7-74 所示。

图 7-74

图 7-71

第 4 步 返回【合并计算】对话框，单击【添加】按钮，可以看到在【所有引用位置】列表框中已经添加了“南京”的单元格位置，如图 7-73 所示。

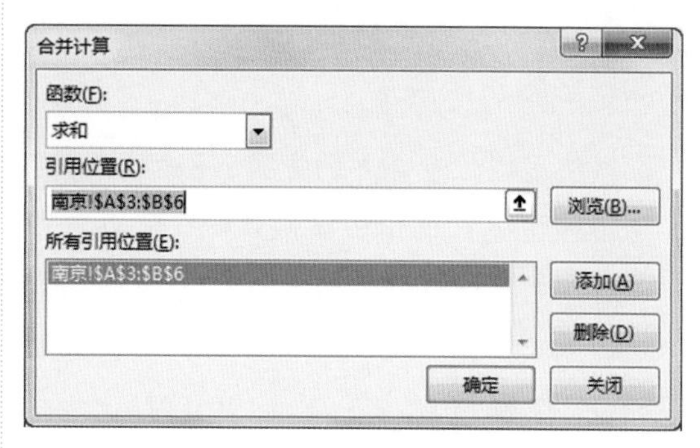

图 7-73

第 6 步 即可生成各个城市销售额的汇总表格，如图 7-75 所示。

图 7-75

7.3.4 筛选多工作表中不重复的值

“编号表”下的“1”“2”“3”和“4”表中的A列各有一批编号，现要在“汇总”表中将这4张表中不重复的编号全部找出来。

<< 扫码获取配套视频课程，本节视频课程播放时长约为1分21秒。

操作步骤

第1步 在“1”表中的B2单元格内输入“0”，切换至“汇总”表中，选中A2单元格，❶在【数据】选项卡中单击【数据工具】下拉按钮，❷在弹出的菜单中单击【合并计算】按钮，如图7-76所示。

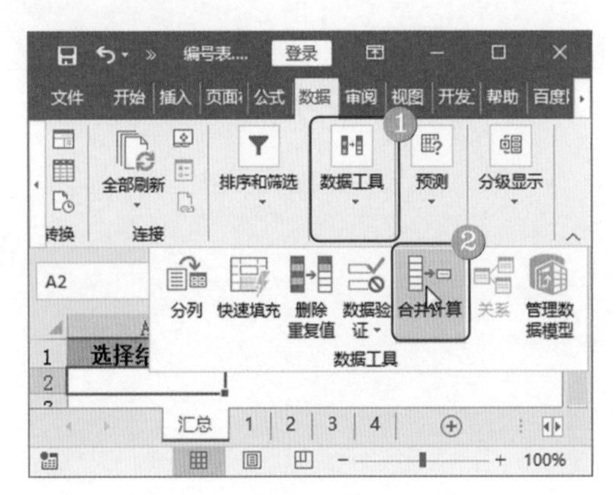

图7-76

第3步 选中“1”表中的A2:B21单元格区域，单击拾取器按钮，如图7-78所示。

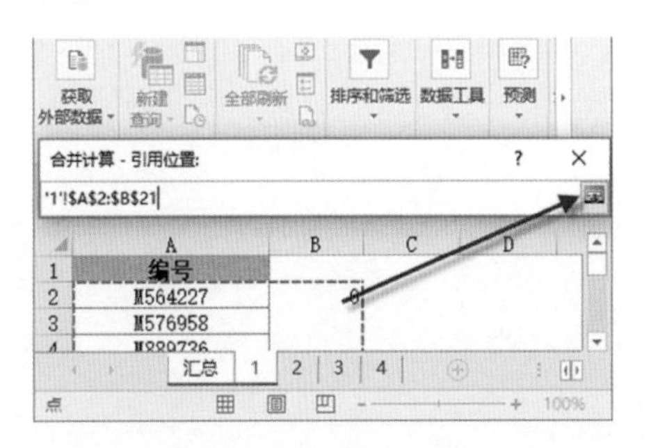

图7-78

第2步 打开【合并计算】对话框，❶在【函数】列表框中选择【求和】选项，❷单击【引用位置】文本框右侧的拾取器按钮，如图7-77所示。

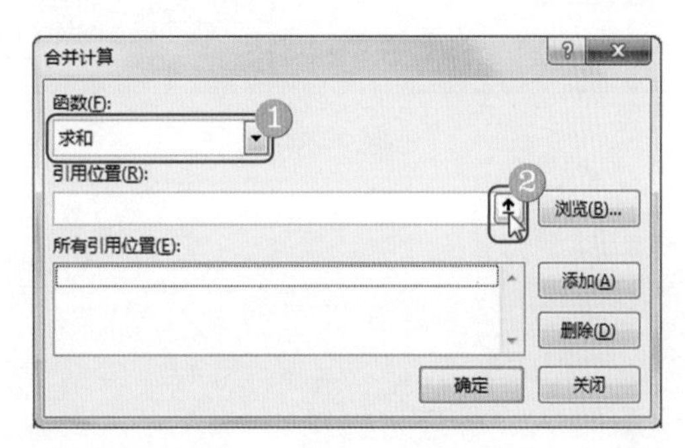

图7-77

第4步 返回【合并计算】对话框，单击【添加】按钮，可以看到在【所有引用位置】列表框中已经添加了“1”表的单元格位置，如图7-79所示。

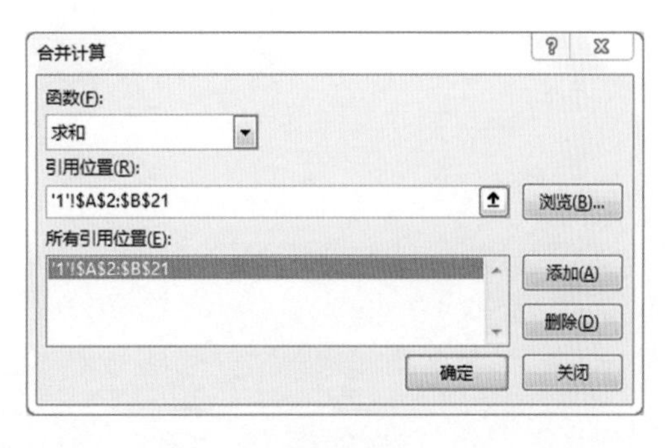

图7-79

第 5 步 再次单击拾取器按钮，使用同样方法将“2”“3”和“4”表中的单元格添加到【所有引用位置】列表框中，①勾选【最左列】复选框，②单击【确定】按钮，如图 7-80 所示。

图 7-80

第 6 步 可以看到已经在“汇总”表中筛选出 4 张工作表中不重复的编号，删除 B2 单元格的辅助数据 0 即可，如图 7-81 所示。

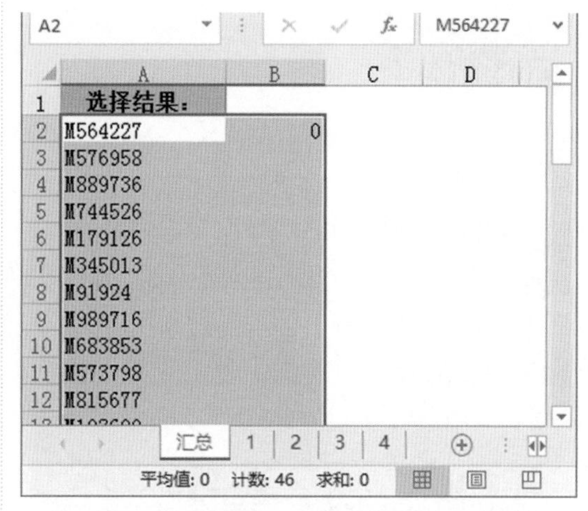

图 7-81

第 8 章

数据透视表与透视图

本章主要介绍了创建数据透视表、数据透视表工作应用、创建数据透视图以及创建与编辑图表方面的知识与技巧，同时还讲解了如何美化图表。通过本章的学习，读者可以掌握数据透视表和透视图方面的知识，为深入学习 Excel 知识奠定基础。

用手机扫描二维码
获取本章学习素材

8.1 创建数据透视表

数据透视表是汇总、分析、浏览和呈现数据的好工具，它可以按所设置的字段对数据表进行快速汇总统计与分析，并可以根据分析目的，任意更改字段位置重新获取统计结果。

8.1.1 创建数据透视表

本节将介绍为“药品价格表”添加数据透视表的案例，本案例需要使用【插入】→【表格】→【数据透视表】命令，可以应用在需要创建数据透视表的工作场景。

<< 扫码获取配套视频课程，本节视频课程播放时长约为 42 秒。

操作步骤

第 1 步 选中数据区域的任意单元格，❶在【插入】选项卡中单击【表格】下拉按钮，❷单击【数据透视表】按钮，如图 8-1 所示。

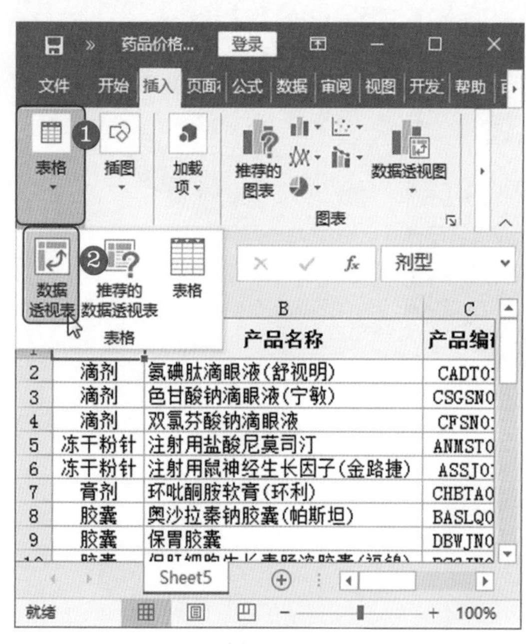

图 8-1

第 2 步 弹出【创建数据透视表】对话框，❶选中【选择一个表或区域】单选按钮，并在【表 / 区域】文本框中输入单元格地址，❷在【选择放置数据透视表的位置】区域选中【新工作表】单选按钮，❸单击【确定】按钮，如图 8-2 所示。

图 8-2

第 3 步 此时可以看到在新工作表中新建了一个空白数据透视表，同时激活【数据透视表工具】选项卡，并在窗口右侧显示【数据透视表字段】窗格，如图 8-3 所示。

图 8-3

第 4 步 在【数据透视表字段】窗格中将字段拖至各个区域，左侧的数据透视表即可显示效果，如图 8-4 所示。

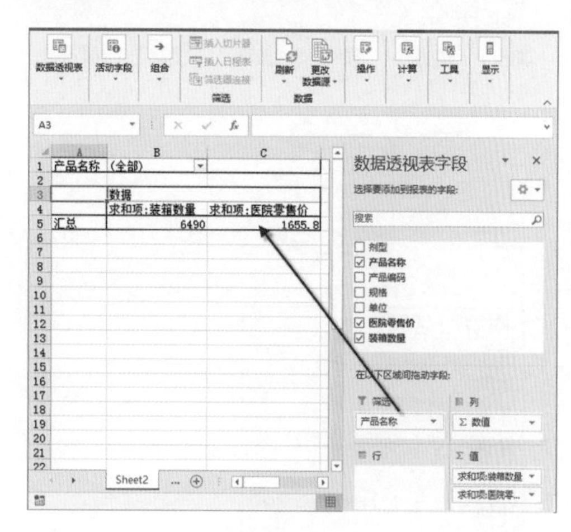

图 8-4

知识拓展

默认情况下，文本字段可添加到【行】区域，日期和时间字段可添加到【列】区域，数值字段可添加到【值】区域。也可将字段手动拖放到任意区域中，不需要时取消选中复选框或直接退出即可。

8.1.2 更改数据透视表的数据源

本节将制作更改数据透视表数据源的案例，本案例需要利用【更改数据透视表数据源】对话框来实现，本案例可以应用在需要更改数据透视表数据源的工作场景。

<< 扫码获取配套视频课程，本节视频课程播放时长约为 31 秒。

操作步骤

第 1 步 打开名为“更改透视表的数据源”的工作簿，❶在【分析】选项卡中单击【数据】下拉按钮，❷单击【更改数据源】按钮，如图 8-5 所示。

第 2 步 弹出【更改数据透视表数据源】对话框，❶重新更改【表/区域】引用的范围，❷单击【确定】按钮，如图 8-6 所示。

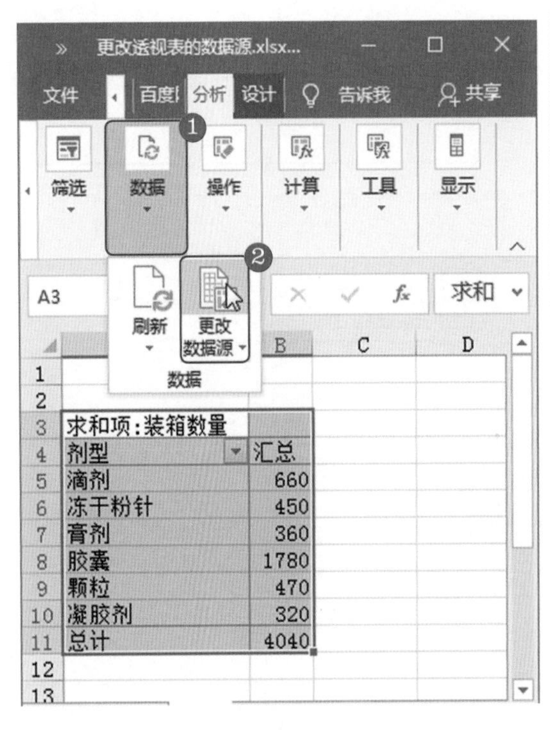

图 8-5

第 3 步 此时可以看到数据透视表引用了新的数据源，如图 8-7 所示。

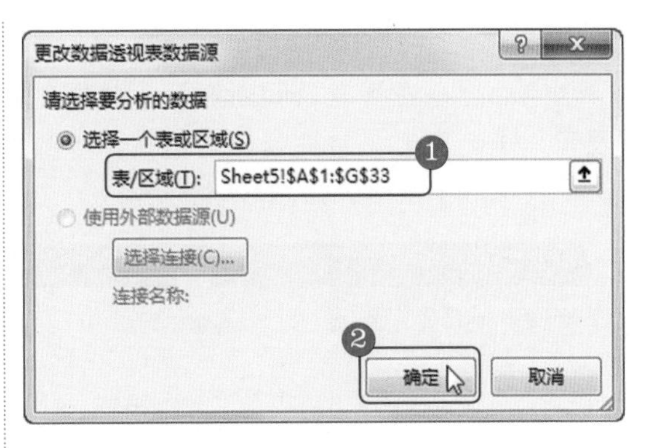

图 8-6

	A	B
1	将报表筛选字段拖至此处	
2		
3	求和项:装箱数量	
4	剂型	汇总
5	滴剂	660
6	冻干粉针	450
7	膏剂	360
8	胶囊	1780
9	颗粒	470
10	凝胶剂	320
11	片剂	1380
12	漱口剂	30
13	栓剂	200
14	丸剂	760
15	注射剂	80

图 8-7

8.2 数据透视表工作应用

本节会通过几个实用的例子具体介绍数据透视表在实际工作中的应用。这些实例中应用到了很多知识点，在后面的技巧中会介绍。

8.2.1 统计学历占比

本节将介绍在“招聘信息表”中分析员工的学历层次，了解不同学历对应人数的案例，本案例需要通过更改“学历”字段的值显示方式，了解哪个学历占比最高。

<< 扫码获取配套视频课程，本节视频课程播放时长约为 57 秒。

操作步骤

第 1 步 选中数据区域的任意单元格，❶在【插入】选项卡中单击【表格】下拉按钮，❷单击【数据透视表】按钮，如图 8-8 所示。

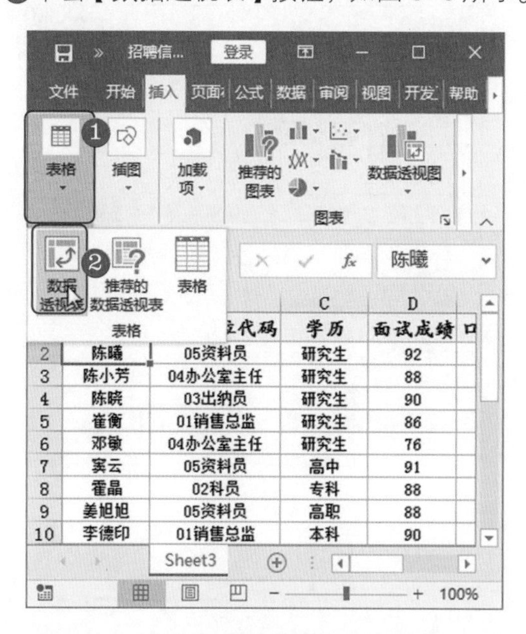

			C 学历	D 面试成绩
2	陈曦	05资料员	研究生	92
3	陈小芳	04办公室主任	研究生	88
4	陈晓	03出纳员	研究生	90
5	崔衡	01销售总监	研究生	86
6	邓敏	04办公室主任	研究生	76
7	宾云	05资料员	高中	91
8	霍晶	02科员	专科	88
9	姜旭旭	05资料员	高职	88
10	李德印	01销售总监	本科	90

图 8-8

第 3 步 此时可以看到在新工作表中新建了一个空白数据透视表，同时激活【数据透视表工具】选项卡，并在窗口右侧显示【数据透视表字段】窗格，如图 8-10 所示。

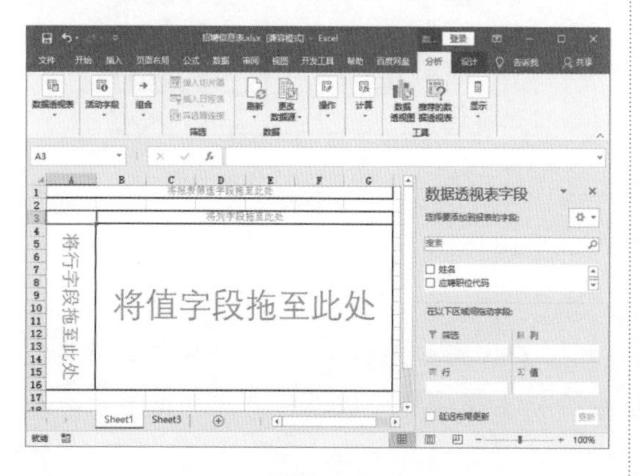

图 8-10

第 2 步 弹出【创建数据透视表】对话框，❶选中【选择一个表或区域】单选按钮，并在【表 / 区域】文本框中输入单元格地址，❷在【选择放置数据透视表的位置】区域选中【新工作表】单选按钮，❸单击【确定】按钮，如图 8-9 所示。

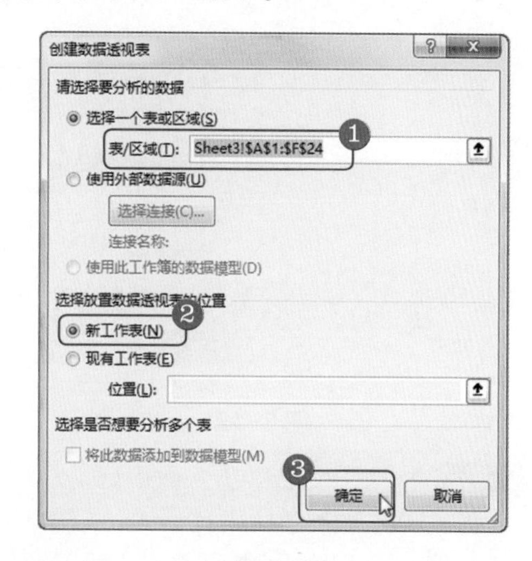

图 8-9

第 4 步 将“学历”字段拖动到左侧的“将行字段拖至此处”区域，将“姓名”字段拖动至“将值字段拖至此处”区域，如图 8-11 所示。

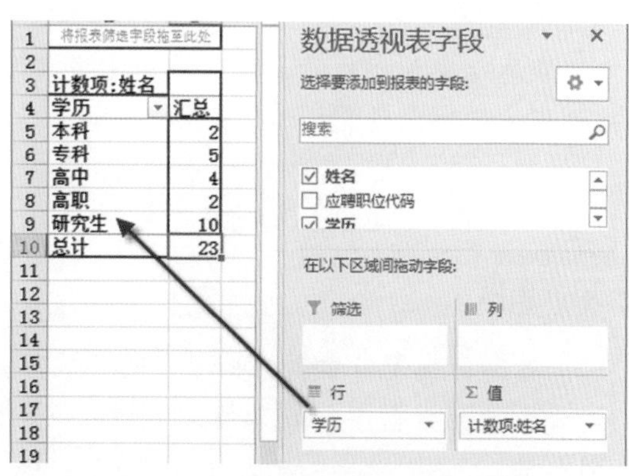

图 8-11

第 5 步 在【数据透视表字段】窗格中单击【计数项：姓名】字段右侧的下拉按钮，在弹出的菜单中选择【值字段设置】菜单项，如图 8-12 所示。

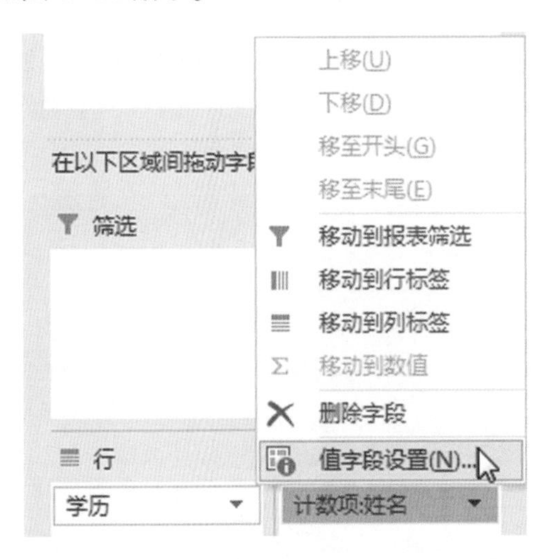

图 8-12

第 7 步 即可得到各学历人数占比，从中可以看到“研究生”学历占比最高，“本科”和“高职”占比最低，如图 8-14 所示。

■ 经验之谈

在拖动添加字段时，也可以直接将字段拖到下方的字段设置区域中。

第 6 步 打开【值字段设置】对话框，❶切换至【值显示方式】选项卡，❷在【值显示方式】列表框中选择【总计的百分比】选项，❸单击【确定】按钮，如图 8-13 所示。

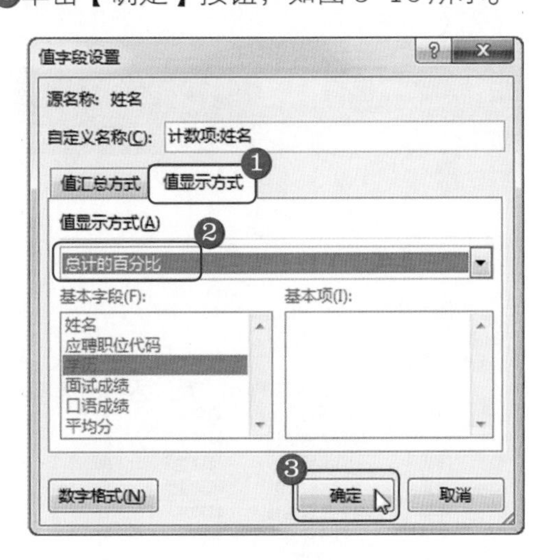

图 8-13

	A	B
1	将报表筛选字段拖至此处	
2		
3	计数项:姓名	
4	学历	汇总
5	本科	8.70%
6	专科	21.74%
7	高中	17.39%
8	高职	8.70%
9	研究生	43.48%
10	总计	100.00%

图 8-14

知识拓展

数据透视表中数据的呈现方式有很多，包括以汇总的方式呈现、以计数的方式呈现，或者是计算数据中的最大值、平均值以及所占百分比等，分为值汇总方式和值显示方式两大类。

8.2.2 分析目标达成率

本节将介绍在“业绩表”中分析公司两名业务员实际和目标业绩的达标情况，如果达标则高出多少，如果不达标则低于多少。

<< 扫码获取配套视频课程，本节视频课程播放时长约为 1 分 09 秒。

操作步骤

第 1 步 选中数据区域的任意单元格，执行【插入】→【表格】→【数据透视表】命令，创建空白透视表，如图 8-15 所示。

图 8-15

第 2 步 将“业务员”字段添加至【列】，将“类别”和“月份”字段添加至【行】，将“业绩”字段添加至【值】，如图 8-16 所示。

图 8-16

第 3 步 在【数据透视表字段】窗格中单击【求和项：业绩】字段右侧的下拉按钮，在弹出的菜单中选择【值字段设置】菜单项，如图 8-17 所示。

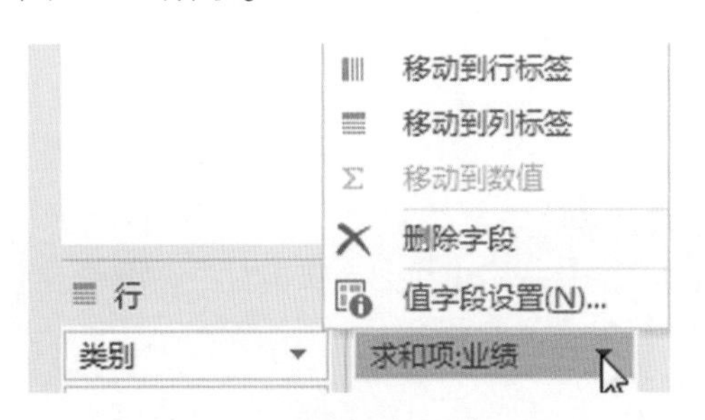

图 8-17

第 4 步 打开【值字段设置】对话框，❶切换至【值显示方式】选项卡，❷在【值显示方式】列表框中选择【差异】选项，❸在【基本字段】列表框中选择【类别】选项，在【基本项】列表框中选择【目标】选项，❹单击【确定】按钮，如图 8-18 所示。

图 8-18

第 5 步 得到以两名业务员每个月的目标业绩为基准，实际完成业绩跟目标业绩相比较的结果，正数表示实际完成业绩大于目标业绩，负数表示实际完成业绩小于目标业绩，如图 8-19 所示。

	A	B	C	D
2				
3	求和项:业绩	列标签		
4	行标签	李晓楠	刘海玉	总计
5	⊟目标			
6	11			
7	12			
8	⊟实际	-1935	7265	5330
9	11	-4735	5000	265
10	12	2800	2265	5065
11	总计			
12				

图 8-19

8.2.3 自定义公式求利润率

本节将介绍在“销售记录表”中计算利润率的案例，利润率为“毛利 / 销售额”，表格中已经统计了商品的毛利和销售额，需要用户设置自定义公式，为其添加“利润率”字段。

<< 扫码获取配套视频课程，本节视频课程播放时长约为 47 秒。

操作步骤

第 1 步 打开数据透视表，依次执行【分析】→【计算】→【字段、项目和集】→【计算字段】命令，如图 8-20 所示。

第 2 步 弹出【插入计算字段】对话框，❶设置【名称】和【公式】内容，❷单击【添加】按钮，如图 8-21 所示。

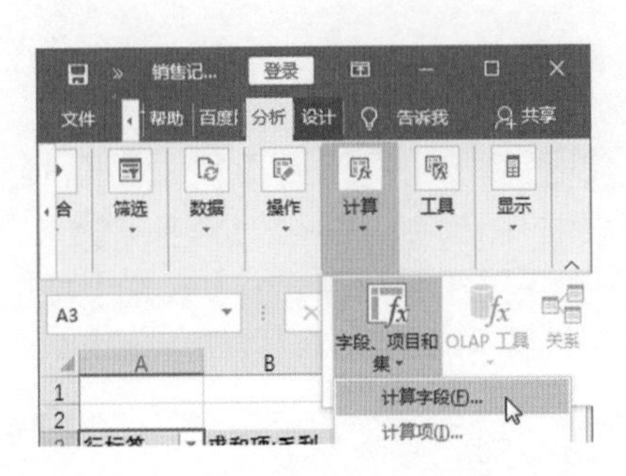

图 8-20

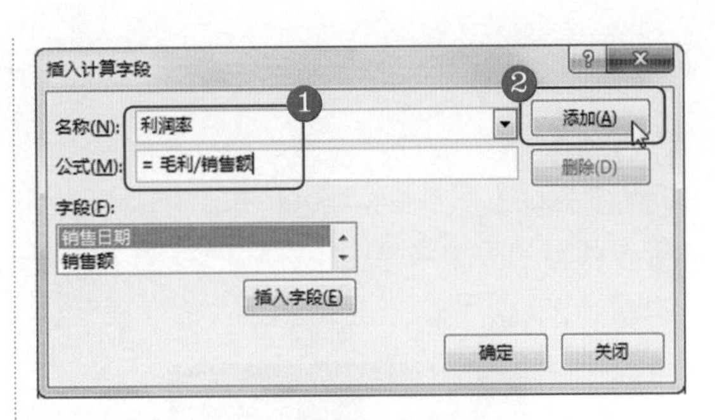

图 8-21

第 3 步 可以看到“利润率”已经添加至字段列表，单击【确定】按钮，如图 8-22 所示。

第 4 步 返回透视表，可以看到表中已经添加了“利润率”，如图 8-23 所示。

图 8-22

	行标签	求和项:毛利	求和项:销售额	求和项:利润率
4	防晒隔离霜	1827	7008	0.260702055
5	防晒露	100	801	0.124843945
6	粉饼	2986	12994	0.229798368
7	隔离霜	354	1008	0.351190476
8	基础洗面奶	3786	13320	0.284234234
9	美白乳液	2622	8374	0.313112013
10	沐浴露	1550	3597	0.430914651
11	祛痘爽肤水	2163	9180	0.235620915
12	腮红	4033	12920	0.312151703
13	爽肤水	2788	9950	0.280201005
14	眼线笔	11992	37917	0.316269747
15	指甲油	1108	2460	0.450406504
16	滋润眼霜	3660	9348	0.391527599
17	总计	38969	128877	0.302373581

图 8-23

8.3 创建数据透视图

数据透视图是以图形的方式直观、动态地展现数据透视表的统计结果，当数据透视表的统计结果发生变化时，数据透视图也相应随着变化。

8.3.1 创建数据透视图

在“销售记录表 1”中统计了所有员工的销售金额，现在要比较项目的大小，用户可以通过创建数据透视图的方式进行比较，本案例将创建柱形图。

<< 扫码获取配套视频课程，本节视频课程播放时长约为 52 秒。

操作步骤

第 1 步 选中数据透视表中的任意单元格，❶在【分析】选项卡中单击【工具】下拉按钮，❷在弹出的菜单中单击【数据透视图】按钮，如图 8-24 所示。

图 8-24

第 2 步 弹出【插入图表】对话框，❶在左侧列表框中选择【柱形图】选项，❷选择【簇状柱形图】选项，❸单击【确定】按钮，如图 8-25 所示。

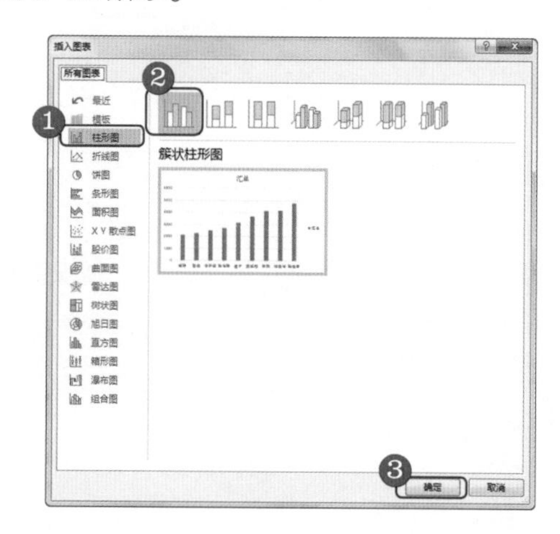

图 8-25

第 3 步 可以看到在当前表格中插入了柱形图，选中透视图，❶在【设计】选项卡下的【图表样式】组中单击【快速样式】下拉按钮，❷在弹出的样式库中选择一种样式，如图 8-26 所示。

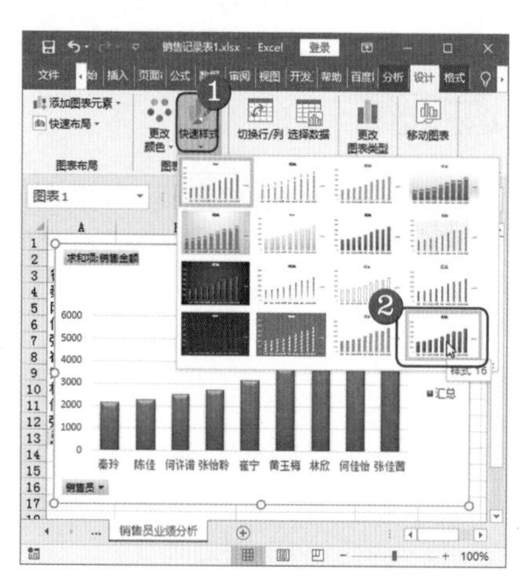

图 8-26

第 4 步 应用了图表样式，将光标定位在图表标题中，修改标题，如图 8-27 所示。

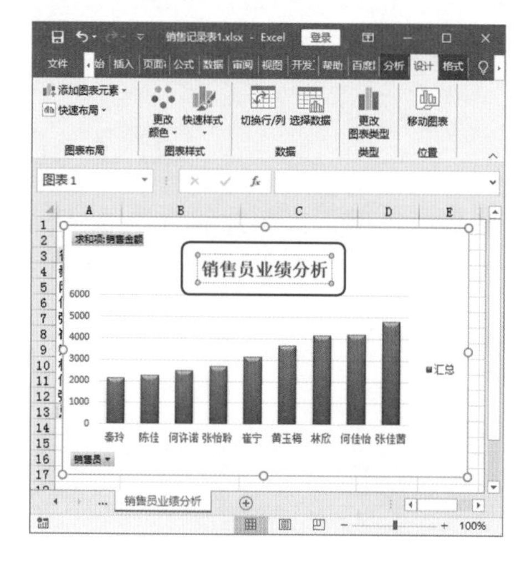

图 8-27

■ 经验之谈

要以分析目的来为图表命名，通过图表标题便可以快速理解图表的分析意图。

8.3.2 美化数据透视图

用户还可以为透视图添加数据标签，以便于直观地查看数值。本节将介绍为“销售记录表2”中的透视图添加数据标签，并美化透视图的案例。

<< 扫码获取配套视频课程，本节视频课程播放时长约为1分08秒。

操作步骤

第1步 选中数据透视图，❶单击右侧的【图表元素】按钮，❷在弹出的列表中勾选【数据标签】复选框，如图8-28所示。

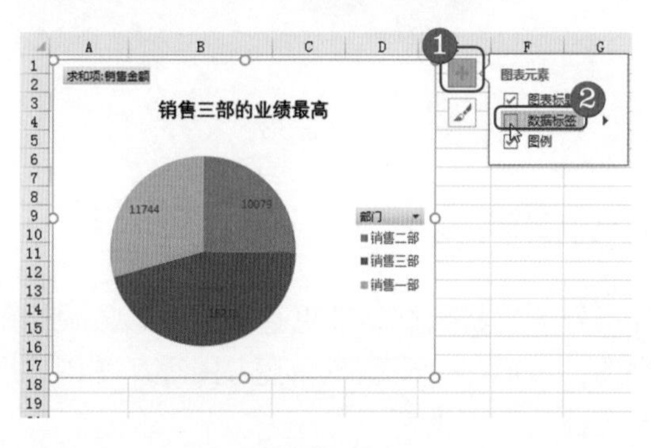

图8-28

第2步 透视图已添加了数据标签，如图8-29所示。

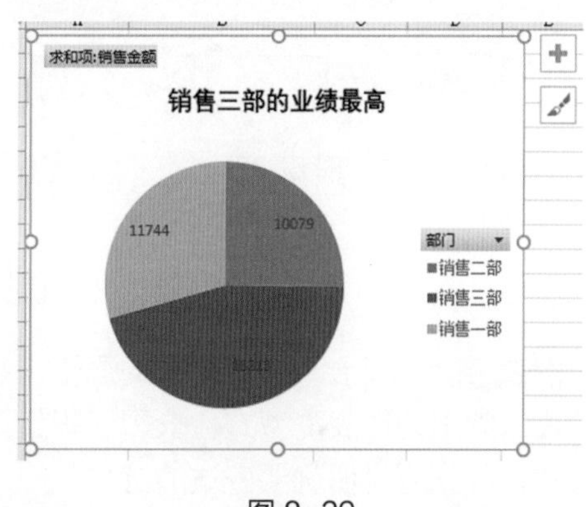

图8-29

第3步 单击选中全部数据标签，单击鼠标右键，在弹出的快捷菜单中选择【设置数据标签格式】菜单项，如图8-30所示。

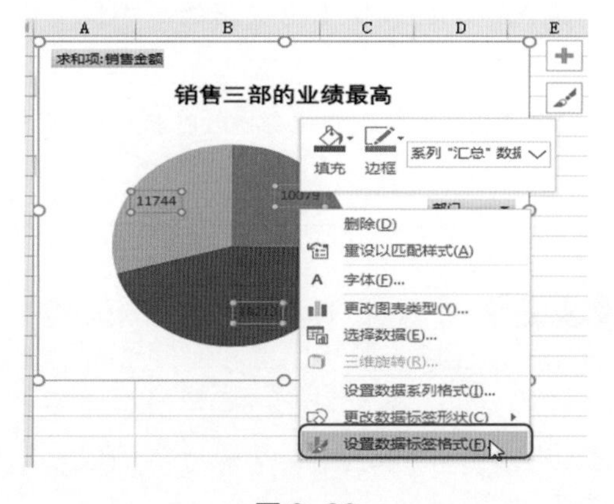

图8-30

第4步 打开【设置数据标签格式】窗格，在【标签选项】栏中勾选需要的复选框，如图8-31所示。

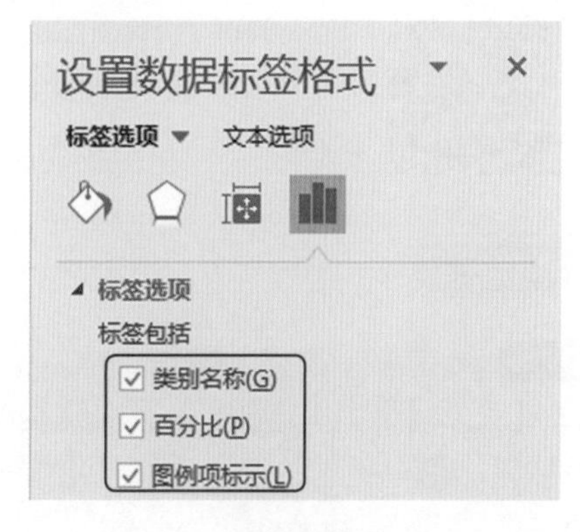

图8-31

第 5 步 在【数字】栏中，❶设置【类别】为【百分比】选项，❷将【小数位数】设置为 2，如图 8-32 所示。

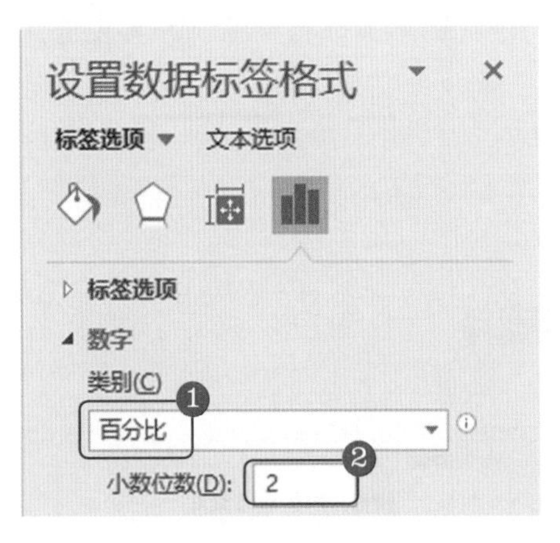

图 8-32

第 6 步 返回到透视图中，数据标签以百分比的形式显示，由于销售三部的业绩最高，为了突出显示，可以选中销售三部的扇形图，向外拖动将数据分离出来，如图 8-33 所示。

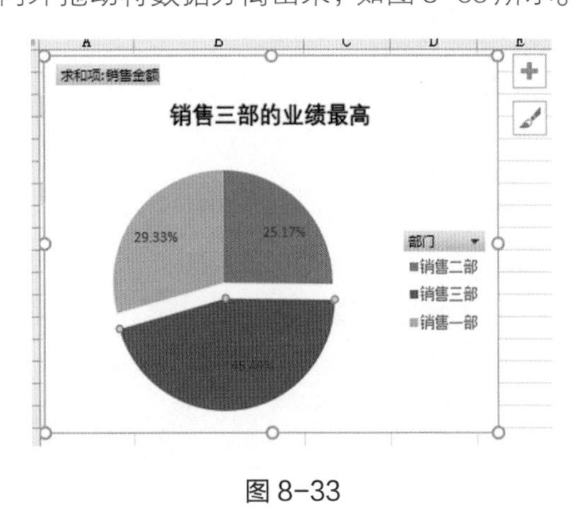

图 8-33

8.4 创建与编辑图表

图表可以直观展示统计信息的属性，是一种很好的能将数据属性更直观、更形象地展示的手段。常用的图表类型有柱形图、折线图、饼图、条形图、面积图和直方图等。在创建图表之前，首先应当明确要表达的意思，然后选择合适的图表类型。

8.4.1 创建旭日图

在“支出表”中记录了 1 ～ 4 月的支出金额，其中 4 月份记录了各个项目的明细支出，现需要创建既能比较各项支出金额的大小，又能比较 4 个月总支出金额大小的旭日表。

<< 扫码获取配套视频课程，本节视频课程播放时长约为 34 秒。

操作步骤

第 1 步 选中整个表格，❶在【插入】选项卡下的【图表】组中单击【插入层次结构图表】下拉按钮，❷在弹出的列表中选择【旭日图】选项，如图 8-34 所示。

第 2 步 可以看到工作表中已经插入了旭日图，从图表中既可以比较 1 月到 4 月支出金额的大小，也可以比较 4 月份中各项支出金额的大小，即达到了二级分类的效果，如图 8-35 所示。

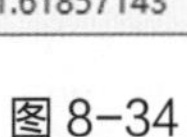

图 8-34

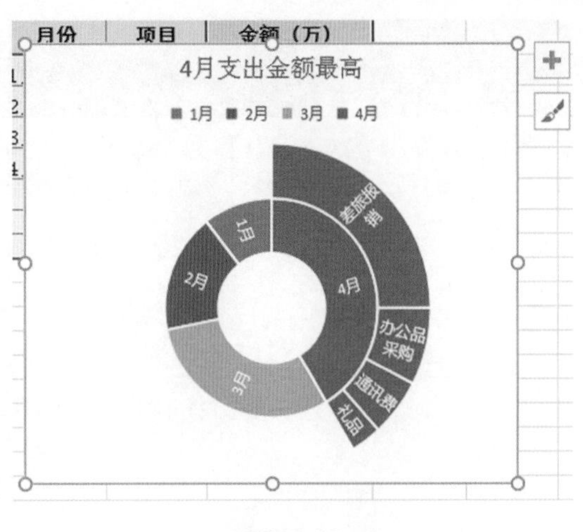

图 8-35

8.4.2 快速更改图表类型

本案例要将“业绩表1”中原有的“簇状柱形图”修改为“堆积柱形图”，以达到比较每位业务员2021年全年的总业绩高低的目的。

<< 扫码获取配套视频课程，本节视频课程播放时长约为24秒。

操作步骤

第1步 选中整个图表，❶在【设计】选项卡中单击【类型】下拉按钮，❷在弹出的菜单中单击【更改图表类型】按钮，如图8-36所示。

第2步 弹出【更改图表类型】对话框，❶在左侧列表框中选择【柱形图】选项，❷选择【堆积柱形图】选项，❸单击【确定】按钮，如图8-37所示。

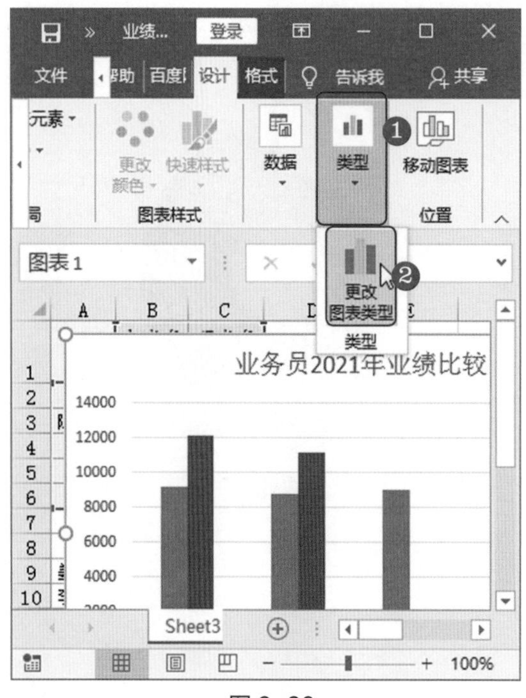

图 8-36

第 3 步 此时图表被更改为堆积柱形图，从图表中可以查看哪位业务员的销售业绩最高，如图 8-38 所示。

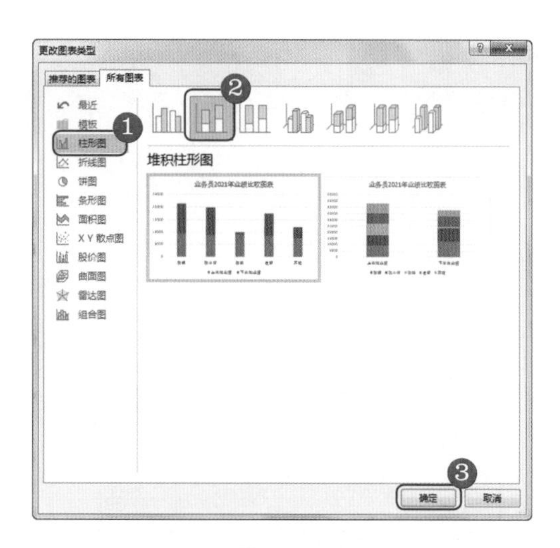

图 8-37

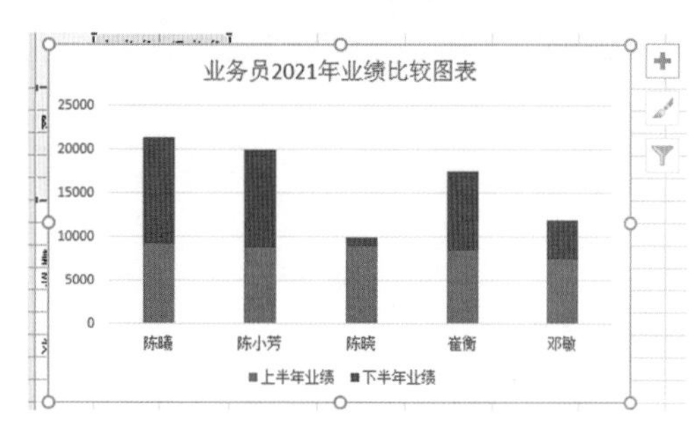

图 8-38

8.4.3 设置坐标轴刻度

图表默认的数值轴只会大于当前系列的最高值，太大的数值范围会影响图表的表达效果。本案例要将“利润表”中图表的水平坐标轴的刻度最大值减少 50。

<< 扫码获取配套视频课程，本节视频课程播放时长约为 21 秒。

操作步骤

第 1 步 打开表格，可以看到目前图表水平轴的刻度最大值是 200，如图 8-39 所示。

第 2 步 在水平轴上双击鼠标，打开【设置坐标轴格式】窗格，❶选择【坐标轴选项】选项卡，❷在【坐标轴选项】栏中将【最大值】更改为 150，如图 8-40 所示。

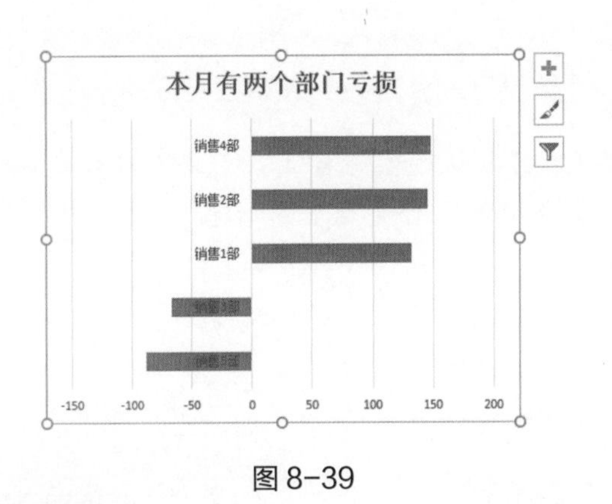

图 8-39

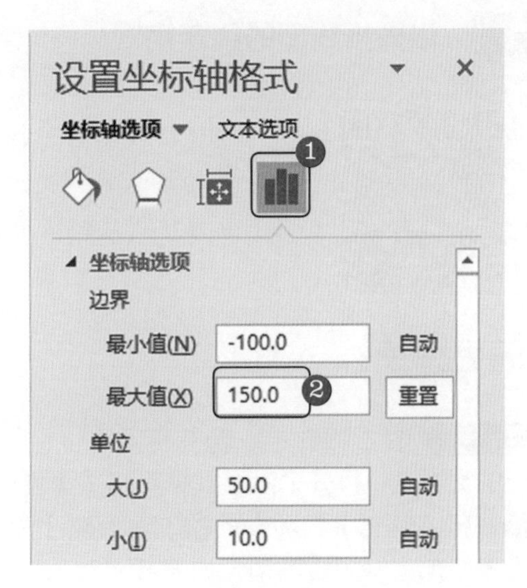

图 8-40

第 3 步 坐标轴的最大值已经被更改，效果如图 8-41 所示。

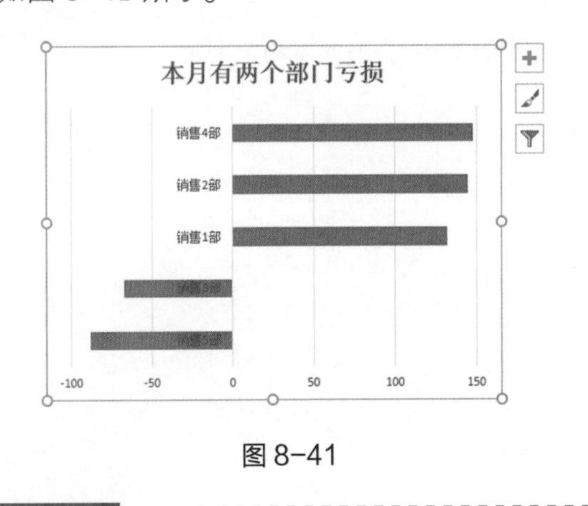

图 8-41

知识拓展

坐标轴的刻度如果经过重设表示已经固定，即如果重新更换数据源，刻度不能再根据数据源自动生成了。这时如果想恢复，则单击一次刻度值右侧的【重置】按钮即可。

在【设置坐标轴格式】窗格的【坐标轴选项】选项卡中还有【刻度线】栏，用于设置刻度线是否显示或显示在什么位置；还有【数字】栏，用于设置刻度的数字格式，如货币格式等。

8.5 美化图表

选择数据源创建图表后，其默认是一种最简易的格式。为了让图表的外观更美观、更具辨识度，在创建图表后可以根据设计需要重新更改图表中对象的填充色、边框效果、线条格式等。

8.5.1 设置折线图的线条格式

创建折线图后，折线是 Excel 默认的线条样式，用户可以对默认线条样式的格式进行更改。本案例要将“会员数量统计表”中 11 月与 12 月的数据使用虚线线条样式显示。

<< 扫码获取配套视频课程，本节视频课程播放时长约为 36 秒。

操作步骤

第 1 步 在折线图中，❶鼠标双击 11 月对应的数据点，打开【设置数据点格式】窗格，❷选择【填充】选项卡，❸在【线条】栏中设置颜色、短划线类型，如图 8-42 所示。

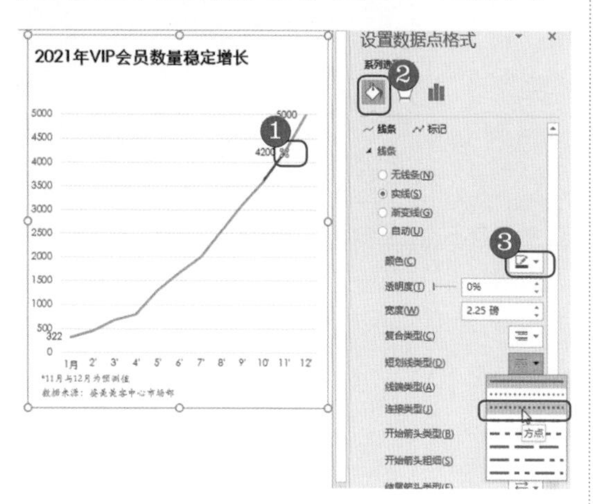

图 8-42

第 2 步 使用相同方法设置 12 月数据点的线条格式，效果如图 8-43 所示。

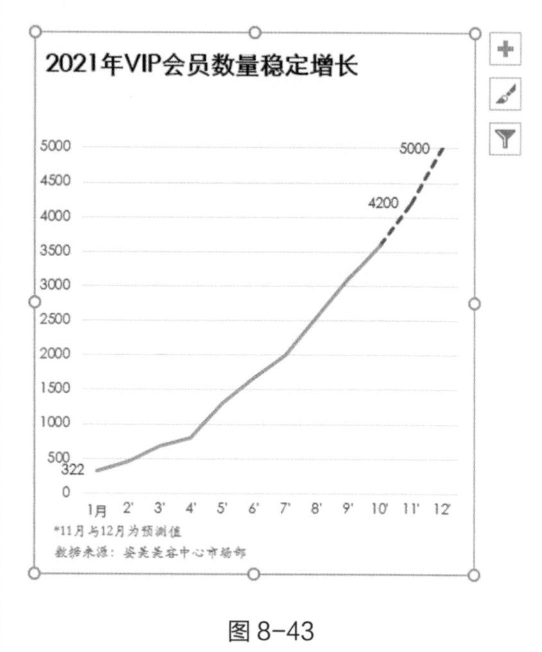

图 8-43

8.5.2 设置对象填充效果

对于图中需要重点说明的元素，可以运用对比强调的原则。本案例要将“产品结构表”下饼图中占比面积最大的数据进行图案填充。

<< 扫码获取配套视频课程，本节视频课程播放时长约为 36 秒。

操作步骤

第 1 步 选中面积最大的扇形，并单击鼠标右键，在弹出的快捷菜单中选择【设置数据点格式】菜单项，如图 8-44 所示。

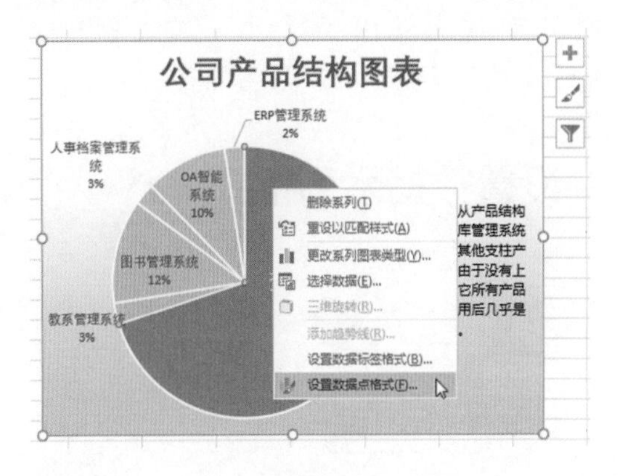

图 8-44

第 2 步 打开【设置数据点格式】窗格，❶选择【填充】选项卡，❷选中【图案填充】单选按钮，❸选择一种填充样式，如图 8-45 所示。

图 8-45

第 3 步 可以看到面积最大的扇形已经添加了图案填充，效果如图 8-46 所示。

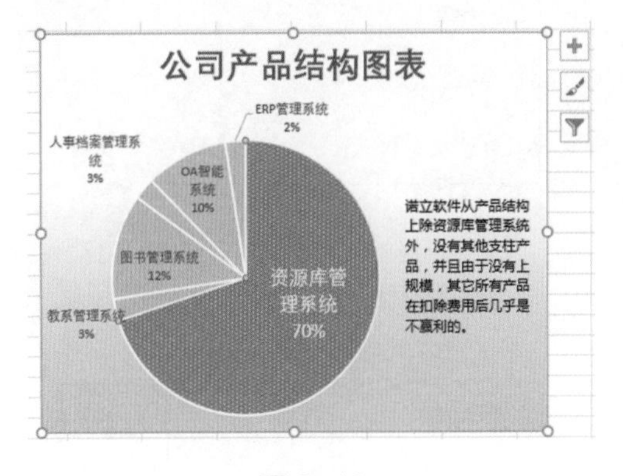

图 8-46

8.5.3 设置标记点样式

设计 Excel 折线图表时，默认插入的折线图数据标记点是蓝色实心圆点效果。本案例要为“支出统计表”中的折线图表设置数据点样式。

<< 扫码获取配套视频课程，本节视频课程播放时长约为 37 秒。

操作步骤

第 1 步 打开表格，可以看到图表中是无数据点显示的，如图 8-47 所示。

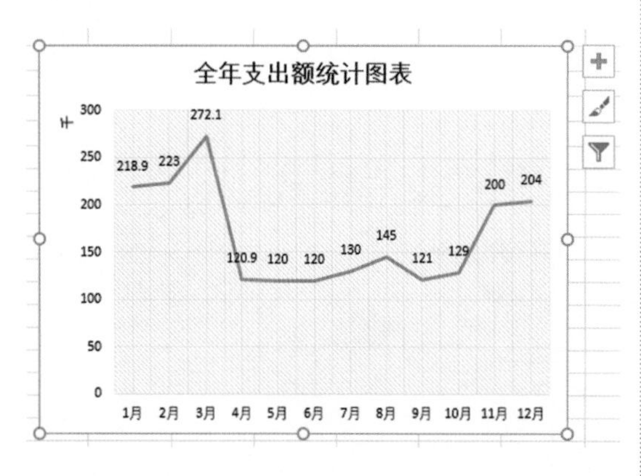

图 8-47

第 2 步 在数据点的位置双击鼠标，打开【设置数据系列格式】窗格，❶选择【填充】选项卡，❷单击【标记】按钮，❸在【标记选项】栏下选中【内置】单选按钮，设置类型和大小，❹在【填充】栏下设置颜色，如图 8-48 所示。

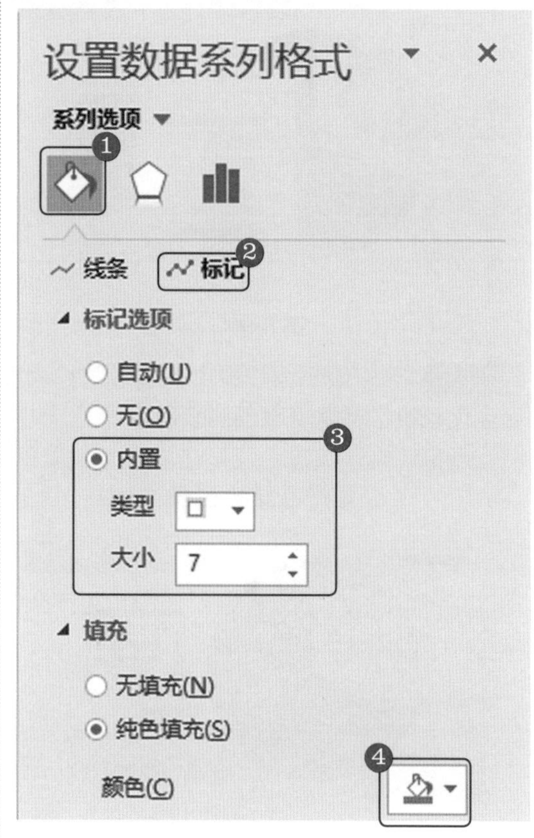

图 8-48

第 3 步 返回折线图中，可以看到折线图表上的数据点显示效果，如图 8-49 所示。

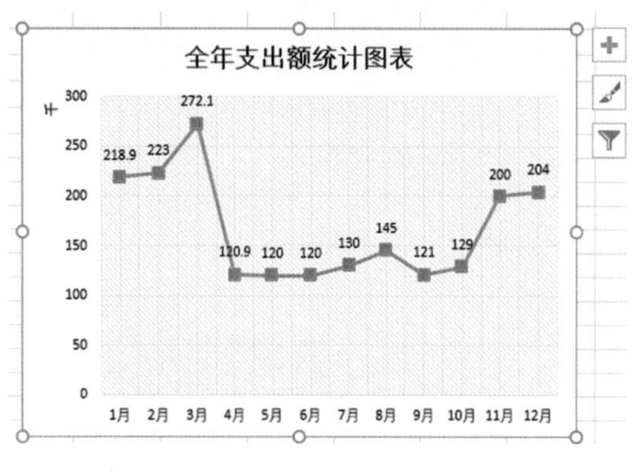

图 8-49

第9章

使用常见函数计算与统计数据

本章主要介绍使用数学函数计算数据、使用统计函数统计数据、使用文本函数处理数据以及使用日期处理函数计算数据方面的知识与技巧，同时还讲解如何应用财务函数。通过本章的学习，读者可以掌握使用常见函数计算与统计数据方面的知识。

用手机扫描二维码
获取本章学习素材

9.1 使用数学函数计算数据

数学函数类型中有几个函数是非常实用的，如求和函数，以及由此衍生的按条件求和函数和按多条件求和函数等。另外，像舍入函数、求余函数等也比较常用。

9.1.1 统计二车间产量总和

普通的求和函数都是使用 SUM 函数，它不仅可以对连续的单元格求和，也可以对不连续单元格、其他表格的单元格、常量等求和。本节介绍使用 SUMIF 函数对“车间产量表”中满足条件的单元格进行求和。

<< 扫码获取配套视频课程，本节视频课程播放时长约为 14 秒。

操作步骤

第 1 步 在 F2 单元格中输入公式“=SUMIF(C2:C12,"二车间",D2:D12)”，如图 9-1 所示。

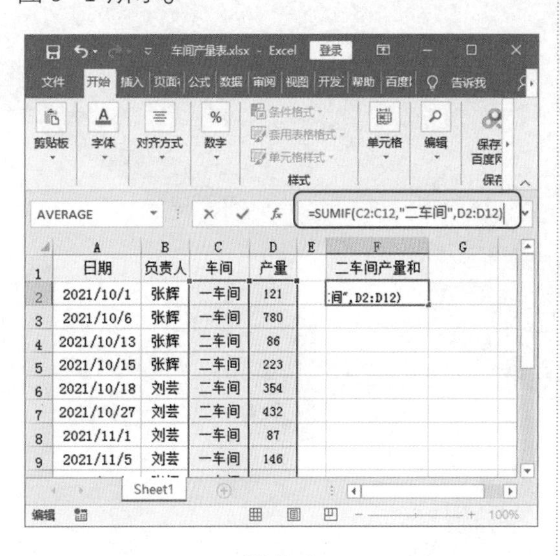

图 9-1

第 2 步 按 Enter 键完成输入，得到统计结果如图 9-2 所示。

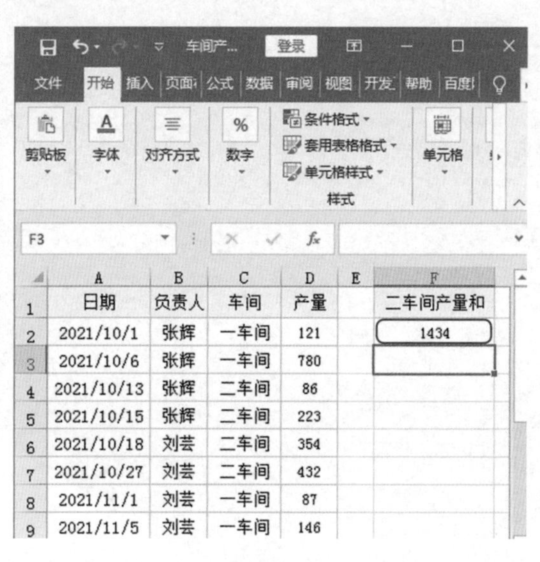

图 9-2

知识拓展

上例的公式含义为在 C2:C12 单元格区域中查找“二车间”，找到后逐一返回对应在 D2:D12 区域上的值，并进行求和运算。

9.1.2 使用通配符对某类数据求和

在“零食订单表”中统计了所有零食的订单日期及销售额，我们需要计算出奶糖类产品的总销售额。奶糖类产品有一个特征就是全部以“奶糖”结尾，因此可以在设置判断条件时使用通配符。

<< 扫码获取配套视频课程，本节视频课程播放时长约为 15 秒。

操作步骤

第 1 步 在 F2 单元格中输入公式“=SUMIF(C2:C15,"*奶糖",D2:D15)”，如图 9-3 所示。

第 2 步 按 Enter 键完成输入，得到统计结果如图 9-4 所示。

	B	C	D	E	F
1	签单日期	产品名称	销售额		“奶糖”类总销售额
2	2021/3/3	香橙奶糖	1290		:15,"*奶糖",D2:D15)
3	2021/3/3	奶油夹心饼干	867		
4	2021/3/5	芝士蛋糕	980		
5	2021/3/5	巧克力奶糖	887		
6	2021/3/6	草莓奶糖	1200		
7	2021/3/9	奶油夹心饼干	1120		
8	2021/3/13	草莓奶糖	1360		
9	2021/3/14	原味薯片	1020		
10	2021/3/17	黄瓜味薯片	890		
11	2021/3/20	原味薯片	910		
12	2021/3/22	哈蜜瓜奶糖	960		
13	2021/3/25	原味薯片	790		
14	2021/3/28	黄瓜味薯片	1137		
15	2021/3/30	巧克力奶糖	1254		

图 9-3

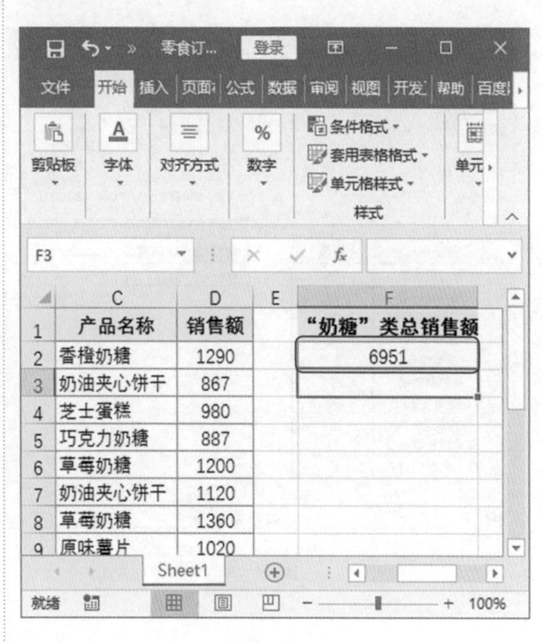

	C	D	E	F
1	产品名称	销售额		“奶糖”类总销售额
2	香橙奶糖	1290		6951
3	奶油夹心饼干	867		
4	芝士蛋糕	980		
5	巧克力奶糖	887		
6	草莓奶糖	1200		
7	奶油夹心饼干	1120		
8	草莓奶糖	1360		
9	原味薯片	1020		

图 9-4

9.2 使用统计函数统计数据

在 Excel 中，将求平均值函数、计数函数、最大最小值函数、排位函数等都归纳到统计函数范畴中，这类函数也是日常办公中的常用函数。

9.2.1 求电视的平均销量

在“电器销量表”中统计了各类电器的销量，现在要统计出电视类产品的平均销量，需要使用 AVERAGEIF 函数，其规则是只要商品名称中包含“电视”就为符合条件的数据，因此在设置判断条件时还需使用通配符。

<< 扫码获取配套视频课程，本节视频课程播放时长约为 14 秒。

操作步骤

第 1 步 在 D2 单元格中输入公式“=AVERAGEIF(A2:A11,"* 电视 *",B2:B11)”，如图 9-5 所示。

图 9-5

第 2 步 按 Enter 键完成输入，即可依据 A2:A11 和 B2:B11 单元格区域的商品名称和销量计算出电视类商品的平均销量，如图 9-6 所示。

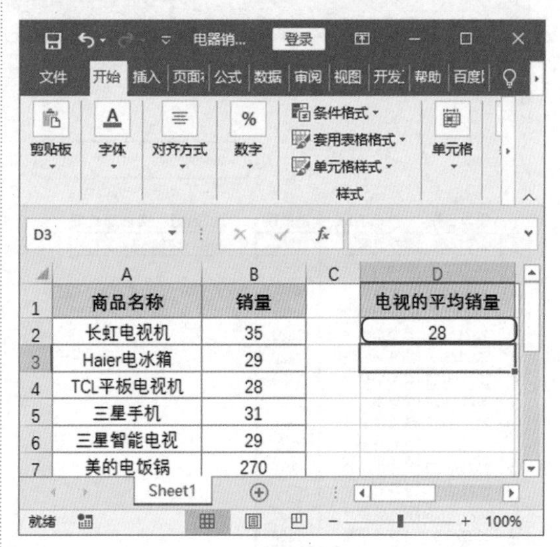

图 9-6

9.2.2 统计总分大于 700 的三好学生人数

在“成绩表”中统计了三好学生，以及各个学生的成绩，现在要将是三好学生并且总分在 700 分以上的学生人数统计出来，需要使用 COUNTIFS 函数来完成。

<< 扫码获取配套视频课程，本节视频课程播放时长约为 15 秒。

操作步骤

第 1 步 在F2单元格中输入公式“=COUNTIFS(C2:C14,"三好学生",D2:D14,">700")”，如图 9-7 所示。

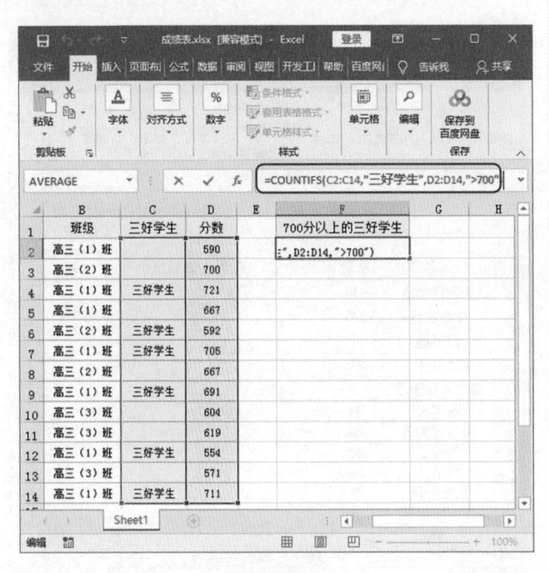

图 9-7

第 2 步 按 Enter 键完成输入，即可得到统计结果，如图 9-8 所示。

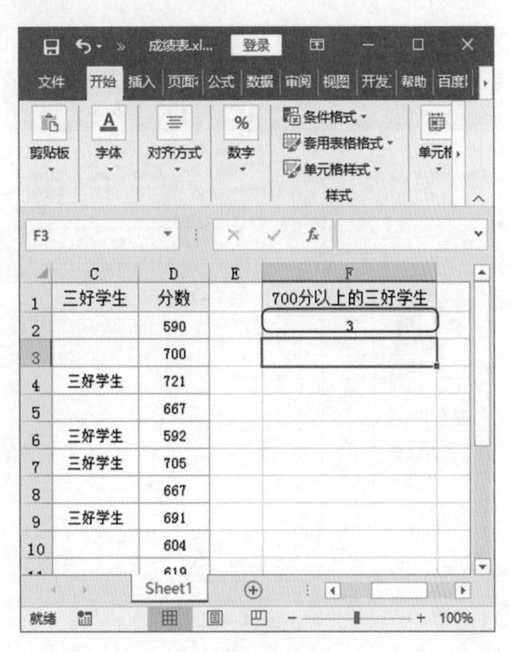

图 9-8

知识拓展

统计条目数函数有 COUNT、COUNTIF 等，COUNT 函数用于返回数字参数的个数；若在进行统计前要进行一项条件判断，则需要使用 COUNTIF 函数。COUNTIFS 函数为 COUNTIF 函数的扩展，用法与 COUNTIF 函数类似，但 COUNTIF 函数针对单一条件，而 COUNTIFS 函数可以实现多个条件同时求结果。

9.2.3 返回指定产品的最低报价

在“产品报价表”中统计了各个公司对不同产品的报价，现在需要找出“喷淋头”这个产品的最低报价是多少，需要使用 MIN（IF）函数来完成。

<< 扫码获取配套视频课程，本节视频课程播放时长约为 14 秒。

操作步骤

第 1 步 在 G1 单元格中输入公式 "=MIN(IF(B2:B14="喷淋头",C2:C14))"，如图 9-9 所示。

图 9-9

第 2 步 按 Ctrl+Shift+Enter 组合键完成输入，即可得到指定产品的最低报价，如图 9-10 所示。

图 9-10

9.3 使用文本函数处理数据

文本函数用于处理公式的文本字符串，如复制指定的文本、改变英文大小写状态等。文本函数包括 LEFT、RIGHT、MID、SUBSTITUTE、TEXT、UPPER、VALUE、ASC、LEN、CONCATENATE、EXACT 和 TRIM 等。掌握此类函数的使用技巧，能够满足从事不同类型工作的用户的需要。

9.3.1 从商品全称中提取产地

在"商品信息表"中统计了各种名贵木材的信息，商品全称中包含有产地信息，需要将产地提取出来，可以首先利用 FIND 函数找"产"字的位置，然后将此值作为 LEFT 函数的第 2 个参数。

<< 扫码获取配套视频课程，本节视频课程播放时长约为 14 秒。

操作步骤

第1步 在D2单元格中输入公式“= LEFT(B2,FIND("产", B2)-1)”，如图9-11所示。

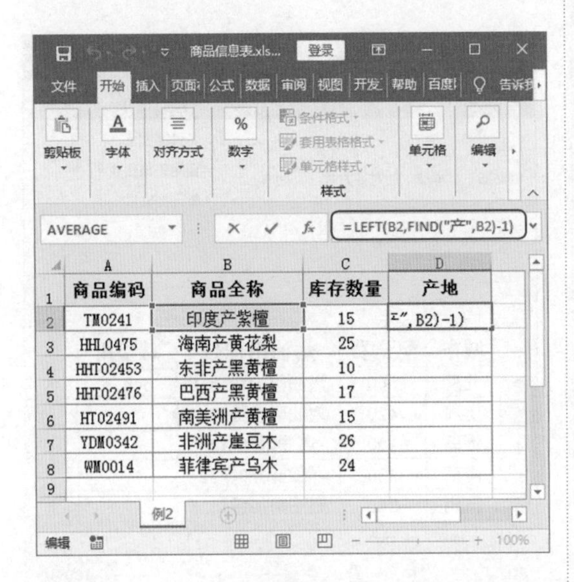

图9-11

第2步 按Enter键完成输入，即可提取B2单元格中字符串中“产”字前的字符，如图9-12所示。

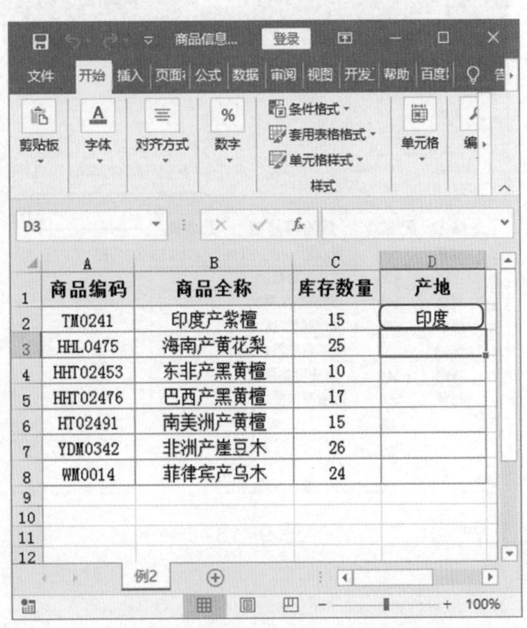

图9-12

知识拓展

提取文本是指从文本字符串中提取部分文本。例如，可以使用LEFT函数从左侧提取，使用RIGHT函数从右侧提取，使用MID函数从任意指定位置提取等。无论哪种方式的提取，如果要实现批量提取，都要寻找字符串中的相关规律，从而准确地提取有用数据。

9.3.2 从文字与金额合并显示的字符串中提取金额

在“费用统计表”中，由于“燃油附加费”的填写方式不规范，既有文字又有数值，导致无法计算总费用，此时可以使用RIGHT函数实现对燃油附加费金额的提取，但字符串的长度不一，无法直接使用RIGHT函数提取，需要配合LEN函数来确定提取的长度。

<< 扫码获取配套视频课程，本节视频课程播放时长约为15秒。

操作步骤

第 1 步 在D2单元格中输入公式“=B2+RIGHT (C2,LEN(C2)−5)”，如图 9−13 所示。

图 9−13

第 2 步 按 Enter 键完成输入，即可提取 C2 单元格中的金额数据，并实现总费用的计算，如图 9−14 所示。

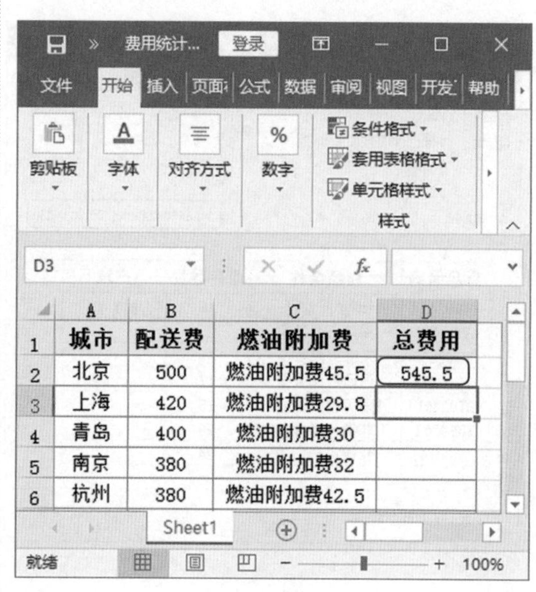

图 9−14

9.3.3 根据报名人员统计人数

在“报名统计表”中统计了各个课程报名的学员姓名，现在要求根据学员姓名将实际人数统计出来，需要使用 SUBSTITUTE 函数搭配 LEN 函数来完成，SUBSTITUTE 函数用于在文本字符串中用指定的新文本替代旧文本。

<< 扫码获取配套视频课程，本节视频课程播放时长约为 13 秒。

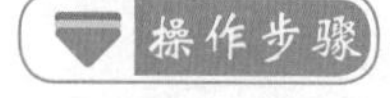

第 1 步 在 D2 单元格中输入公式“=LEN(C2)−LEN(SUBSTITUTE(C2,",",""))+1”，如图 9−15 所示。

第 2 步 按 Enter 键完成输入，即可统计出 C2 单元格中学员的人数，如图 9−16 所示。

图 9-15

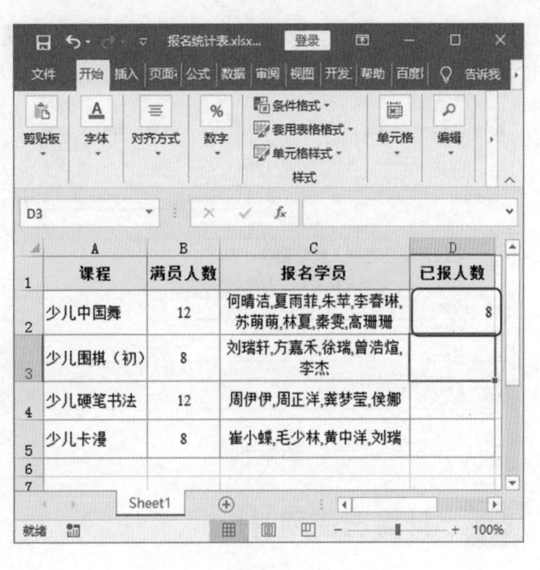

图 9-16

9.4 使用日期处理函数计算数据

日期函数就是针对日期处理运算的函数，在人事数据处理、财务数据处理等处理中经常需要用到日期函数。

9.4.1 按缺勤天数计算扣款

在“缺勤扣款表”中统计了10月份现场客服人员的缺勤天数，现在要计算每位员工应扣款金额，要完成此统计结果需要根据当月天数求出单日工资（假设月工资为3000元）。

<< 扫码获取配套视频课程，本节视频课程播放时长约为14秒。

操作步骤

第1步 在C3单元格中输入公式“=B3*(3000/(DAY(DATE(2021,11,0))))”，如图9-17所示。

第2步 按Enter键完成输入，即可根据每位人员的缺勤天数求出扣款金额，如图9-18所示。

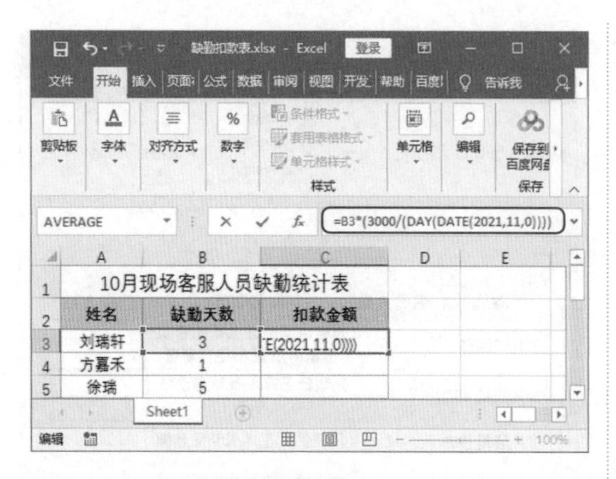

图 9-17

	A	B	C
1	10月现场客服人员缺勤统计表		
2	姓名	缺勤天数	扣款金额
3	刘瑞轩	3	290.32
4	方嘉禾	1	
5	徐瑞	5	
6	曾浩煊	8	
7	李杰	2	
8	周伊伊	7	
9	周正洋	4	
10	龚梦莹	6	
11	侯娜	3	

图 9-18

9.4.2 计算已使用时长

在“使用时长表”中显示了部分固定资产的新增日期，要求计算出固定资产的已使用月数，计算两个日期值间隔的年数或月数，可以使用 DATEIF 函数计算。

<< 扫码获取配套视频课程，本节视频课程播放时长约为 13 秒。

操作步骤

第 1 步 在 D2 单元格中输入公式“=DATEDIF(C2,TODAY(),"m")”，如图 9-19 所示。

图 9-19

第 2 步 按 Enter 键完成输入，即可根据新增日期计算出已使用月数，如图 9-20 所示。

	A	B	C	D
1	序号	物品名称	新增日期	使用时间(月)
2	A001	空调	2016/6/5	59
3	A002	冷暖空调机	2016/6/22	
4	A003	饮水机	2017/6/5	
5	A004	uv喷绘机	2015/5/1	
6	A005	印刷机	2016/4/10	
7	A006	覆膜机	2016/10/1	
8	A007	平板彩印机	2017/2/2	
9	A008	亚克力喷绘机	2017/10/1	

图 9-20

9.5 财务函数的应用

财务函数是指用来进行财务处理的函数，如确定贷款的支付额、投资的未来值或净现值、债券或息票的价值，以及资产折旧计算等。

9.5.1 计算每年偿还额中的利息金额

在“贷款利息表”中记录了某笔贷款的总金额、贷款年利率、贷款年限，要求计算每年偿还金额中的利息金额，用户可以使用IPMT函数计算。

<< 扫码获取配套视频课程，本节视频课程播放时长约为13秒。

操作步骤

第 1 步 在B6单元格中输入公式“=IPMT($B$1,A6,$B$2,$B$3)”，如图9-21所示。

图9-21

第 2 步 按Enter键完成输入，即可返回第1年的利息金额，如图9-22所示。

	A	B
1	贷款年利率	6.55%
2	贷款年限	28
3	贷款总金额	1000000
4		
5	年份	利息金额
6	1	(¥65,500.00)
7	2	
8	3	
9	4	
10	5	
11	6	

图9-22

知识拓展

IPMT的函数语法为IPMT（rate, per, nper, pv, fv, type），其中，rate指各期利率；per指要计算利息的期数，为1~nper；nper指总还款期数；pv指现值，即本金；fv指未来值，即最后一次付款后的先进余额；type指指定各期的还款时间是在期初还是期末。

9.5.2 计算住房公积金的未来值

假设某企业每月从某员工工资中扣除 200 元作为住房公积金，然后按年利率 22% 返还给该员工，要求在“公积金未来值表”中计算 5 年后（60 个月）该员工住房公积金金额。

<< 扫码获取配套视频课程，本节视频课程播放时长约为 16 秒。

操作步骤

第 1 步 在 B5 单元格中输入公式“=FV(B1/12,B2,B3)”，如图 9-23 所示。

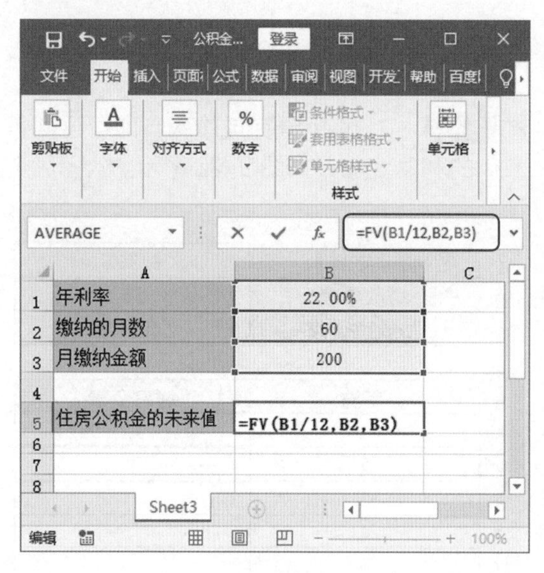

图 9-23

第 2 步 按 Enter 键完成输入，即可计算出 5 年后该员工所得的住房公积金金额，如图 9-24 所示。

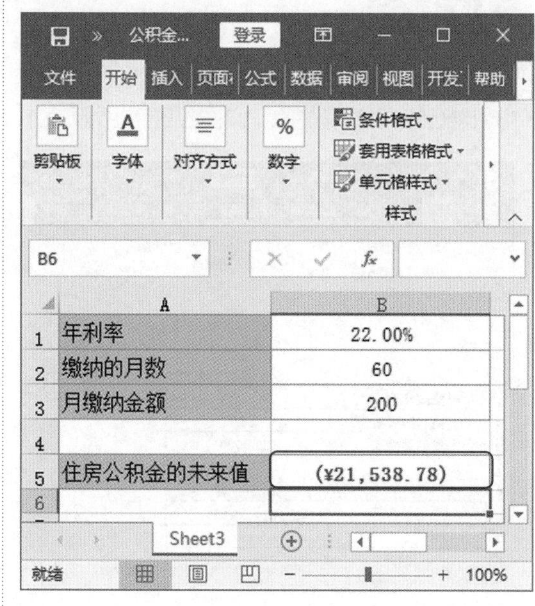

图 9-24

第 10 章

工作效率倍增秘籍

本章主要介绍了创建办公用品领用管理表和创建工资核算表两个实际工作中的案例。通过本章的学习，读者可以掌握在实际工作中使用 Excel 的几个技巧，进而有效地提升工作效率。

用手机扫描二维码
获取本章学习素材

10.1 创建办公用品领用管理表

在领用办公用品前需要填写办公用品领用登记表，有了这一表格，行政部门在期末则可以很方便地统计出各部门的办公用品领用情况，对不正常的领用情况进行核实，对缺少的用品及时采购。

10.1.1 创建与美化表格框架

要创建办公用品领用表，首先需要建立基本工作表、设置表格的标签、输入表格标题与列标识、设置字体字号、设置行高列宽、设置单元格格式等。

<< 扫码获取配套视频课程，本节视频课程播放时长约为 4 分 30 秒。

操作步骤

第 1 步 打开 Excel，新建“公司办公用品领用管理表”工作簿，修改默认的 Sheet1 工作表标签为“办公用品领用管理表”，并设置标签颜色为红色，如图 10-1 所示。

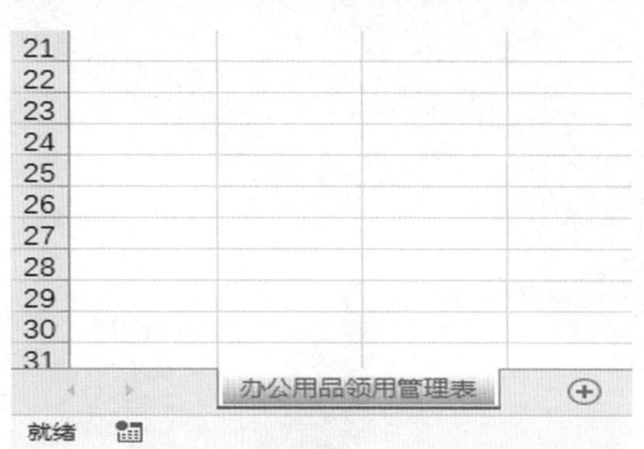

图 10-1

第 2 步 输入表格标题与各项列标识，如图 10-2 所示。

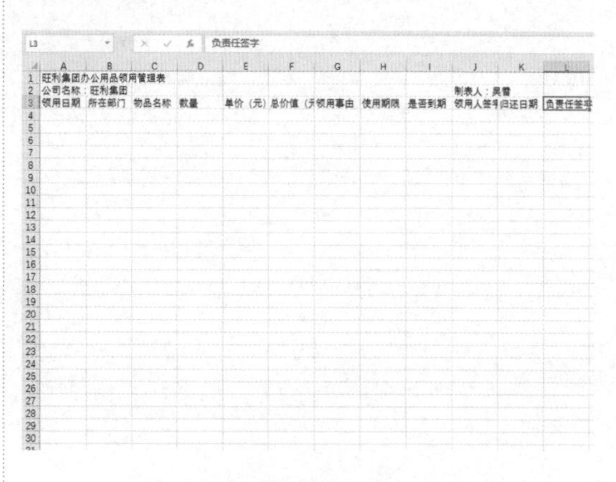

图 10-2

第 3 步 单击【合并后居中】按钮来分别对 A1:L1 单元格区域、A2:D2 单元格区域和 J2:L2 单元格区域进行合并，分别设置标题和列标识项的字体和字号，如图 10-3 所示。

第 4 步 通过手动拖动的方式来调整表格的行高和列宽，达到自己所需要的效果，设置 A2:D2 单元格区域和 J2:L2 单元格区域为文本左对齐，列标识行为文本居中对齐，如图 10-4 所示。

旺利集团办公用品领用管理表
公司名称：旺利集团
制表人：吴雪

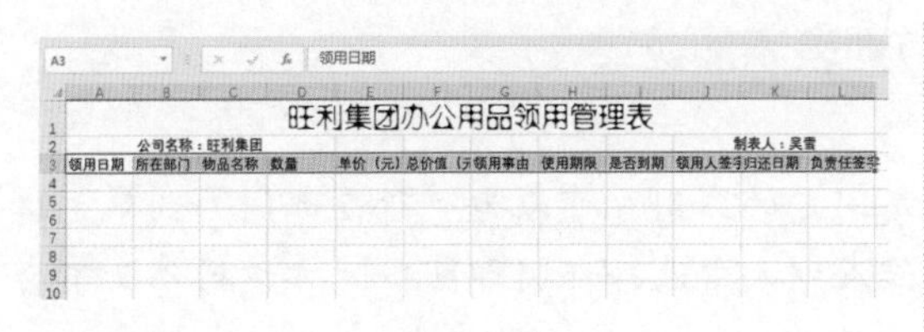

图 10-3

第 5 步 按住 Ctrl 键，选中 A4:A27、H4:H27 和 K4:K27 单元格区域设置【数字格式】为【短日期】选项，如图 10-5 所示。

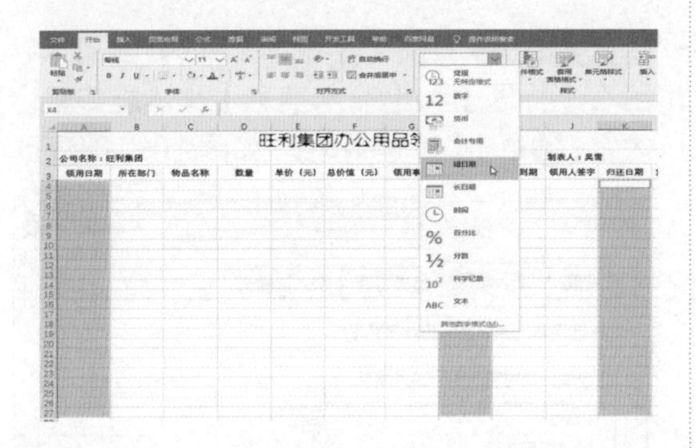

图 10-5

第 7 步 按住 Ctrl 键，选中 H5:H8、H10 和 H12:H14 单元格区域，打开【设置单元格格式】对话框，在【边框】选项卡中设置参数，如图 10-7 所示。

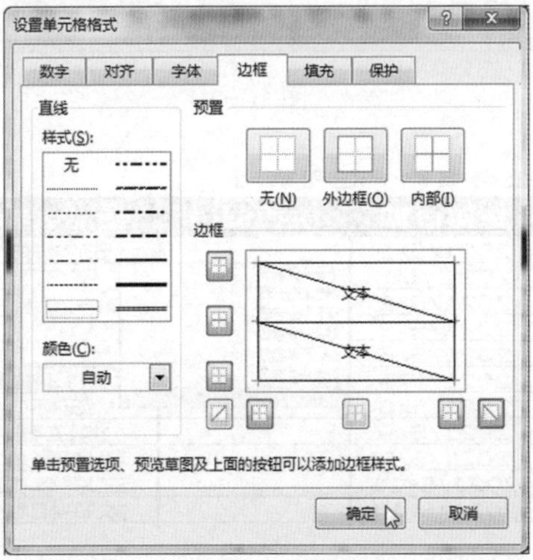

设置单元格格式
数字
对齐
字体
边框
填充
保护
直线
样式(S):
无
颜色(C):
自动
预置
无(N)
外边框(O)
内部(I)
边框
文本
文本
单击预置选项、预览草图及上面的按钮可以添加边框样式。
确定
取消

图 10-7

旺利集团办公用品领用管理表

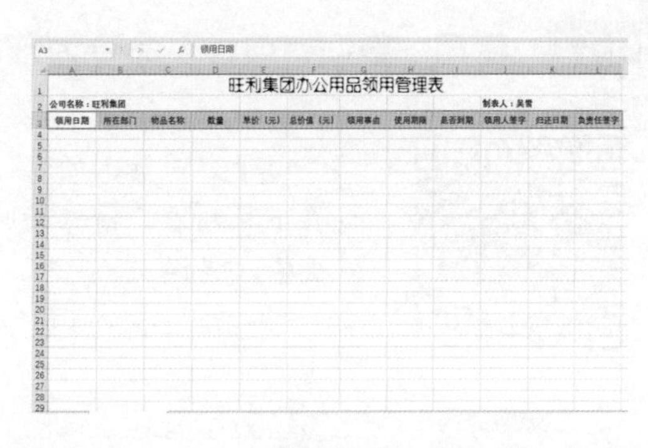

图 10-4

第 6 步 为 A3:L27 单元格区域添加边框，为 A3:L3 单元格区域设置黑色填充色并设置字体为白色，并输入领用记录信息，如图 10-6 所示。

旺利集团办公用品领用管理表

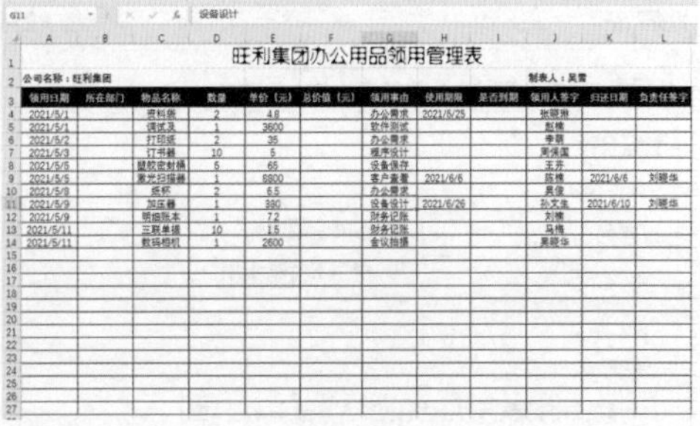

图 10-6

第 8 步 设置完成后的效果如图 10-8 所示。

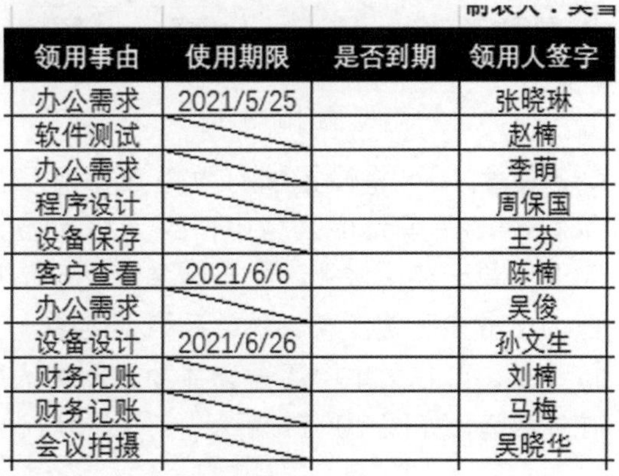

领用事由
使用期限
是否到期
领用人签字
办公需求
2021/5/25
张晓琳
软件测试
赵楠
办公需求
李萌
程序设计
周保国
设备保存
王芬
客户查看
2021/6/6
陈楠
办公需求
吴俊
设备设计
2021/6/26
孙文生
财务记账
刘楠
财务记账
马梅
会议拍摄
吴晓华

图 10-8

10.1.2 使用“数据有效性”命令为部门列表添加菜单

由于公司员工的部门是固定的，用户可以为“所在部门”列单元格设置下拉列表，输入的时候在列表中选择部门即可，既方便操作又不会产生输入错误。

<< 扫码获取配套视频课程，本节视频课程播放时长约为 2 分 01 秒。

操作步骤

第 1 步 选中 B4:B27 单元格区域，依次执行【数据】→【数据工具】→【数据验证】命令，打开【数据验证】对话框，在【设置】选项卡中设置参数，如图 10-9 所示。

图 10-9

第 2 步 ❶切换至【输入信息】选项卡，❷在【标题】和【输入信息】文本框中输入内容，❸单击【确定】按钮，如图 10-10 所示。

图 10-10

第 3 步 即可将设置的有效性数据序列应用到 B4:B27 单元格区域中，当光标定位到 B4:B27 单元格区域上，会自动弹出提示信息框，单击该区域任意一个单元格都会弹出下拉菜单，可在菜单中逐一选择物品领用人所在的部门，如图 10-11 所示。

公司名称：旺利集团

领用日期	所在部门	物品名称
2021/5/1		资料袋
2021/5/1	行政部	
2021/5/2	市场部	
2021/5/3	开发部	
2021/5/5	设计部	桶
2021/5/5	人事部	光扫描器
2021/5/8	财务部	纸杯
2021/5/9	采购部	加压器
2021/5/9		明细账本
2021/5/11		三联单据
2021/5/11		数码相机

图 10-11

10.1.3 计算总价并判断是否到期

当在工作表中逐一记录每次领用人领用的物品名称、数量、单价及其他信息后，接下来可以使用公式计算出每次领用人领用物品的总价，以及根据使用期限判断该物品是否到期。

<< 扫码获取配套视频课程，本节视频课程播放时长约为43秒。

操作步骤

第1步 选中F4单元格，输入公式"=D4*E4"，如图10-12所示。

=D4*E4

D	E	F
旺利集团办公用		
数量	单价（元）	总价值（元）
2	4.8	=D4*E4
1	3600	
2	35	
10	5	
5	65	
1	8800	
2	6.5	
1	380	

图10-12

第2步 按Enter键完成计算，向下填充公式，即可计算出其他领用物品的总价，如图10-13所示。

旺利集团办公用品领用管理表

单价（元）	总价值（元）	领用事由	使用期限
4.8	9.6	办公需求	2021/5/25
3600	3600	软件测试	
35	70	办公需求	
5	50	程序设计	
65	325	设备保存	
8800	8800	客户查看	2021/6/6
6.5	13	办公需求	
380	380	设备设计	2021/6/26
7.2	7.2	财务记账	
1.5	15	财务记账	
2600	2600	会议拍摄	

图10-13

第3步 选中I4单元格，输入公式"=IF(H4="","",IF(H4>NOW(),"未到期","到期"))"，按Enter键完成计算，即可根据使用期限和当前日期来判断用品是否到期，如果使用期限大于当前日期，则显示"未到期"；反之，显示"到期"，向下填充公式，即可判断其他物品是否到期，如图10-14所示。

=IF(H4="","",IF(H4>NOW(),"未到期","到期"))

旺利集团办公用品领用管理表

数量	单价（元）	总价值（元）	领用事由	使用期限	是否到期
2	4.8	9.6	办公需求	2021/5/25	到期
1	3600	3600	软件测试		
2	35	70	办公需求		
10	5	50	程序设计		
5	65	325	设备保存		
1	8800	8800	客户查看	2021/6/6	到期
2	6.5	13	办公需求		
1	380	380	设备设计	2021/6/26	未到期
1	7.2	7.2	财务记账		
10	1.5	15	财务记账		
1	2600	2600	会议拍摄		

图10-14

10.2 创建工资核算表

月末员工工资的核算是财务部门每月必须展开的工作。工资核算时要逐一计算两部分的明细数据：一是应发部分；二是应扣部分。这些数据都需要创建表格来管理，然后在月末将其汇总到工资表中，从而得出最终的应发工资。

10.2.1 创建基本工资表

员工基本工资表用来统计每一位员工的基本信息、基本工资和入职日期数据，根据入职日期对工龄工资进行计算，本例中规定 1 年以下的员工工龄工资为 0，1~3 年工龄工资每月 50 元，3~5 年工龄工资每月 100 元，5 年以上每月 200 元。

<< 扫码获取配套视频课程，本节视频课程播放时长约为 2 分 12 秒。

操作步骤

第 1 步 打开 Excel，新建“工资核算”工作簿，修改默认的 Sheet1 工作表标签为“基本工资表”，输入基本数据，如图 10-15 所示。

基本工资管理表

工号	姓名	部门	基本工资	入职时间	工龄	工龄工资
NO.001	章晔	行政部	3200	2011/5/8		
NO.002	姚磊	人事部	3500	2012/6/4		
NO.003	闫绍红	行政部	2800	2013/11/5		
NO.004	焦文雷	设计部	4000	2013/3/12		
NO.005	魏义成	行政部	2800	2015/3/5		
NO.006	李秀秀	人事部	4200	2012/6/18		
NO.007	焦文全	销售部	2800	2014/2/15		
NO.008	郑立媛	设计部	4500	2012/6/3		
NO.009	马同燕	设计部	4000	2015/4/8		
NO.010	莫云	销售部	2200	2013/5/6		
NO.011	陈芳	研发部	3200	2014/6/11		
NO.012	钟华	研发部	4500	2015/1/2		
NO.013	张燕	人事部	3500	2013/3/1		
NO.014	柳小续	研发部	5000	2014/10/1		
NO.015	许开	研发部	3500	2015/3/1		
NO.016	陈建	销售部	2500	2013/4/1		
NO.017	万茜	财务部	4200	2013/4/1		
NO.018	张亚明	销售部	2000	2016/4/1		
NO.019	张华	财务部	3000	2015/4/1		
NO.020	郝亮	销售部	1200	2016/4/1		
NO.021	穆宇飞	研发部	3200	2016/4/1		

图 10-15

第 2 步 选中 F3 单元格，输入公式“=YEAR(TODAY())-YEAR(E3)”，按 Enter 键完成输入，向下填充公式批量计算员工工龄，如图 10-16 所示。

F3　=YEAR(TODAY())-YEAR(E3)

基本工资管理表

工号	姓名	部门	基本工资	入职时间	工龄	工龄工资
NO.001	章晔	行政部	3200	2011/5/8	10	
NO.002	姚磊	人事部	3500	2012/6/4	9	
NO.003	闫绍红	行政部	2800	2013/11/5	8	
NO.004	焦文雷	设计部	4000	2013/3/12	8	
NO.005	魏义成	行政部	2800	2015/3/5	6	
NO.006	李秀秀	人事部	4200	2012/6/18	9	
NO.007	焦文全	销售部	2800	2014/2/15	7	
NO.008	郑立媛	设计部	4500	2012/6/3	9	
NO.009	马同燕	设计部	4000	2015/4/8	6	
NO.010	莫云	销售部	2200	2013/5/6	8	
NO.011	陈芳	研发部	3200	2014/6/11	7	
NO.012	钟华	研发部	4500	2015/1/2	6	
NO.013	张燕	人事部	3500	2013/3/1	8	
NO.014	柳小续	研发部	5000	2014/10/1	7	
NO.015	许开	研发部	3500	2015/3/1	6	
NO.016	陈建	销售部	2500	2013/4/1	8	
NO.017	万茜	财务部	4200	2013/4/1	8	
NO.018	张亚明	销售部	2000	2016/4/1	5	
NO.019	张华	财务部	3000	2015/4/1	6	
NO.020	郝亮	销售部	1200	2016/4/1	5	
NO.021	穆宇飞	研发部	3200	2016/4/1	5	

图 10-16

第 3 步 选中 G3 单元格，输入公式“=IF(F3<=1,0,IF(F3<=3,(F3-1)*50,IF(F3<=5,(F3-1)*100,(F3-1)*200)))”，按 Enter 键完成输入，向下填充公式批量计算工龄工资，如图 10-17 所示。

第 4 步 新建工作表，命名为“员工绩效奖金计算表”并输入基本信息，如图 10-18 所示。

=IF(F3<=1,0,IF(F3<=3,(F3-1)*50,IF(F3<=5,(F3-1)*100,(F3-1)*200)))

入职时间	工龄	工龄工资
2011/5/8	10	1800
2012/6/4	9	1600
2013/11/5	8	1400
2013/3/12	8	1400
2015/3/5	6	1000
2012/6/18	9	1600
2014/2/15	7	1200
2012/6/3	9	1600
2015/4/8	6	1000

图 10-17

第 5 步 当销售额小于 20000 元时，提成比例为 3%；当销售额在 20000~50000 元时，提成比例为 5%；当销售额大于 50000 元时，提成比例为 8%。选中 D3 单元格，输入公式 “=IF(C3<=20000,C3*0.03,IF(C3<=50000,C3*0.05,C3*0.08))”，按 Enter 键完成计算，向下填充公式批量计算绩效奖金，如图 10-19 所示。

=IF(C3<=20000,C3*0.03,IF(C3<=50000,C3*0.05,C3*0.08))

效奖金计算表

销售业绩	绩效奖金
100600	8048
125900	10072
70800	5664
90600	7248
75000	6000
18500	555
135000	10800
34000	1700
25900	1295
103000	8240
18000	540
48800	2440
45800	2290
122000	9760
	0
98000	7840

图 10-19

第 7 步 选中 N3 单元格，输入公式 “=IF(E3+F3=D3,300,0)”，按 Enter 键完成计算，向下填充公式批量计算满勤奖，如图 10-21 所示。

员工绩效奖金计算表

工号	姓名	销售业绩	绩效奖金
NO.007	焦文全	100600	
NO.010	莫云	125900	
NO.016	陈建	70800	
NO.018	张亚明	90600	
NO.020	郝亮	75000	
NO.023	吴小华	18500	
NO.024	刘平	135000	
NO.025	韩学平	34000	
NO.026	张成	25900	
NO.027	邓宏	103000	
NO.028	杨娜	18000	
NO.029	邓超超	48800	
NO.031	包娟娟	45800	
NO.033	陈潇	122000	
NO.034	张兴		
NO.036	陈在全	98000	

基本工资表 员工绩效奖金计算表

图 10-18

第 6 步 新建工作表，并将其命名为 “考勤统计表”，输入基本数据，如图 10-20 所示。

员工出勤情况统计

满勤奖：300元//病假：30元//事假：50元//迟到(早退)：20元//旷(半):100元//旷工：200元

工号	姓名	部门	应该出勤	实际出勤	出差	事假	病假	旷工	迟到	早退	旷(半)	出勤率	满勤奖	应扣工资
NO.001	章晔	行政部	22	17	0	0	0	1	2	2	0	77.27%		
NO.002	姚磊	人事部	22	22	0	0	0	0	0	0	0	100.00%		
NO.003	阎绍红	行政部	22	22	0	0	0	0	0	0	0	100.00%		
NO.004	焦文雷	设计部	22	18	0	1	0	0	1	1	1	81.82%		
NO.005	魏义成	行政部	22	22	0	0	0	0	0	0	0	100.00%		
NO.006	李秀秀	人事部	22	21	0	0	0	0	0	0	1	95.45%		
NO.007	焦文全	销售部	22	22	0	0	0	0	0	0	0	100.00%		
NO.008	郑立媛	设计部	22	21	0	0	0	0	1	0	0	95.45%		
NO.009	马同燕	设计部	22	21	0	0	0	0	1	0	0	95.45%		
NO.010	莫云	销售部	22	21	0	0	0	0	1	0	0	95.45%		
NO.011	陈芳	研发部	22	22	0	0	0	0	0	0	0	100.00%		
NO.012	钟华	研发部	22	19	0	1	0	0	2	0	0	86.36%		
NO.013	张燕	人事部	22	17	2	0	0	0	1	2	0	77.27%		
NO.014	柳小续	研发部	22	20	2	0	0	0	0	0	0	90.91%		
NO.015	许开	研发部	22	21	0	0	0	0	1	0	0	95.45%		
NO.016	陈建	销售部	22	20	0	0	0	2	0	0	0	90.91%		
NO.017	万雷	财务部	22	21	0	0	1	0	0	0	0	95.45%		
NO.018	张亚明	销售部	22	22	0	0	0	0	0	0	0	100.00%		
NO.019	张华	财务部	22	22	0	0	0	0	0	0	0	100.00%		
NO.020	郝亮	销售部	22	22	0	0	0	0	0	0	0	100.00%		
NO.021	穆宇飞	研发部	22	21	0	0	0	0	1	0	0	95.45%		
NO.022	于青青	研发部	22	21	0	0	0	0	1	0	0	95.45%		
NO.023	吴小华	销售部	22	22	0	0	0	0	0	0	0	100.00%		
NO.024	刘平	销售部	22	20	0	0	0	2	0	0	0	90.91%		
NO.025	韩学平	销售部	22	22	0	0	0	0	0	0	0	100.00%		
NO.026	张成	销售部	22	18	3	0	0	0	1	0	0	81.82%		

图 10-20

第 8 步 选中 O3 单元格，输入公式 “=G3*50+H3*30+I3*200+J3*20+K3*20+L3*100”，按 Enter 键完成计算，向下填充公式批量计算应扣工资，如图 10-22 所示。

员工出勤情况统计

满勤奖：300元//病假：30元//事假：50元//迟到(早退)：20元//旷(半):100元//旷工：200元

工号	姓名	部门	应该出勤	实际出勤	出差	事假	病假	旷工	迟到	早退	旷(半)	出勤率	满勤奖	应扣工资
NO.001	章晔	行政部	22	17	0	0	0	1	2	2	0	77.27%	0	
NO.002	姚磊	人事部	22	22	0	0	0	0	0	0	0	100.00%	300	
NO.003	闫绍红	行政部	22	22	0	0	0	0	0	0	0	100.00%	300	
NO.004	焦文雷	设计部	22	18	0	1	0	0	1	1	1	81.82%	0	
NO.005	魏义成	行政部	22	22	0	0	0	0	0	0	0	100.00%	300	
NO.006	李秀秀	人事部	22	21	0	0	0	0	0	0	1	95.45%	0	
NO.007	焦文全	销售部	22	22	0	0	0	0	0	0	0	100.00%	300	
NO.008	郑立媛	设计部	22	21	0	0	0	0	1	0	0	95.45%	0	
NO.009	马同燕	设计部	22	21	0	0	0	0	1	0	0	95.45%	0	
NO.010	莫云	销售部	22	21	0	0	0	0	1	0	0	95.45%	0	
NO.011	陈芳	研发部	22	22	0	0	0	0	0	0	0	100.00%	300	
NO.012	钟华	研发部	22	19	0	1	0	0	2	0	0	86.36%	0	
NO.013	张燕	人事部	22	17	2	0	0	0	1	2	0	77.27%	0	
NO.014	柳小续	研发部	22	20	2	0	0	0	0	0	0	90.91%	300	
NO.015	许开	研发部	22	21	0	0	0	0	1	0	0	95.45%	0	
NO.016	陈建	销售部	22	20	0	0	0	2	0	0	0	90.91%	0	
NO.017	万蕾	财务部	22	21	0	0	1	0	0	0	0	95.45%	0	
NO.018	张亚明	销售部	22	22	0	0	0	0	0	0	0	100.00%	300	
NO.019	张华	财务部	22	22	0	0	0	0	0	0	0	100.00%	300	
NO.020	郝亮	销售部	22	22	0	0	0	0	0	0	0	100.00%	300	
NO.021	穆宇飞	研发部	22	21	0	0	0	0	1	0	0	95.45%	0	
NO.022	于青青	研发部	22	21	0	0	0	0	1	0	0	95.45%	0	
NO.023	吴小华	销售部	22	22	0	0	0	0	0	0	0	100.00%	300	
NO.024	刘平	销售部	22	20	0	0	0	2	0	0	0	90.91%	0	
NO.025	韩学平	销售部	22	22	0	0	0	0	0	0	0	100.00%	300	
NO.026	张成	销售部	22	18	3	0	0	0	1	0	0	81.82%	0	

图 10-21

员工出勤情况统计

满勤奖：300元//病假：30元//事假：50元//迟到(早退)：20元//旷(半):100元//旷工：200元

工号	姓名	部门	应该出勤	实际出勤	出差	事假	病假	旷工	迟到	早退	旷(半)	出勤率	满勤奖	应扣工资
NO.001	章晔	行政部	22	17	0	0	0	1	2	2	0	77.27%	0	280
NO.002	姚磊	人事部	22	22	0	0	0	0	0	0	0	100.00%	300	0
NO.003	闫绍红	行政部	22	22	0	0	0	0	0	0	0	100.00%	300	0
NO.004	焦文雷	设计部	22	18	0	1	0	0	1	1	1	81.82%	0	190
NO.005	魏义成	行政部	22	22	0	0	0	0	0	0	0	100.00%	300	0
NO.006	李秀秀	人事部	22	21	0	0	0	0	0	0	1	95.45%	0	100
NO.007	焦文全	销售部	22	22	0	0	0	0	0	0	0	100.00%	300	0
NO.008	郑立媛	设计部	22	21	0	0	0	0	1	0	0	95.45%	0	20
NO.009	马同燕	设计部	22	21	0	0	0	0	1	0	0	95.45%	0	20
NO.010	莫云	销售部	22	21	0	0	0	0	1	0	0	95.45%	0	20
NO.011	陈芳	研发部	22	22	0	0	0	0	0	0	0	100.00%	300	0
NO.012	钟华	研发部	22	19	0	1	0	0	2	0	0	86.36%	0	90
NO.013	张燕	人事部	22	17	2	0	0	0	1	2	0	77.27%	0	60
NO.014	柳小续	研发部	22	20	2	0	0	0	0	0	0	90.91%	300	0
NO.015	许开	研发部	22	21	0	0	0	0	1	0	0	95.45%	0	20
NO.016	陈建	销售部	22	20	0	0	0	2	0	0	0	90.91%	0	400
NO.017	万蕾	财务部	22	21	0	0	1	0	0	0	0	95.45%	0	30
NO.018	张亚明	销售部	22	22	0	0	0	0	0	0	0	100.00%	300	0
NO.019	张华	财务部	22	22	0	0	0	0	0	0	0	100.00%	300	0
NO.020	郝亮	销售部	22	22	0	0	0	0	0	0	0	100.00%	300	0
NO.021	穆宇飞	研发部	22	21	0	0	0	0	1	0	0	95.45%	0	20
NO.022	于青青	研发部	22	21	0	0	0	0	1	0	0	95.45%	0	20
NO.023	吴小华	销售部	22	22	0	0	0	0	0	0	0	100.00%	300	0
NO.024	刘平	销售部	22	20	0	0	0	2	0	0	0	90.91%	0	400
NO.025	韩学平	销售部	22	22	0	0	0	0	0	0	0	100.00%	300	0
NO.026	张成	销售部	22	18	3	0	0	0	1	0	0	81.82%	0	20

图 10-22

第 9 步 新建工作表，并将其命名为“加班费计算表”，输入基本数据，如图 10-23 所示。

加班费计算表

工作日加班：50元/小时//节假日加班：80元/小时

工号	加班人	节假日加班小时数	工作日加班小时数	加班费
NO.001	章晔	0	4	
NO.002	姚磊	0	4	
NO.003	闫绍红	5	0	
NO.004	焦文雷	4.5	0	
NO.005	魏义成	3.5	0	
NO.007	焦文全	0	8.5	
NO.008	郑立媛	0	2.5	
NO.009	马同燕	0	3.5	
NO.010	莫云	0	4.5	
NO.011	陈芳	4.5	0	
NO.012	钟华	3.5	0	
NO.013	张燕	4	0	
NO.015	许开	0	8.5	

图 10-23

第10步 选中 E3 单元格，输入公式“=C3*80+D3*50”，按 Enter 键完成计算，向下填充公式批量计算加班费，如图 10-24 所示。

加班费计算表

工作日加班：50元/小时//节假日加班：80元/小时

工号	加班人	节假日加班小时数	工作日加班小时数	加班费
NO.001	章晔	0	4	200
NO.002	姚磊	0	4	200
NO.003	闫绍红	5	0	400
NO.004	焦文雷	4.5	0	360
NO.005	魏义成	3.5	0	280
NO.007	焦文全	0	8.5	425
NO.008	郑立媛	0	2.5	125
NO.009	马同燕	0	3.5	175
NO.010	莫云	0	4.5	225
NO.011	陈芳	4.5	0	360
NO.012	钟华	3.5	0	280
NO.013	张燕	4	0	320
NO.015	许开	0	8.5	425
NO.016	陈建	0	2.5	125
NO.017	万蕾	0	4	200
NO.018	张亚明	0	4.5	225
NO.019	张华	0	4.5	225
NO.020	郝亮	3	0	240
NO.021	穆宇飞	3.5	0	280

图 10-24

10.2.2 员工月度薪酬核算

工资核算时要分应发工资和应扣工资两部分来进行计算，应发工资和应扣工资中又各自包含多个项目。当准备好一些工资核算的相关表格后，则可以进行工资核算。

<< 扫码获取配套视频课程，本节视频课程播放时长约为 4 分 35 秒。

操作步骤

第 1 步 新建工作表，并重命名为“员工月度工资表”，输入标题和列标识，并设置格式，如图 10-25 所示。

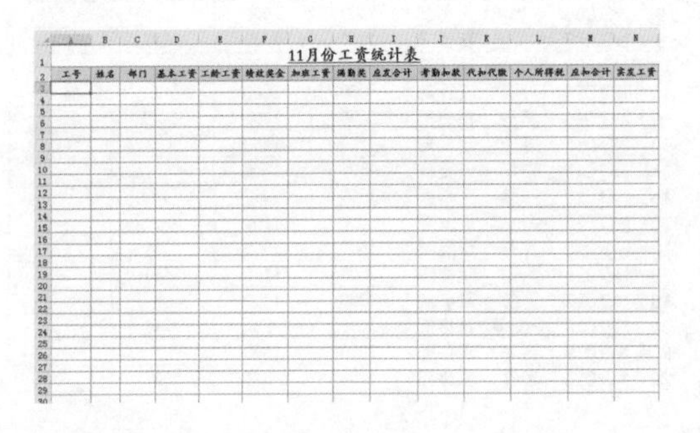

图 10-25

第 2 步 选中 A3 单元格，输入公式“= 基本工资表 !A3”，按 Enter 键完成输入，向右填充公式到 C3 单元格，如图 10-26 所示。

	A	B	C	D
1				
2	工号	姓名	部门	基本工资
3	NO.001	章晔	行政部	
4				
5				

图 10-26

第 3 步 选中 A3:C3 单元格区域，向下填充公式，实现从“基本工资表”中得到所有员工的基本数据，如图 10-27 所示。

	A	B	C	D	E	F
1						
2	工号	姓名	部门	基本工资	工龄工资	绩效奖金
3	NO.001	章晔	行政部			
4	NO.002	姚磊	人事部			
5	NO.003	闫绍红	行政部			
6	NO.004	焦文雷	设计部			
7	NO.005	魏义成	行政部			
8	NO.006	李秀秀	人事部			
9	NO.007	焦文全	销售部			
10	NO.008	郑立媛	设计部			
11	NO.009	马同燕	设计部			
12	NO.010	莫云	销售部			
13	NO.011	陈芳	研发部			
14	NO.012	钟华	研发部			
15	NO.013	张燕	人事部			
16	NO.014	柳小续	研发部			
17	NO.015	许开	研发部			
18	NO.016	陈建	销售部			

图 10-27

第 4 步 选中 D3 单元格，输入公式“=VLOOKUP(A3, 基本工资表 !$A:$G,4,FALSE)”，按 Enter 键完成计算，向下填充公式批量计算基本工资，如图 10-28 所示。

	A	B	C	D	E	F
1						
2	工号	姓名	部门	基本工资	工龄工资	绩效奖金
3	NO.001	章晔	行政部	3200		
4	NO.002	姚磊	人事部	3500		
5	NO.003	闫绍红	行政部	2800		
6	NO.004	焦文雷	设计部	4000		
7	NO.005	魏义成	行政部	2800		
8	NO.006	李秀秀	人事部	4200		
9	NO.007	焦文全	销售部	2800		
10	NO.008	郑立媛	设计部	4500		
11	NO.009	马同燕	设计部	4000		
12	NO.010	莫云	销售部	2200		
13	NO.011	陈芳	研发部	3200		
14	NO.012	钟华	研发部	4500		
15	NO.013	张燕	人事部	3500		
16	NO.014	柳小续	研发部	5000		

图 10-28

第 5 步 选中E3单元格，输入公式“=VLOOKUP(A3, 基本工资表 !$A:$G,7,FALSE)”，按 Enter 键完成计算，向下填充公式批量计算工龄工资，如图 10-29 所示。

第 6 步 选中 F3 单元格，输入公式“=IFERROR(VLOOKUP(A3, 员工绩效奖金计算表 !$A$2:$D$15,4,FALSE),"")”，按 Enter 键完成计算，向下填充公式批量计算绩效奖金，如图 10-30 所示。

	A	B	C	D	E	F
1						
2	工号	姓名	部门	基本工资	工龄工资	绩效奖金
3	NO.001	章晔	行政部	3200	1800	
4	NO.002	姚磊	人事部	3500	1600	
5	NO.003	闫绍红	行政部	2800	1400	
6	NO.004	焦文雷	设计部	4000	1400	
7	NO.005	魏义成	行政部	2800	1000	
8	NO.006	李秀秀	人事部	4200	1600	
9	NO.007	焦文全	销售部	2800	1200	
10	NO.008	郑立媛	设计部	4500	1600	
11	NO.009	马同燕	设计部	4000	1000	
12	NO.010	莫云	销售部	2200	1400	
13	NO.011	陈芳	研发部	3200	1200	
14	NO.012	钟华	研发部	4500	1000	
15	NO.013	张燕	人事部	3500	1400	
16	NO.014	柳小续	研发部	5000	1200	
17	NO.015	许开	研发部	3500	1000	
18	NO.016	陈建	销售部	2500	1400	
19	NO.017	万茜	财务部	4200	1400	

图 10-29

	A	B	C	D	E	F	G
1							11月份
2	工号	姓名	部门	基本工资	工龄工资	绩效奖金	加班工资
3	NO.001	章晔	行政部	3200	1800		
4	NO.002	姚磊	人事部	3500	1600		
5	NO.003	闫绍红	行政部	2800	1400		
6	NO.004	焦文雷	设计部	4000	1400		
7	NO.005	魏义成	行政部	2800	1000		
8	NO.006	李秀秀	人事部	4200	1600		
9	NO.007	焦文全	销售部	2800	1200	8048	
10	NO.008	郑立媛	设计部	4500	1600		
11	NO.009	马同燕	设计部	4000	1000		
12	NO.010	莫云	销售部	2200	1400	10072	
13	NO.011	陈芳	研发部	3200	1200		
14	NO.012	钟华	研发部	4500	1000		
15	NO.013	张燕	人事部	3500	1400		
16	NO.014	柳小续	研发部	5000	1200		
17	NO.015	许开	研发部	3500	1000		
18	NO.016	陈建	销售部	2500	1400	5664	
19	NO.017	万茜	财务部	4200	1400		
20	NO.018	张亚明	销售部	2000	400	7248	
21	NO.019	张华	财务部	3000	1000		
22	NO.020	郝亮	销售部	1200	400	6000	

图 10-30

第 7 步 选中 G3 单元格，输入公式“=IFERROR(VLOOKUP(A3,加班费计算表!$A:$E,5,FALSE),"")”，按 Enter 键完成计算，向下填充公式批量计算加班工资，如图 10-31 所示。

D	E	F	G	H
			11月份工资	
本工资	工龄工资	绩效奖金	加班工资	满勤奖
3200	1800		200	
3500	1600		200	
2800	1400		400	
4000	1400		360	
2800	1000		280	
4200	1600			
2800	1200	8048	425	
4500	1600		125	
4000	1000		175	
2200	1400	10072	225	
3200	1200		360	
4500	1000		280	
3500	1400		320	

图 10-31

第 8 步 选中 H3 单元格，输入公式“=VLOOKUP(A3,考勤统计表!$A:$N,14,FALSE)”，按 Enter 键完成计算，向下填充公式，批量计算满勤奖，如图 10-32 所示。

F	G	H	I
	11月份工资统计表		
绩效奖金	加班工资	满勤奖	应发合计
	200	0	
	200	300	
	400	300	
	360	0	
	280	300	
		0	
8048	425	300	
	125	0	
	175	0	
10072	225	0	
	360	300	

图 10-32

第9步 选中I3单元格，输入公式“=SUM(D3:H3)”，按Enter键完成计算，向下填充公式批量计算应发合计，如图10-33所示。

F	G	H	I
	11月份工资统计表		
绩效奖金	加班工资	满勤奖	应发合计
	200	0	5200
	200	300	5600
	400	300	4900
	360	0	5760
	280	300	4380
		0	5800
8048	425	300	12773
	125	0	6225
	175	0	5175
10072	225	0	13897
	360	300	5060

图10-33

第10步 选中J3单元格，输入公式“=VLOOKUP(A3,考勤统计表!$A:$O,15,FALSE)”，按Enter键完成计算，向下填充公式批量计算考勤扣款，如图10-34所示。

F	G	H	I	J
	11月份工资统计表			
绩效奖金	加班工资	满勤奖	应发合计	考勤扣款
	200	0	5200	280
	200	300	5600	0
	400	300	4900	0
	360	0	5760	190
	280	300	4380	0
		0	5800	100
8048	425	300	12773	0
	125	0	6225	20
	175	0	5175	20
10072	225	0	13897	20
	360	300	5060	0
	280	0	5780	90
	320	0	5220	60
		300	6500	0

图10-34

第11步 选中K3单元格，输入公式“=IF(E3=0,0,(D3+E3)*0.08+(D3+E3)*0.02+(D3+E3)*0.1)”，按Enter键完成计算，向下填充公式批量计算代扣代缴金额，如图10-35所示。

=IF(E3=0,0,(D3+E3)*0.08+(D3+E3)*0.02+(D3+E3)*0.1)

E	F	G	H	I	J	K
		11月份工资统计表				
工龄工资	绩效奖金	加班工资	满勤奖	应发合计	考勤扣款	代扣代缴
1800		200	0	5200	280	1000
1600		200	300	5600	0	1020
1400		400	300	4900	0	840
1400		360	0	5760	190	1080
1000		280	300	4380	0	760
1600			0	5800	100	1160
1200	8048	425	300	12773	0	800
1600		125	0	6225	20	1220
1000		175	0	5175	20	1000
1400	10072	225	0	13897	20	720
1200		360	300	5060	0	880
1000		280	0	5780	90	1100
1400		320	0	5220	60	980
1200			300	6500	0	1240
1000		425	0	4925	20	900
1400	5664	125	0	9689	400	780

图10-35

第12步 新建工作表，重命名为“所得税计算表”，输入基本数据，如图10-36所示。

	A	B	C	D	E	F	G	H
1				个人所得税计算表				
2	工号	姓名	部门	应发工资	应缴税所得额	税率	速算扣除数	应缴所得税
3	NO.001	童晔	行政部					
4	NO.002	姚磊	人事部					
5	NO.003	闫绍红	行政部					
6	NO.004	焦文雷	设计部					
7	NO.005	魏义成	行政部					
8	NO.006	李秀秀	人事部					
9	NO.007	焦文全	销售部					
10	NO.008	郑立媛	设计部					
11	NO.009	马同燕	设计部					
12	NO.010	莫云	销售部					
13	NO.011	陈芳	研发部					
14	NO.012	钟华	研发部					
15	NO.013	张燕	人事部					
16	NO.014	柳小续	研发部					
17	NO.015	许开	研发部					
18	NO.016	陈建	销售部					
19	NO.017	万茜	财务部					
20	NO.018	张亚明	销售部					
21	NO.019	张华	财务部					
22	NO.020	郝亮	销售部					
23	NO.021	穆宇飞	研发部					
24	NO.022	于青青	研发部					
25	NO.023	吴小华	销售部					
26	NO.024	刘平	销售部					
27	NO.025	韩学平	销售部					
28	NO.026	张成	销售部					
29	NO.027	邓宏	销售部					

图10-36

第13步 选中 D3 单元格，输入公式“=VLOOKUP(A3,员工月度工资表!$A:$I,9,FALSE)”，按 Enter 键完成计算，向下填充公式批量计算应发工资，如图 10-37 所示。

	A	B	C	D	E
1				个人所得税计	
2	工号	姓名	部门	应发工资	应缴税所得额
3	NO.001	章晔	行政部	5200	
4	NO.002	姚磊	人事部	5600	
5	NO.003	闫绍红	行政部	4900	
6	NO.004	焦文雷	设计部	5760	
7	NO.005	魏义成	行政部	4380	
8	NO.006	李秀秀	人事部	5800	
9	NO.007	焦文全	销售部	12773	
10	NO.008	郑立媛	设计部	6225	
11	NO.009	马同燕	设计部	5175	
12	NO.010	莫云	销售部	13897	
13	NO.011	陈芳	研发部	5060	
14	NO.012	钟华	研发部	5780	
15	NO.013	张燕	人事部	5220	

图 10-37

第14步 选中 E3 单元格，输入公式“=IF(D3>3500,D3-3500,0)”，按 Enter 键完成计算，向下填充公式批量计算应缴税所得额，如图 10-38 所示。

	A	B	C	D	E
1				个人所得税计	
2	工号	姓名	部门	应发工资	应缴税所得额
3	NO.001	章晔	行政部	5200	1700
4	NO.002	姚磊	人事部	5600	2100
5	NO.003	闫绍红	行政部	4900	1400
6	NO.004	焦文雷	设计部	5760	2260
7	NO.005	魏义成	行政部	4380	880
8	NO.006	李秀秀	人事部	5800	2300
9	NO.007	焦文全	销售部	12773	9273
10	NO.008	郑立媛	设计部	6225	2725
11	NO.009	马同燕	设计部	5175	1675
12	NO.010	莫云	销售部	13897	10397
13	NO.011	陈芳	研发部	5060	1560
14	NO.012	钟华	研发部	5780	2280
15	NO.013	张燕	人事部	5220	1720

图 10-38

第15步 选中 F3 单元格，输入公式“=LOOKUP(E3,{0,0.03;1500,0.1;4500,0.2;9000,0.25;35000,0.3;55000,0.35;80000,0.45})”，按 Enter 键完成计算，向下填充公式批量计算税率，如图 10-39 所示。

C	D	E	F
个人所得税计算表			
部门	应发工资	应缴税所得额	税率
行政部	5200	1700	0.1
人事部	5600	2100	0.1
行政部	4900	1400	0.03
设计部	5760	2260	0.1
行政部	4380	880	0.03
人事部	5800	2300	0.1
销售部	12773	9273	0.25
设计部	6225	2725	0.1
设计部	5175	1675	0.1
销售部	13897	10397	0.25
研发部	5060	1560	0.1
研发部	5780	2280	0.1

图 10-39

第16步 选中 G3 单元格，输入公式“=LOOKUP(F3,{0.03,0;0.1,105;0.2,555;0.25,1005;0.3,2755;0.35,5505;0.45,13505})”，按 Enter 键完成计算，向下填充公式批量计算速算扣除数，如图 10-40 所示。

D	E	F	G
个人所得税计算表			
应发工资	应缴税所得额	税率	速算扣除数
5200	1700	0.1	105
5600	2100	0.1	105
4900	1400	0.03	0
5760	2260	0.1	105
4380	880	0.03	0
5800	2300	0.1	105
12773	9273	0.25	1005
6225	2725	0.1	105
5175	1675	0.1	105
13897	10397	0.25	1005
5060	1560	0.1	105
5780	2280	0.1	105

图 10-40

第17步 选中H3单元格，输入公式“=E3*F3-G3”，按Enter键完成计算，向下填充公式批量计算应缴所得税，如图10-41所示。

E	F	G	H
所得税计算表			
应缴税所得额	税率	速算扣除数	应缴所得税
1700	0.1	105	65
2100	0.1	105	105
1400	0.03	0	42
2260	0.1	105	121
880	0.03	0	26.4
2300	0.1	105	125
9273	0.25	1005	1313.25
2725	0.1	105	167.5
1675	0.1	105	62.5
10397	0.25	1005	1594.25
1560	0.1	105	51
2280	0.1	105	123

图10-41

第18步 切换至“员工月度工资表”，选中L3单元格，输入公式“=VLOOKUP(A3,所得税计算表!$A:$H,8,FALSE)”，按Enter键完成计算，向下填充公式批量计算个人所得税，如图10-42所示。

G	H	I	J	K	L
11月份工资统计表					
加班工资	满勤奖	应发合计	考勤扣款	代扣代缴	个人所得税
200	0	5200	280	1000	65
200	300	5600	0	1020	105
400	300	4900	0	840	42
360	0	5760	190	1080	121
280	300	4380	0	760	26.4
200	0	5800	100	1160	125
425	300	12773	0	800	1313.25
125	0	6225	20	1220	167.5
175	0	5175	20	1000	62.5
225	0	13897	20	720	1594.25
360	300	5060	0	880	51
280	0	5780	90	1100	123
320	0	5220	60	980	67
	300	6500	0	1240	195
425	0	4925	20	900	42.75
125	0	9689	400	780	682.8

图10-42

第19步 选中M3单元格，输入公式“=SUM(J3:L3)”，按Enter键完成计算，向下填充公式批量计算应扣合计，如图10-43所示。

J	K	L	M
考勤扣款	代扣代缴	个人所得税	应扣合计
280	1000	65	1345
0	1020	105	1125
0	840	42	882
190	1080	121	1391
0	760	26.4	786.4
100	1160	125	1385
0	800	1313.25	2113.25
20	1220	167.5	1407.5
20	1000	62.5	1082.5
20	720	1594.25	2334.25
0	880	51	931

图10-43

第20步 选中N3单元格，输入公式“=I3-M3”，按Enter键完成计算，向下填充公式批量计算实发工资，如图10-44所示。

J	K	L	M	N
考勤扣款	代扣代缴	个人所得税	应扣合计	实发工资
280	1000	65	1345	3855
0	1020	105	1125	4475
0	840	42	882	4018
190	1080	121	1391	4369
0	760	26.4	786.4	3593.6
100	1160	125	1385	4415
0	800	1313.25	2113.25	10659.75
20	1220	167.5	1407.5	4817.5
20	1000	62.5	1082.5	4092.5
20	720	1594.25	2334.25	11562.75
0	880	51	931	4129
90	1100	123	1313	4467
60	980	67	1107	4113

图10-44

10.2.3 多维度分析薪酬数据

员工月度工资表创建完成后，可以利用筛选、分类汇总、条件格式和数据透视表等工具来对工资表数据进行统计分析。例如，按部门汇总工资总额、查看工资前 10 名记录。

<< 扫码获取配套视频课程，本节视频课程播放时长约为 4 分 08 秒。

操作步骤

第 1 步 选中“员工月度工资表”任意单元格，依次执行【数据】→【排序和筛选】→【筛选】命令，在列标识右侧添加筛选按钮，如图 10-45 所示。

图 10-45

第 2 步 单击“实发工资”单元格右侧的下拉按钮，依次选择【数字筛选】→【前 10 项】命令，如图 10-46 所示。

图 10-46

第 3 步 弹出【自动筛选前 10 个】对话框，设置参数，如图 10-47 所示。

图 10-47

第 4 步 即可筛选出实发工资排名前 10 项的记录，如图 10-48 所示。

图 10-48

第 5 步 选中“员工月度工资表”任意单元格，执行【插入】→【表格】→【数据透视表】命令，打开【创建数据透视表】对话框，保持默认设置，单击【确定】按钮，如图 10-49 所示。

第 6 步 在新工作表中创建了一张空白数据透视表，将新工作表命名为“按部门汇总工资额”，设置字段如图 10-50 所示。

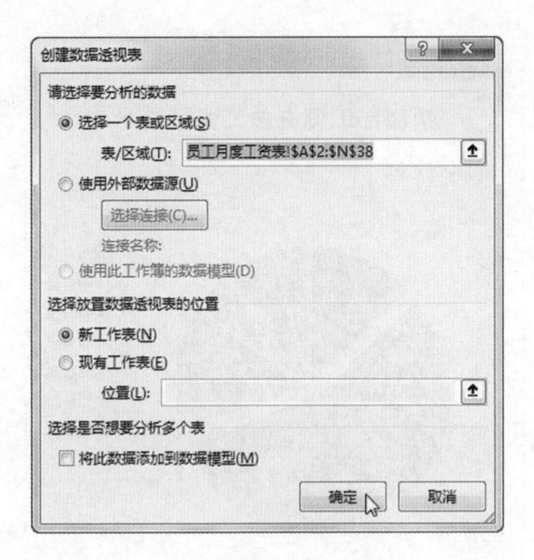

图 10-49

第 7 步 选中透视表中任意单元格，依次执行【分析】→【工具】→【数据透视图】命令，打开【插入图表】对话框，设置参数，单击【确定】按钮，如图 10-51 所示。

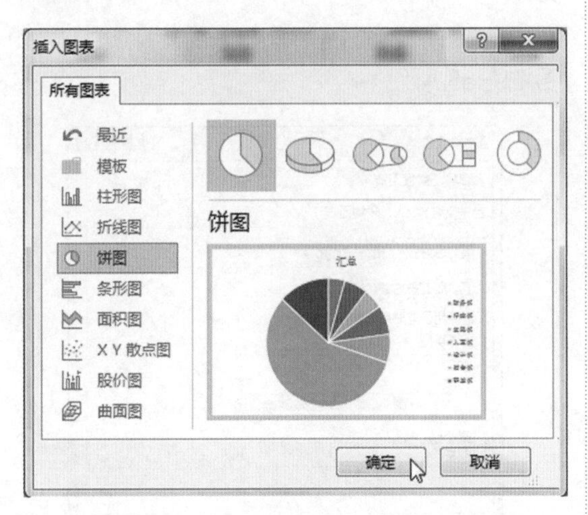

图 10-51

第 9 步 打开【设置数据标签格式】窗格，勾选【类别名称】和【百分比】复选框，并将面积最大的扇形向外移动一定距离，如图 10-53 所示。

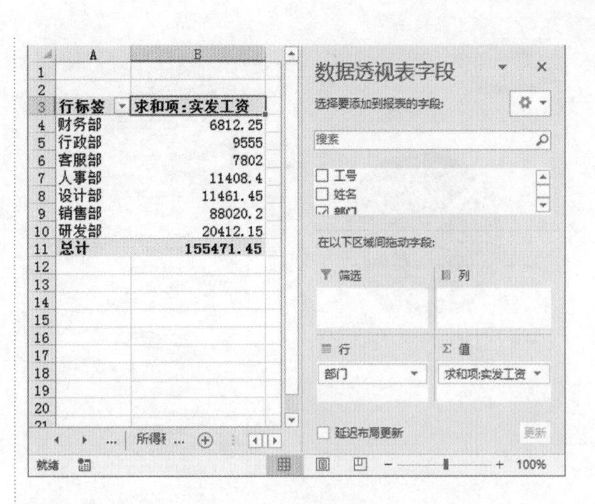

图 10-50

第 8 步 工作表中已经插入了数据透视图，单击选中面积最大的扇形，单击图表右上角的【图表元素】按钮，依次选择【数据标签】→【更多选项】命令，如图 10-52 所示。

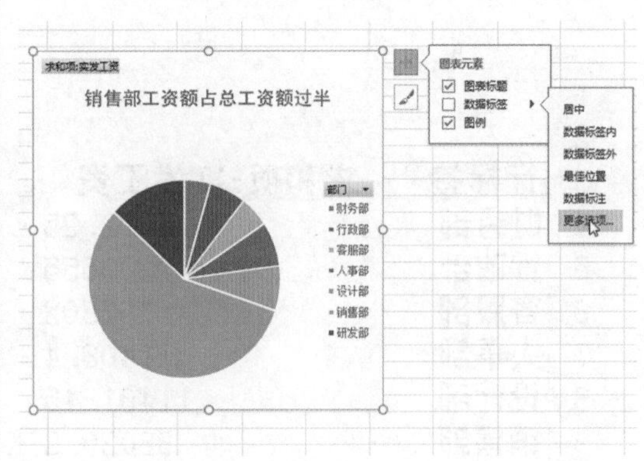

图 10-52

第10步 重新输入数据透视图的标题，如图 10-54 所示。

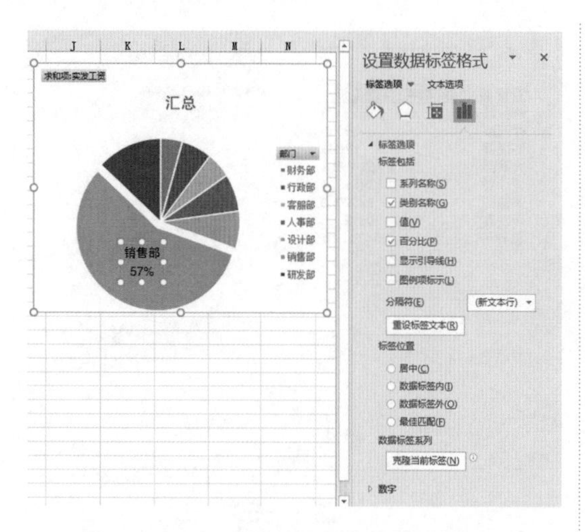

图 10-53

第11步 复制“按部门汇总工资额”工作表，重新命名为“部门平均工资比较”，如图 10-55 所示。

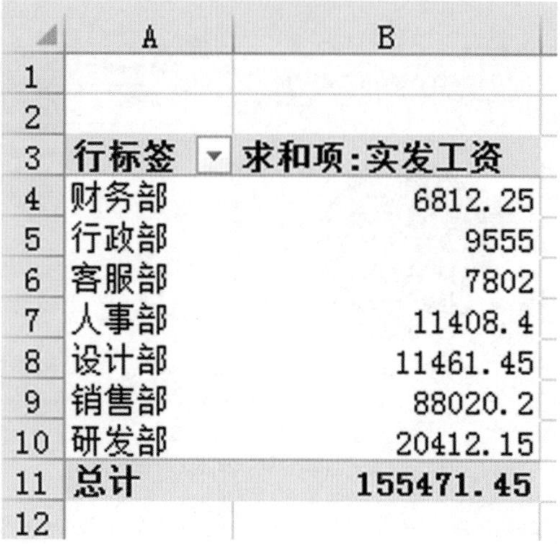

	A	B
1		
2		
3	行标签	求和项:实发工资
4	财务部	6812.25
5	行政部	9555
6	客服部	7802
7	人事部	11408.4
8	设计部	11461.45
9	销售部	88020.2
10	研发部	20412.15
11	总计	155471.45
12		

图 10-55

第13步 数据透视表发生变化，效果如图 10-57 所示。

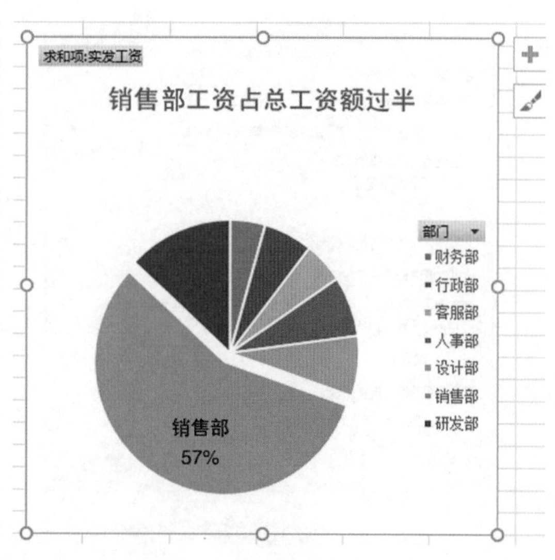

图 10-54

第12步 双击值字段，即 B3 单元格，打开【值字段设置】对话框，在【自定义名称】文本框中输入“平均工资”，选择【计算类型】为【平均值】，单击【确定】按钮，如图 10-56 所示。

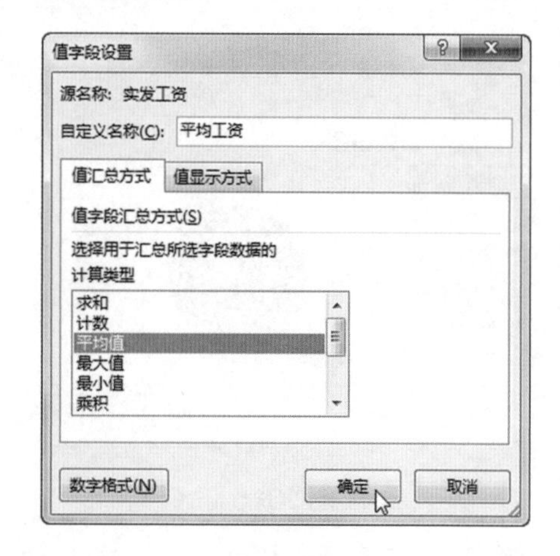

图 10-56

第14步 选中数据透视表中任意单元格，依次执行【分析】→【工具】→【数据透视图】命令，打开【插入图表】对话框，选择图表类型，如图 10-58 所示。

	A	B
1		
2		
3	**部门**	**平均工资**
4	财务部	3406.125
5	行政部	3185
6	客服部	2600.666667
7	人事部	3802.8
8	设计部	3820.483333
9	销售部	5501.2625
10	研发部	3402.025
11	**总计**	**4318.651389**
12		

图 10-57

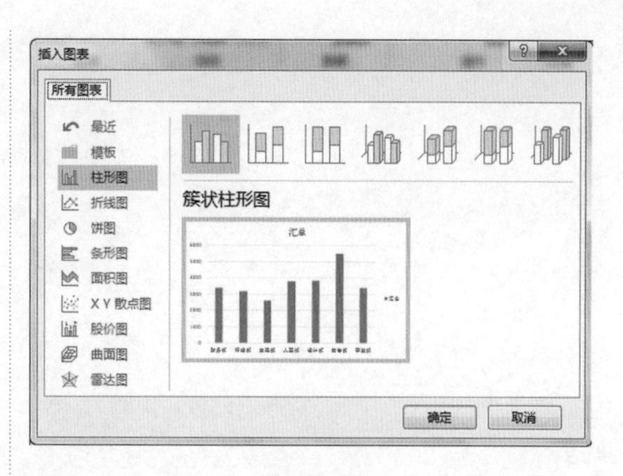

图 10-58

第15步 即可在工作表中插入数据透视图，输入图标标题，套用图标样式，效果如图 10-59 所示。

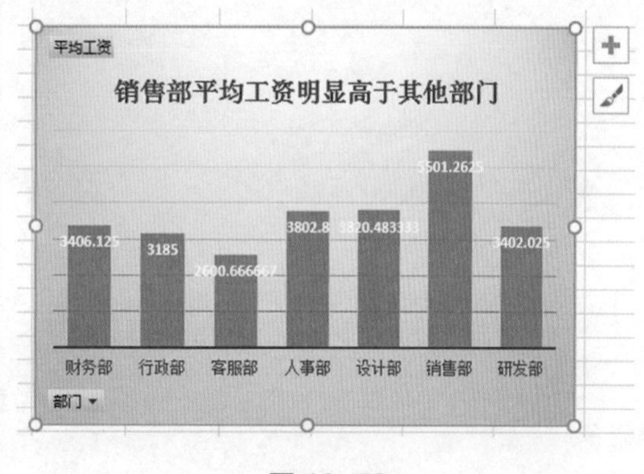

图 10-59